Energie im Überfluß
Ergebnisse unkonventionellen Denkens

Gottfried
Hilscher

Energie im Überfluß

Ergebnisse
unkonventionellen
Denkens

ADOLF SPONHOLTZ VERLAG
HAMELN

Gesamtherstellung CW Niemeyer-Druck, Hameln
Printed in Germany
ISBN 3877660479

Dieses Buch ist geschrieben in Hochachtung
vor dem schöpferisch tätigen Individuum
und gewidmet
dem mündigen Bürger,
denjenigen, für die es kein Lippenbekenntnis ist,
wenn sie sagen, daß alle sich bietenden Energiealternativen
ernsthaft geprüft und nach Möglichkeit
genutzt werden sollen,
denjenigen, die über das Jahr 2000 hinausdenken,
sowie den Menschen in der Dritten Welt.

Inhaltsverzeichnis

Energiediskussion im Gefängnis des Gewohnten

Die sog. Ölkrise, ausgelöst durch drastische Preiserhöhungen und die deutlich gewordene Gefahr von Versorgungsschwierigkeiten bei dem Primärenergieträger Rohöl, hat uns aus der Lethargie gedankenlosen Energiekonsums aufgeschreckt. Aus dem immer schon bei vielen Menschen latent vorhandenen Bewußtsein heraus, daß die Vorräte an Erdöl, Erdgas und Kohle endlich sind und daß wir uns eine kolossale Energieverschwendung leisten, werden Konsequenzen gezogen. Die Bemühungen zielen im wesentlichen in vier Richtungen: sparsamerer Energieverbrauch, Ausbau der Kernenergie, Verbesserung der Wirkungsgrade bei der Energieumwandlung und Nutzung von bisher als „exotisch" angesehenen Energiequellen.
Kurzfristig wird sich die Lage auf dem Energiesektor sicherlich nicht so verändern lassen, daß wir unbesorgt in die Zukunft blicken können. Es braucht seine Zeit, bis neue Technologien in preiswerte Serienprodukte eingemündet, bis industrielle Verfahren auf energiesparendere Methoden umgestellt sind, bis das Sparbewußtsein allgemein verbreitet ist. Noch wollen wir aber die großen Umstellungen gar nicht. Der beste Beweis dafür ist die Werbekampagne für die Kernenergie und die Erfolge, die ihr mit jeder Preiserhöhung beim Öl erneut zuteil werden. Aus Angst, bequeme Gewohnheiten aufgeben zu müssen, übersehen wir das wirklich Beängstigende, das uns zunehmend mit jedem neuen Atomkraftwerk serviert wird. Ohne Kernenergie gehe es nicht, ohne sie lasse sich die voraussehbare Energielücke nicht schließen. Jeden Tag lesen wir das in der Zeitung. Daß es dennoch ohne Kernkraftwerke gehen muß, weil niemand die mit ihnen verbundenen Gefahren verantworten kann, ist zwar die Überzeugung vieler Menschen, aber die große Zustimmung wird ihnen wohl solange versagt bleiben, bis es zur ersten großen Atomkraftwerkskatastrophe gekommen ist. Ich hoffte, sie passierte nie, aber das ist Wunschdenken.
Die inzwischen diskutierten und zum Teil praktisch aufgegriffenen Vorschläge, die aus der Energieklemme herausführen sollen, scheinen diejenigen zu bestätigen, die stets der Meinung waren, daß es der menschliche Einfalls-

reichtum noch immer zuwege gebracht habe, Krisen aller Art zu bewältigen. Und tatsächlich, die Fähigkeit, Alternativen zur heutigen Energiegewinnung und zum Energieverbrauch zu entwickeln, zeigt eine Potenz, die kaum jemand für möglich gehalten hat. Für Forschung und Entwicklung neuartiger Energiesysteme stehen Millionen zur Verfügung.

Es kann hier nicht darüber befunden werden, ob die bereitgestellten Mittel immer am zweckmäßigsten und sinnvollsten eingesetzt werden. Nur soviel sei festgestellt: nach den gegenwärtigen Energieforschungsprojekten – und damit dem Willen ihrer Finanziers – kann das Heil fast nur von den großen Forschungs- und Industrieunternehmen kommen, denn nur bei ihnen läßt sich die Mehrzahl der beschlossenen Programme überhaupt abwickeln. Man kann nur hoffen, daß dort auch die wünschbare Kreativität vorhanden ist, denn für andere Unternehmen oder gar Einzelpersonen bleibt nicht viel Geld übrig.

Mächtige Gruppen haben ein vitales Interesse daran, daß die Prognosen, die etwa die Unersetzlichkeit der Kernenergie belegen, immer wieder eine Bestätigung erfahren. Das ist verständlich. Die gewaltigen Investitionen in Großforschungseinrichtungen, in Energieversorgungsanlagen, in Entwicklungs- und Fertigungskapazitäten gestatten kein großartiges Umschwenken. So ist es auch nicht verwunderlich, daß die von dort kommenden Vorschläge zu neuen Energiesystemen der Größe dieser Institute angemessen sind. Erinnert sei hier an die Wasserstofftechnologie, die nur im großen Stil und mit einem Riesenaufwand für neue Energieverteilungssysteme sinnvoll wäre.

Die echten und vermeintlichen Zwänge, die vielfältigen Gruppeninteressen und der durch Spezialisierung eingeengte Gedankenhorizont der Fachgelehrten werden in absehbarer Zeit kein deutliches Umschwenken zulassen. Das setzte nämlich auch ein Umdenken und ein erneutes Durchdenken der Grundlagen voraus, auf denen unsere technisierte Welt aufbaut. Wissenschaftliche Lehrsätze wären wieder in Frage zu stellen, was Titanenkraft erforderte. Immerhin sollte die Fülle der plötzlich gehandelten Energiealternativen, ob man sie nun in etablierten Kreisen für realistisch hält oder nicht, nachdenklich stimmen. Sie deuten darauf hin, daß es noch weit mehr „zwischen Himmel und Erde“ gibt, als sich so mancher Gelehrte vorstellen kann.

Wenn die Zeit reif sei, das zeige die Wissenschafts- und Technikgeschichte, ereigneten sich die großen Durchbrüche wie von selbst. Ich vermute, daß wir uns in dieser Beziehung zumindest in einem Reifungsprozeß befinden. Es ist nicht das schlechteste Zeichen, wenn so manchem Heiligtum samt Heiligen kaum mehr Referenz erwiesen wird. Auf den nachfolgenden Seiten werden, trotz wohlgemeinter Warnungen, neuartige Energiesysteme vorgestellt, die von dem orthodoxen Wissenschaftler und Ingenieur schwer oder überhaupt nicht begriffen werden. Dennoch halte ich alles für wert, diskutiert zu werden.

Vor Ihnen liegt das Fragebuch eines verantwortlich denkenden Bürgers, das sich vornehmlich an diejenigen richtet, die von sich behaupten, verantwortlich zu handeln – und von denen man es auch erwarten darf. Gültige Antworten darauf können nur in detaillierten Sachaussagen bestehen, vor allem an die Adresse der hier erwähnten Erfinder und ihre geistigen Verwandten. Durch Wiederholen von gängigen Postulaten oder Rechnungen, die bekanntlich auch Sachlichkeit vortäuschen können, wird man dem Inhalt der nächsten Seiten nicht gerecht werden können. Statt markiger Kernsätze, wie sie Wissenschaftler, Industrielle und Politiker ins Volk reden, sind möglicherweise Redewendungen angemessener, die bei ihnen intern durchaus gebräuchlich sind. Als da wären: „Ich glaube, meinen zu sollen, verantworten zu können, vertreten zu müssen."

Bei der Vorbereitung dieses Buches ist mir klar geworden, daß dogmatisch akzeptiertes Lehrbuchwissen Wege in eine bessere Energiezukunft blockieren kann. Die entscheidenden Entwicklungsrichtungen werden von einer der Großtechnologie verpflichteten Industrie bestimmt. Ihr ist die öffentliche Forschungsförderung ausgeliefert, denn sie muß Gutachter aus ihren Kreisen und orthodox denkende Wissenschaftler konsultieren. Diese sind keineswegs immer kompetent und nur der „Wahrheitsfindung" verpflichtet. Abgesehen davon, daß zur Beurteilung des wirklich Neuen eine „frei flutende Aufmerksamkeit" (Sigmund Freud) unerläßlich ist, empfindet man das Neue als störend. Natürlich läßt sich eine neue Idee nicht im Handumdrehen in die Praxis umsetzen, wovon so mancher Erfinder träumt, aber bei uns fehlt schon der geistige Freiraum, um sie überhaupt angemessen diskutieren zu können. Die Wissenschaft, um mit dem Philosophen Erhard Scheibe zu sprechen, hat einen Schatten geworfen, den sie nicht mehr zu überspringen vermag.

Der Leser dieses Buches begegnet stellenweise einer geradezu unheimlichen Ignoranz und Arroganz von Wissenschaftlern. Ihre Opfer sind zunächst schöpferische Menschen, die samt ihrer in vielen Fällen mindestens diskutablen Ideen zurückgewiesen werden. Viele Wissenschaftler bekleiden ein quasi öffentliches Amt, weil sie als Experten gelten und immer wieder als Gutachter bemüht werden. Meist zeigen sie ein ausgesprochenes Gruppenverhalten, was durch ihre Organisiertheit in Verbänden und die Art, wie viele ihrer Arbeiten finanziert werden, verständlich, aber nicht immer der Sache dienlich ist. Mancher Gutachter gebärdet sich, als müsse er die ganze zukünftige Entwicklung von Wissenschaft und Technik durch logische Analyse vorwegnehmen. Cäsarenwahn in moderner Verkleidung.

Fortschritt, das lehrt die Geschichte von Naturwissenschaft und Technik, ist überwiegend von nicht angepaßten Außenseitern initiiert worden. Diese haben es heute schwerer denn je, weil die überkommenen und befestigten Strukturen unseres Wirtschafts- und Wissenschaftsbetriebes mit allen Mitteln verteidigt werden. Fortschritt könne nur im Innern ihres Tempels geboren werden, wollen uns die Etablierten tagtäglich weismachen. Wird etwas von außen zur Begutachtung an sie herangetragen, vergleichen sie die neue Idee mit dem Bruchteil an verfügbarem Wissen, den sie gerade parat haben. Die Ablehnung ist vorprogrammiert. Zwar beklagen gerade Wissenschaftler und Ingenieure eine nicht mehr zu bewältigende Flut an Fachliteratur, aber einige scheinen dennoch alles zu wissen.
Der Bürger als Betroffener vieler Entscheidungen sollte sich stärker dafür interessieren, wer seinen politischen Vertretern und der Ministerialbürokratie die unerläßlichen Ratschläge erteilt. Er sollte sich solange nicht mit forschen Antworten zufrieden geben, bis nicht auch die denkbare Alternative ausgiebig gewürdigt wurde. Die Energiediskussion macht besonders deutlich, daß wir allen Grund haben, öffentlichen und veröffentlichten Meinungsäußerungen des politischen, wissenschaftlichen und industriellen Establishments noch skeptischer zu begegnen.
Im Dezember 1979 gingen die „VDI-Nachrichten" (Verein Deutscher Ingenieure) auf „Ivan Illichs Attacke gegen die Technik" ein. Ihn und seine Anhänger bezichtigten sie des „technologischen Revisionismus". Es ist gewiß kein Zufall, daß der Autor, G. Ropohl, auf das Vokabular zurückgreift, das diejenigen erfunden haben, die ihre politischen Heilslehren durch Dissidenten gefährdet sehen. Unter diesem Aspekt ist das vorliegende Buch ein Werk des „Technologischen Revisionismus."

Die Maschinen, die sich der Mensch baut, funktionieren. Ein Narr, der das leugnen wollte. Wissenschaftler und Ingenieure wissen genau, warum ihre Schöpfungen so und nicht anders konstruiert sein müssen. Sie wissen auch meist sehr gut, in welcher Richtung zu suchen und zu forschen ist, um mit großer Aussicht auf Erfolg die angestrebten Verbesserungen zu erreichen. Man verfügt über Wissen und Erfahrung, die über Jahrhunderte tradiert und von Jahr zu Jahr weiter angesammelt wurden. Stück für Stück mußte die Natur ihre Gesetzte preisgeben, denn nur so war es möglich, die Maschinen zum Laufen zu bringen. Eine Verbrennungskraftmaschine, die Kunststoffherstellung, das Atomkraftwerk oder der Flug zum Mond verstoßen ganz offensichtlich nicht gegen Naturgesetze. Wie wären sie möglich, wenn sie die Natur nicht zuließe?

Es ist noch nicht lange, daß solche Behauptungen, die von der Wirklichkeit unserer Maschinenwelt gestützt werden, auf ein verbreitetes Mißtrauen stoßen. „Die Grenzen des Wachstums", der „geplünderte Planet" und das Gespenst einer nicht mehr erträglichen Verseuchung des menschlichen Lebensraumes beunruhigen zunehmend. Was noch vor wenigen Jahren als das Geschwätz weltfremder Esoteriker und Gesundheitsapostel verhöhnt und verspottet wurde, bleibt plötzlich haften in den Gehirnen vieler Menschen. Anzeichen einer neuen Maschinenstürmerei aus Angst ums Überleben werden sichtbar.
„Umdenken, umschwenken", so lautet der Kampfruf der schweizerischen „Arbeitsgemeinschaft Umwelt". Gar mancher stimmt offen oder verhalten zu, denn die Angst sitzt ihm im Nacken. Die Angst vor dem Krebstod, der aus der Umwelt kommt, der über die Nahrungsmittel und die Luft Einzug hält in unseren Körper oder als deformiertes Gen unseren Nachkommen auflauert. Umschwenken ist leicht gefordert, allein, wo soll begonnen werden? Arbeitslose gibt es genug, was soll da erst werden, wenn wir die Arbeit einstellen an dem, was Gefahren schafft oder in sich birgt? Im übrigen kosten die Erforschung und Innovation der Alternativen viel Geld, und das müsse mit dem Vorhandenen erst einmal verdient werden. Sachzwänge über Sachzwänge, die bestenfalls ein ganz allmähliches Umschwenken zulassen.
Radikalere Kehrtwendungen, wenn sie überhaupt möglich sind, erforderten schmerzliche Eingeständnisse. Man müßte zugeben, daß viele Milliarden fehlinvestiert wurden in Forschungsprojekte und Anlagen, in die Ausbildung gelehrter Spezialisten. Man müßte dem Wählervolk und vielen anderen großen und kleinen Gruppen einige der verteilten und versprochenen Zuckerbrote wieder abverlangen, die der eine oder andere wie selbstverständlich für sich beansprucht. Wer will dafür die Verantwortung übernehmen in einer Zeit, in der ja immer noch alles ganz gut läuft?
Keine Frage, es gibt viele verantwortungsvolle Menschen, deren Bewußtheit von Sachverstand und Durchblick genährt wird. Einige von ihnen sitzen auch in Schlüsselpositionen, von wo aus mißliche Zustände relativ leicht geändert werden könnten. Aber haben wir genug von ihnen, und werden sie sich durchsetzen können gegen die sog. Pragmatiker, denen wir angeblich den größten Teil unseres Wohlstandes verdanken?
Verantwortliches und unverantwortliches Handeln können lange wirken, im Falle der Atomkraftwerke Zehntausende von Jahren. Die Verantwortlichen dagegen kommen und gehen. Ihre angestrebte Karriere glückte, ein Verkehrsunfall beendete sie jäh. Der Beförderungsmechanismus der Behörden bringt heute diesen, morgen jenen nach oben, mit dem man dann bis zu seiner Pensionierung leben muß. Ein Wahlergebnis genügt, und diejenigen, die bis-

her Verantwortung trugen, verschwinden von der politischen Bühne. Zu wissen, daß ein anderer – und sei es ein Gericht – letztlich die Verantwortung übernimmt für das, was geschieht, erzeugt Beruhigung. Unsere Wissenschafts- und Autoritätsgläubigkeit, auch wenn sie schon leicht erschüttert ist, läßt sich beeindrucken von dem selbstsicheren Auftreten der Spitzenfunktionäre aus Wirtschaft, Wissenschaft und Politik. Wie sollte man auch einen Sachverhalt besser beurteilen können als die Spezialisten? Daß es immer auch Fachleute gibt und Gelehrte mit einem scharfen Blick für die größeren Zusammenhänge, die gegenteilige Aussagen machen, werden wir meist gar nicht gewahr. Sie können sich auch kaum Gehör verschaffen, denn an den Hebeln der Macht, an den Töpfen der Forschungssubsidien, an den Lautsprechern und dort, wo die Arbeitsplätze gesichert werden, sind meist die anderen. Wer draußen steht, außerhalb des festgefügten technisch-wissenschaftlichen Establishments, erhält erst recht kaum eine Chance zu zeigen, wie er es machen würde.

Selbstverständlich wird hier nicht für ein Modell votiert nach dem Motto: „Jeder darf mal ran." Die Leistungen, das Wissen und Können vieler Verantwortlicher sollen auch gar nicht desavouiert werden. Entschieden wird allerdings der nicht selten gezielt verbreiteten Meinung entgegengetreten, daß man dieses oder jenes längst verwirklicht hätte, wenn es nur ginge. Die Naturgesetze, so hört man, ließen sich eben nicht umgehen, ein Perpetuum mobile sei leider ausgeschlossen. Was in der Praxis funktioniere und sich in Tausenden von Versuchen bestätigt habe, müsse stimmen. Hier sei man der Wahrheit zumindest sehr nahe, heißt das auch, denn die Wahrheit und die Wirklichkeit zu ergründen, ist vornehmstes Ziel aller Wissenschaft.

Solchen Kardinalbehauptungen kann vernünftigerweise nicht widersprochen werden. Allerdings ist die Frage immer wieder erlaubt, wieviel wir wohl von der Wirklichkeit erkannt haben mögen. Die Tatsache, daß unsere Maschinen funktionieren, ist noch kein Beweis dafür, daß nicht auch ganz andere Apparate funktionieren könnten. Ein Blick in die Natur sollte da bereits nachdenklich stimmen. Energie wird dort häufig dann frei, wenn sich Systeme niederer Ordnung zu einer höheren Ordnung vereinigen. Aus Chaos entsteht dort Ordnung, Gleichgewichte stellen sich von selbst ein. Wo dagegen der homo sapiens seine Maschinen laufen läßt, spielen sich Prozesse in der umgekehrten Richtung ab. Wer sich so sehr auf die naturgesetzliche Entsprechung seiner Schöpfungen beruft wie der heutige Techniker und Wissenschaftler, der sollte auch die Unbequemlichkeit auf sich nehmen, darüber einmal nachzudenken. Die Funktion unserer Maschinen entspricht zwar den festgestellten Naturgesetzen, die Natur selbst aber funktioniert nach anderen Gesetzen! Kepler, Bohr, Einstein und Planck, um nur einige Namen zu nennen, schei-

nen wesentlich skeptischer und korrekturbereiter ihren Erkenntnissen gegenüber gewesen zu sein als ihre Schüler. Gerade die Entstehung der beiden großen Systeme der modernen Physik, der Relativitätstheorie und der Quantentheorie, darauf weist Shmuel Sambursky in seinem Buch „Der Weg der Physik“ hin, hätten klar gezeigt, daß Theorienbildung ein schöpferischer Akt sei. Er gehe über methodologische Regeln weit hinaus und hänge wesentlich von der intuitiven Vorwegnahme weiterer konzeptueller und tatsächlicher Entwicklungen ab.
Für die Epigonen der großen Gelehrten, die diese „tatsächlichen Entwicklungen“ Experiment für Experiment bestätigen, so scheint es jedenfalls, gibt es die Verbindung von Glauben und Wissen nicht mehr, die bei jedem wissenschaftlichen Erkenntnisprozeß festzustellen ist. Wer ihnen schöpferisch theorienbildend begegnet, ist für sie auf jeden Fall dann ein Spinner, wenn er außerhalb des elfenbeinernen Turms der Wissenden wohnt. Aber, und hier sei noch einmal Sambursky zitiert, es ist durchaus möglich, daß ein wesentlicher theoretischer Fortschritt nur durch neue Ideen erzielt werden kann, die durch weitere radikale Verzichtleistungen auf Konzeptionen erkauft werden müssen, an die sich die Physiker im Zeitalter des Determinismus' gewöhnt haben.
Otto Hahn, so schreibt Armin Hermann, Lehrstuhlinhaber für Geschichte der Naturwissenschaften und Technik an der Universität Stuttgart, nach der Lektüre von dessen Buch „Erlebnisse und Erkenntnisse“, erlag nie der Versuchung, sich über Lücken elegant hinwegzuschwingen. Das nun scheint mir heute gang und gäbe zu sein. Es ist wiederum verständlich, denn die Erkenntnislücken behindern ja kaum. Allerdings, und das sollte nicht übersehen werden, gerade aus ihnen heraus keimt die Hoffnung auf das von vielen geforderte Umschwenken.
Vorerst leben wir beruhigt weiter mit dem Dualismus von Partikel und Welle, mit der Tatsache, daß bisher noch kein befriedigender Brückenschlag gelang zwischen den vier bekannten, in der Natur vorkommenden Wechselwirkungen: Gravitation, elektromagnetische, schwache und starke Wechselwirkung. Wir suchen die Rätsel der Materie zu klären in total abstrakten mathematischen Räumen, in denen die klassische Kausalität zumindest für den Einzelfall durch Wahrscheinlichkeitsgesetze ersetzt wird. Einstein dagegen, auf der Suche nach der „Weltformel“, sagte einmal: „Unsere bisherige Erfahrung rechtfertigt unseren Glauben, daß die Natur die Verwirklichung der denkbar einfachsten mathematischen Ideen ist.“
Ich vermag nicht zu beurteilen, ob sich die Mathematik zusammen mit den Wissenschaftlern verselbständigt hat, um aus der Natur hinauszuführen. Vielleicht muß die Einheit der Physik durch eine ständig zunehmende Ab-

straktion erkauft werden. Die Verwendung abstrakter physikalischer Begriffe zieht jedoch eine Konsequenz nach sich, eine Art Komplementaritätsprinzip macht sich bemerkbar. Der Hamburger Hochenergiephysiker und Chef des Deutschen Elektronen-Synchrotrons, Herwig Schopper, der für die Zeit von 1981 bis 1985 zum Generaldirektor des europäischen Kernforschungszentrums CERN in Genf gewählt wurde, sieht das so: „Die Erfassung eines bestimmten Teilbereiches der Wirklichkeit setzt den Verzicht auf einen anderen voraus. Die Projektion der Wirklichkeit auf eine bestimmte Ebene macht die gleichzeitige Projektion auf eine andere unmöglich." Dieses Komplementaritätsprinzip, so fügt Schopper hinzu, gelte gewiß nicht nur innerhalb der Physik, sondern auch in bezug auf die Beschreibung der Wirklichkeit durch Naturwissenschaften und nicht-naturwissenschaftliche Methoden. Es biete Raum für die Verträglichkeit zwischen Naturwissenschaften, Ethik, Religion und Ästhetik. Es sollte auch Raum bieten, das möchte ich nachtragen, für die Gedanken von Außenseitern, die sich ebenfalls des naturwissenschaftlich-technischen Wissens unserer Zeit bedienen.

Leider ist es nicht so, sonst hätte dieses Buch nicht geschrieben zu werden brauchen. Was geforscht und entwickelt wird, bestimmt die „Scientific Community", die Gemeinschaft der Wissenschaftler und ihre Lobby in der Wirtschaft, in den Verbänden und in den Vorzimmern der Minister. Sie bestimmt selbst, wer zu ihr gehört und wer nicht, was als neue Erkenntnis oder als Durchbruch zu werten ist. Die Forderung des ehemaligen Bundesforschungsministers Matthöfer nach einer wirksameren Kontrolle der Forschung und ihrer Ergebnisse ist ganz gewiß angebracht, aber ihre Praxis muß dort einsetzen, wo darüber entschieden wird, für was die Steuergelder ausgegeben werden.

Ein Forschungsminister muß sich beraten lassen, er braucht Gutachter. Seine Mitarbeiter, seien ihrer auch noch so viele und seien sie noch so gelehrt, können nicht alle Anträge beurteilen, in denen um staatliche Förderung nachgesucht wird. So wandern denn viele in Bonn eingehende Gesuche, die Fragen der Energie und ihrer Transformationen betreffen, zunächst einmal zur Kernforschungsanlage Jülich. In diesem Institut, dessen offizielle Aufgabe es ist, Forschung und Entwicklung auf dem Gebiet der Kernenergie zu betreiben, scheint man in so gut wie allen Energiefragen kompetent zu sein. Immer wieder taucht der Name eines Professors auf, der ablehnt. Seine Berichte an den Bundesforschungsminister könnten im statistischen Jahrbuch stehen. Alle eingereichten Vorschläge werden danach bestimmten Gruppen zugeordnet und in „sinnvolle" sowie „Perpetuum mobile's und Phantasievorschläge" unterteilt. Empfehlungen an den Minister, sich um den einen oder

anderen Vorschlag zu kümmern, scheint es nie gegeben zu haben. Auch das Geniale gerinnt hier zur Statistik.
Wie sagte Physik-Nobelpreisträger Feynman noch vor wenigen Jahren? „Es ist wichtig, einzusehen, daß wir in der heutigen Physik nicht wissen, was Energie ist." In Jülich, wo man nach ministeriellem Erlaß auch über die Energiealternativen nachzudenken hat, scheint man es zu wissen. Selbstredend hegt man dort keinerlei Zweifel an der Richtigkeit der Energiesätze, die aus dem vorigen Jahrhundert stammen. Daß man den alten Expansions-Dampfmaschinenprozeß durch neue Expansionsmaschinen modernisiert und mit Wärme versorgt, die aus dem Atomkern kommt, ändert ja auch nichts daran, daß man nach diesen Sätzen die Energieausbeute des hochgespannten Dampfes genau berechnen kann. Und was sich hunderttausendfach bestätigt hat, dem wird auch Allgemeingültigkeit zugebilligt. Aber daran sind zumindest Zweifel erlaubt, die schon in der Entstehungsgeschichte der thermodynamischen Hauptsätze begründet liegen.
Es dürfte sich hier um keinen Einzelfall des Gebrauchs naturwissenschaftlicher Erkenntnisse handeln. Man erinnert sich zwar hier und da noch daran, daß die kosmische Wirklichkeit auf dem Wege des Erkenntnisprozesses reduziert wurde, um ihrer wenigstens teilweise habhaft zu werden, aber den umgekehrten Weg geht man selten. Statt dessen wird das speziell Gültige als Elle auch für andersgeartete Vorgänge herangezogen. Die nachfolgenden Abschnitte belegen das. In ihnen werden Überlegungen zu neuartigen Energiewandlern beschrieben, die sich allesamt zum Beispiel nicht mehr mit der Carnotschen Wirkungsgradformel erfassen lassen. Versucht man das dennoch, und die Gutachter tun es, dann geraten die Vorschläge wegen Perpetuum-mobile-Verdachts in Mißkredit.
Was zu dieser Situation geführt hat, deutet Feliks Burdecki in der August-Ausgabe 1978 der „Physikalischen Blätter" mit den folgenden Sätzen an: „Noch zu Kants Zeiten konnte munter und „hoffnungsvoll" zum Thema „perpetuum mobile" diskutiert, spekuliert und konstruiert werden. Nach Robert Mayers Entdeckung des Satzes von der Erhaltung der Energie mußte diese Diskussion beendet werden. Für ein paar Jahrzehnte bestand zwar noch die Möglichkeit, daß eine bisher unbekannte Energieart dem Postulat der Konstanz der Energiemengen nicht entsprechen würde. Die Entdeckung der Atomenergien am Ende des vorigen Jahrhunderts brachte die „enzyklopädische" Energieschau endgültig zum Abschluß."

Erst war die Dampfmaschine, dann kam die Thermodynamik

Energie zeigt viele Erscheinungsformen. Im Tiefsten wissen wir heute noch nicht, was Energie ist, sagt Feynman. Auch die großen Forscher der letzten beiden Jahrhunderte, in denen die heute gültigen Energiegesetze gefunden wurden, wußten es nicht. Der Mathematiker Jules Henri Poincaré (1854–1912) kommentierte beispielsweise den Energieerhaltungssatz wie folgt: „Wenn man das Prinzip in seiner ganzen Allgemeinheit aussprechen und auf das Universum anwenden will, so sieht man es sozusagen sich verflüchtigen und es bleibt nichts übrig als der Satz: Es gibt ein Etwas, das konstant bleibt." Daß Julius Robert Mayer 1842 das wichtige Gesetz von der Erhaltung der Energie formulieren konnte, das Helmholtz dann in den Jahren danach durch seine Aussagen stützte, widerspricht nicht der Behauptung, daß ein tieferes Verständnis für das, was Energie ist, fehlte.

Die Energiemenge in einem beliebig geschlossenen System bleibt nach dem Energiesatz stets konstant, ganz gleich, welche Zustandsänderungen in diesem System vor sich gehen. Durch die Zustandsänderung der Körper oder ihrer Systeme wird Arbeit geleistet. An Beispielen, wie dem angehobenen und fallengelassenen Hammer, dem Wasserfall, der Mühle, der Sprungfeder und dem Luftgewehr konnte Helmholtz das sehr plausibel erläutern. Nachdem auch noch der Expansions-Dampfmaschinenprozeß – aber auch nur der – offenbart hatte, daß Wärme in mechanische Arbeit umwandelbar ist und beide in einem festen Äquivalenzverhältnis zueinander stehen, glaubte Helmholtz „mit großer Zuversicht vermuten zu dürfen", daß dieses Gesetz auch für lebende Körper gilt.

Mayer versuchte, alle Wandlungen der Energieformen zu erfassen. „Die Kraft" (heute würde man Energie sagen), so schrieb er, „in ihren verschiedenen Formen kennenzulernen, die Bedingungen ihrer Metamorphosen zu erfassen, das ist die einzige Aufgabe der Physik." Nun, es sind mittlerweile noch einige andere hinzugekommen. Robert Mayer verdanken wir die Feststellung, daß es zwischen Wärme und Kraft eine feste Beziehung gibt. Den genauen, als verbindlich anerkannten Wert für den „calorischen Wert der Arbeit" fand James Prescott Joule nach eingehenden Versuchen. Danach sind

427 mkp = 1 kcal. Joule ermittelte diese Beziehung u.a. aus der Reibungswärme, die fallende Bleikugeln in einem Ölbad erzeugten.
Joule sah als erwiesen an: „daß die durch Reibung von Körpern, seien es nun feste oder flüssige, entwickelte Wärmemenge immer proportional ist der aufgewandten Kraft, und
daß zur Entwicklung der Wärmemenge, welche im Stande ist, ein Pfund Wasser (im leeren Raum und zwischen 55 ° und 60 °F gewogen) um 1 ° Fahrenheit zu erwärmen, die Aufwendung einer mechanischen Kraft erforderlich ist, welche repräsentirt wird durch den Fall von 772 Pfund durch einen Fuß."
Mayer versuchte, den „calorischen Wert der Arbeit" zunächst auf dem umgekehrten Wege, von der Wärme zur Kraft, als „mechanisches Wärmeäquivalent" zu finden. Das gelang ihm zumindest nicht umfassend. Er kam auf ein Äquivalent von 365 bis 367 mkp je kcal, und dieses galt nur für „elastische Flüssigkeiten", also für Gase. Der Beweis ist auch bis heute nicht in einer Weise gelungen, daß das Wärmeäquivalent (als Symmetriewert des „calorischen Wertes der Arbeit"), das praktisch den „beweisbaren" Inhalt des 1. Hauptsatzes ausmacht, die Allgemeingültigkeit beanspruchen könnte, die ihm zugesprochen wird. Eine der Folgen davon sind recht unterschiedliche Formulierungen des 1. Hauptsatzes in den Lehrbüchern. So schreibt Rudolf Plank: „Die Äquivalenz von Wärme und Arbeit stellt den Inhalt des 1. Hauptsatzes dar, der einen Sonderfall des allgemeinen Prinzips von der Erhaltung der Energie bildet." Faltin reduziert die Allgemeingültigkeit des 1. Hauptsatzes noch weiter, indem er u.a. auf Eigenschaften von Stoffen und Materialien hinweist, die bei der Krafterzeugung aus Wärme im Spiel sind. Er schreibt: „Bei einer Zustandsänderung eines Stoffes können drei Energieformen beteiligt sein: Wärme, innere Energie und mechanische Arbeit. Eine Zustandsänderung erfolgt, wenn mindestens zwei dieser Energieformen miteinander in Austausch treten. Je nach dem Betrage, mit dem die drei Energieformen sich an einem Prozeß beteiligen, gestaltet sich der Verlauf der Zustandsänderungen. Die Summe der dabei erfolgten Änderungen der einzelnen Energiebeträge ist gleich 0."
Faltin erläutert seinen Satz mit dem Hinweis, daß der 1. Hauptsatz nicht gestatte, daß eine Maschine mechanische Arbeit liefere, ohne daß gleichzeitig eine äquivalente Veränderung im System von Wärmezufuhr, Abkühlung, Dehnung, Stoffaufwand, chemische Veränderung und dergleichen auftritt. Er beschreibt damit den Inhalt der Gleichung des 1. Hauptsatzes: Q (Wärmemenge) = U (innere Energie) + A (äußere Arbeit) und deutet an, was sich hinter der „inneren Energie" alles verbergen mag.
Mit einem einzigen „Hauptsatz", darauf hinzuweisen war mit dem letzten Zitat beabsichtigt, läßt sich die Vielfalt von Energieumwandlungen nicht erfas-

sen. Der breite und keineswegs einheitliche Formelschatz der technischen Mechanik allein belegt das zur Genüge. Hinzu kommt auch noch die Einschränkung, daß der 1. Hauptsatz nur für geschlossene Systeme gilt. Wo aber gibt es diese in der Praxis? Natürlich kann man den ganzen Kosmos als ein derartiges System auffassen. Clausius tat es und behauptete: „Die Energie des Weltalls ist konstant." Im Kosmos die Gültigkeit des Energieerhaltungssatzes nachzuweisen, dürfte aber selbst im Zeitalter der Raumfahrt schwerfallen. Wir brauchen jedoch gar nicht zu den Sternen zu greifen. Sind unsere Heizungen, die Verbrennungsmotoren oder die Dampfturbinen mit ihrem „kalten Abdampfschwanz" oder ihren heißen Abgasrohren etwa geschlossene Systeme? Natürlich nicht. Sie sind nur etwas ganz Selbstverständliches, diese offenen Systeme, die Energie an die Umgebung abgeben. Wird aber im umgekehrten Fall Energie aus der Umgebung absorbiert, dann geht das für viele nicht mit rechten Dingen zu.

Die Nichtbeachtung der sehr bedingten Gültigkeit des 1. Hauptsatzes der Wärmelehre hat uns bis heute weithin blind gemacht für energiesparende und neuartige Methoden der mechanischen Energieerzeugung, nicht nur aus Wärme. In noch weit höherem Maße muß diese Blindheit der Ausdeutung des 2. Hauptsatzes nachgesagt werden, der seit seiner ersten Formulierung zahlreiche erbitterte Gegner und Zweifler auf den Plan rief, darunter viel Prominenz. Auch der 2. Hauptsatz soll nur für geschlossene Systeme gelten, auch ihn fand man zunächst im Expansions-Dampfmaschinenprozeß bestätigt.

Sadi Carnot war es, der 1824 in Paris seine „Betrachtungen über die bewegende Kraft des Feuers und die zur Entwicklung dieser Kraft geeigneten Maschinen" herausgab. Eine seiner Kernaussagen war: „Man muß somit schließen, daß das Maximum an bewegender Kraft, welches sich aus der Anwendung des Dampfes ergibt, gleichzeitig das Maximum der bewegenden Kraft ist, welches sich durch jedes beliebige Mittel erreichen läßt." An einer anderen Stelle heißt es bei Carnot: „Die bewegende Kraft der Wärme ist unabhängig von dem Agens, welches zu ihrer Gewinnung benutzt wird, und ihre Menge wird einzig durch die Temperaturen der Körper bestimmt, zwischen denen in letzter Linie die Überführung des Wärmestoffes stattfindet."

Carnot untersuchte Gase und Dämpfe. Dem eben zitierten Postulat widerspricht er selbst, wenn er im gleichen Buch schreibt: „Wir hätten gewünscht, weitere Beziehungen dieser Art herstellen zu können, beispielsweise die bewegende Kraft berechnen zu können, welche durch die Wirkung der Wärme auf die festen Körper und die Flüssigkeiten, durch das Gefrieren des Wassers etc. entwickelt wird, jedoch liefert die gegenwärtige Physik uns nicht die erforderlichen Daten."

Es ist hier völlig ausgeschlossen, auch nur den Versuch zu unternehmen, den Gelehrtenstreit um Carnot und seine Folgen komprimiert wiederzugeben. Schon Rudolf Clausius stieß auf heftigen Widerstand, als er 1864 seine „Abhandlungen über die mechanische Wärmetheorie" mit den Worten schloß: „Ich glaubte daher in diesem Sinne den Satz, daß die Wärme nicht von selbst aus einem kälteren in einen wärmeren Körper übergehen kann, als einen Grundsatz hinstellen und zum Beweise des 2. Hauptsatzes der mechanischen Wärmetheorie benutzen zu dürfen."

Die Erfahrung widerspricht dem einerseits nicht, andererseits müßten die absoluten Verfechter dieser Ansicht noch heute den kosmischen Wärmetod fürchten. Schließlich müßten sich nämlich danach die Temperaturdifferenzen immer weiter abbauen, bis in der Nähe des absoluten Nullpunktes alle Aktivitäten im Kosmos erlöschen. Eine Grundaussage von Clausius wird freilich von niemandem bestritten, aber die gilt auch nicht nur für die Energiegewinnung aus Wärme: Daß nämlich ein Prozeß, bei dem Energie frei wird, immer ein Potentialgefälle von oben nach unten durchläuft. Das gilt für Arbeit leistende Druckpotentiale genauso wie für den elektrischen Strom und das fallende Gewicht.

In diesem Zusammenhang führte sich der Begriff der Entropie ein, der eine große Hilfe bei der Berechnung thermischer Maschinen, genauer: Expansionsmaschinen, darstellt. Bei der Bildung dieses Begriffes ging man von der adiabatischen Entspannung eines idealen Gases aus. Darunter versteht man, daß ein Gas bei seiner Entspannung und gleichzeitiger Arbeitsleistung nach außen nur eine Temperaturerniedrigung erfahren darf, die von der Eigenschaft dieses Gases bei selbsttätiger Abkühlung abhängt; Wärmezu- oder -abfuhr von außen darf es dabei nicht geben. So ein Vorgang verläuft adiabatisch, d. h. bei konstanter Entropie. In der Praxis gibt es so etwas nicht. Immer wird das Gas entgegen seiner selbsttätigen Abkühlung noch aufgewärmt. Bei diesem „polytropen" Vorgang steigt die Entropie.

Unter Entropie verstehen viele auch ein Maß für die Unordnung in einem System, die nach Clausius eigentlich immer nur zunehmen kann. Daß dem nicht so sein könne, darauf wies z. B. 1952 der Biologe Prof. Ludwig von Bertalanffy hin mit der Feststellung, daß in der Natur die Entropie sehr wohl auch abnehme. – In der Natur hat man es eben stets mit „offenen" Systemen zu tun!

Viel stärker unter Beschuß als die Clausius'sche Formulierung des 2. Hauptsatzes geriet die von Ostwald, die in Dubbels Taschenbuch für den Maschinenbau von 1966 lautet: „Eine Maschine, die aus der Wärme der Umgebung Arbeit gewinnt, ist unmöglich."

Es war Max Planck, der den 2. Hauptsatz als einen „Erfahrungssatz" ansah, der eines Tages durch die Anwendung entsprechender Mittel widerlegt werden könnte. „Dann stürzt der ganze Bau des 2. Hauptsatzes zusammen", schreibt er in seinen Vorlesungen über Thermodynamik. Und er fügt hinzu: „Bei jeder etwa entdeckten Abweichung einer Naturerscheinung von dem 2. Hauptsatz kann man sogleich eine praktisch höchst bedeutungsvolle Nutzanwendung aus ihr ziehen."
Für viele stand dieses Gebäude nie auf solidem Fundament. Die meisten der etablierten Thermodynamiker von heute dagegen haben keine Erschütterung feststellen können. Wer ihnen widerspricht, wird umgehend in das große Heer der bedauernswerten Perpetuum-mobile-Erfinder eingereiht. Die von Clausius (laut Planck) aus dem 1. Hauptsatz abgeleitete und nach Carnot benannte Wirkungsgradformel ist die Waffe, die noch immer ausgereicht hat, den 2. Hauptsatz zu verteidigen. Sie lautet:

$$\eta = \frac{T_1 - T_2}{T_1}$$

wobei T_1 die Anfangs-, T_2 die Endtemperatur (in Grad Kelvin) eines thermodynamischen Arbeitsprozesses ist. Danach sind zwei Dinge unmöglich: Erstens, daß der thermische Wirkungsgrad über den Wert 1 ansteigt, zweitens die Energiegewinnung aus Körpern und Flüssigkeiten durch Abschöpfen der Wärme bis unter die Temperatur der Umgebung. Wieviel mechanische Energie aus dem Temperaturgefälle $T_1 - T_2$ gewonnen werden kann, insbesondere dann, wenn adiabatische Zustandsänderungen vermieden werden, geht aus der Formel in dieser Schreibweise allerdings nicht hervor. Carnot sagte, daß das hohe Temperaturniveau, unter dem einer Wärmekraftmaschine Wärme zugeführt werde, durch die höchste Temperaturquelle – etwa eine Flamme – bestimmt werde. Die untere Temperatur entspreche der Wärme der Umgebungsmedien, die zu Rückkühlzwecken benötigt werden (z. B. Flußwasser oder atmosphärische Luft). Nur dazwischen könne als Maximum die selbsttätige Temperaturerniedrigung liegen. Carnot stellte keinen Bezug zu der Eingangstemperatur T_1 als absoluter Temperatur her.

Die Gleichung $\eta = \frac{T_1 - T_2}{T_1}$ stammt von Clausius und ist, wie gesagt, aus dem 1. Hauptsatz abgeleitet. Darauf verweist z. B. Max Planck, wenn er im Vorwort zu seinem Beweis des Energieerhaltungsprinzips schreibt: „So habe ich auch das Carnot-Clausius'sche Prinzip: den sogenannten zweiten Hauptsatz der mechanischen Wärmetheorie, mit seinen Folgerungen grundsätzlich von der Untersuchung ausgeschlossen, weil er sich seinerseits erst aus dem Energieprinzip entwickelt, indem er ihm ein ganz neues Element: die Bedingungen der Umwandlung der verschiedenen Energiearten ineinander hinzu-

fügt." Jeder Versuch, die Richtigkeit des Energieprinzips mit dem 2. Hauptsatz zu beweisen, führt zu einem Zirkelschluß, zum Beweis einer Hypothese mit untauglichen Mitteln.
Clausius, der betonte, sich nur mit Gaskinetik befaßt zu haben, übersah darüber hinaus etwas ganz Entscheidendes: die Tatsache, daß die Arbeit eines eingeschlossenen Gases wesentlich von dem Behälterinnendruck mitbestimmt wird. Robert Mayer überging bei seinem berühmten Gedankenexperiment schlichtweg den Innendruck der eingeschlossenen Luft, und in der Clausius'schen Ableitung des 2. Hauptsatzes kommt er ebenfalls nicht vor, (nur indirekt über das spezifische Volumen, das nach dem Gasgesetz mit dem Innendruck korrespondiert). Angewendet auf ideale Gase ist das nicht schlimm, denn nach der Zustandsgleichung der Gase ist bei einem eingeschlossenen Gas das Produkt aus Druck x Volumen dividiert durch die Temperatur immer konstant. Man kann also entweder mit Drücken oder mit Volumina oder mit Temperaturen rechnen, um zu gleichen Ergebnissen zu kommen. Den 2. Hauptsatz aber auf Flüssigkeiten und Feststoffe anzuwenden, auf alles, was kein ideales Gas ist, ohne dabei die Drücke zu berücksichtigen, ist ein unverzeihliches Versäumnis, das zu Fehleinschätzungen führen muß.
Jules Henri Poincaré hat sich einmal die Frage vorgelegt, warum dem Gesetz von der Erhaltung der Energie eine Vorzugsstellung unter allen physikalischen Gesetzen zukomme. „Vor allem glaubt man", so lautete seine verblüffende Antwort, „daß wir es nicht verwerfen oder auch nur seine absolute Strenge anzweifeln können, ohne die Möglichkeit des Perpetuum mobile zuzulassen; die Aussicht auf eine solche Folgerung macht uns natürlich mißtrauisch, und so glauben wir weniger kühn zu handeln, wenn wir das Prinzip annehmen, als wenn wir es leugnen. Vielleicht ist diese Vorstellung nicht ganz richtig; denn nur für die umkehrbaren Prozesse zieht die Unmöglichkeit des Perpetuum mobile das Prinzip von der Erhaltung der Energie nach sich." – Den Energiesatz könne man nicht aus der Unmöglichkeit des Perpetuum mobile ableiten, schrieb der Aachener Professor Karl Schreber 1933, denn dazu reichten die Erfahrungen nicht aus.
Zu einem wahren Perpetuum-mobile-Jäger scheint heute Professor Max Pollermann von der Kernforschungsanlage Jülich geworden zu sein. Ihm leitet das Bundesministerium für Forschung und Technologie wohl die meisten der bei ihm eingereichten Vorschläge zur Begutachtung weiter, die neuartige Energiewandler oder Möglichkeiten zur Energieeinsparung zum Inhalt haben. Rund 1000 Ideen von über 400 Erfindern dürften bis Anfang 1980 auf seinem Tisch gelandet sein. Fast alle dürfte er zurückgewiesen haben, denn er weiß genau, daß sich „der Traum vom Perpetuum mobile nie erfüllt". Die

Elle, mit der er offensichtlich viele Vorschläge glaubt messen zu müssen, ist der Carnotsche Wirkungsgrad. Es ist kaum anzunehmen, daß eine Vielzahl von Erfindern, unter denen sich gewiß nicht nur Dumme befinden, dem gleichen Trugschluß unterliegen und Maschinen bauen wollen, die per definitionem hoffnungslos sind. Vielmehr scheint, um noch einmal an Poincaré zu erinnern, die mangelnde Kühnheit der Wissenschaft zumindest eine gewisse Rolle zu spielen. Gewiß geht man auch nicht fehl in der Annahme, daß die Hauptaufgabe der Kernforschungsanlage Jülich, die Förderung der Kernenergienutzung, nicht gerade förderlich ist, Vertreter möglicher Alternativen zu Atomkraftwerken zu ermutigen. Mit dem Hinweis, diese hätten ja das unmögliche Perpetuum mobile im Sinn, wird man die meisten schnell wieder los.

Ein Perpetuum mobile, zu dieser Feststellung sehen sich manche genötigt, sei auch die Atmos-Uhr von Jaeger-LeCoultre nicht, zu deren Antrieb die Wärmeschwankungen in der Umgebungsluft ausreichen. In einer Kammer ist Äthylchlorid eingeschlossen, das sich schon bei geringen Temperaturänderungen stark ausdehnt oder zusammenzieht. Ein Wechsel der Temperatur um nur ein Grad genügt bereits, um diese Uhr für 48 Stunden aufzuziehen. Ihre Konstrukteure kannten entweder den 2. Hauptsatz nicht oder waren ungeheuer kühn!

In dem 1976 erschienenen Buch „Perpetuum Mobile“ schreibt Stanislav Michal: „Der zweite Satz der Thermodynamik ist das endgültige und unwiderrufliche Urteil über das Perpetuum mobile jeder Art.“ Darin ist denn auch das „erster Art“ eingeschlossen, das mit Sätzen zurückgewiesen wird wie: „Aus nichts wird nichts.“ „Man kann aus einer Maschine nicht mehr Energie herausholen, als man hineinsteckt.“ Diese apodiktischen Feststellungen, das sei noch einmal unterstrichen, beziehen sich auf abgeschlossene Systeme. Sie wurden hergeleitet aus der Untersuchung von Dampf- und Gasmaschinenprozessen.

Das soeben zitierte Buch von Michal ist amüsant zu lesen. Es betrübt gleichzeitig, wenn man erfährt, mit welch kunstvollen Konstruktionen sich so mancher ein Leben lang herumplagte, um zu einer „ewig“ laufenden Maschine zu gelangen. Das waren wirklich untaugliche Versuche, die heute meist schon ein physikalisch gebildeter Oberschüler durchschauen würde. Vielleicht ist es kein Zufall, daß dieses Buch so gut wie keine thermischen Apparaturen wiedergibt. Entweder reichte die Phantasie nicht soweit, oder derartige Erfindungen fielen der Auswahl des Autors zum Opfer. Immerhin sieht er sich bemüßigt, die bekannte „trinkende Ente“ vorzustellen, die offenbar von vielen als funktionierendes Perpetuum mobile angesehen wird. Das sei sie nicht, denn ihre Bewegung erfordere stets einen gefüllten „Trinknapf“ voll Wasser, bei dessen Verdunstung am Entenkopf dem Medium in der Ente Wärme entzogen werde. Die Ente nickt zwar pausenlos, wenn Verdunstungswasser bereitsteht, aber sie ist eben kein Perpetuum mobile, da ein offenes System.

Die possierliche Ente und die Atmos-Uhr, die beide die Energie zu ihrer Bewegung offenbar aus der Umgebungsluft beziehen, weisen auf eine merkwürdige Logik hin: Ein Perpetuum mobile kann es aus den genannten Gründen nicht geben, und wenn sich dennoch etwas auf eine Weise bewegt, wie die Ente, dann handelt es sich um ein offenes System, dem das Verdikt über die Perpetua mobilia nicht gilt. Das sind dann bestenfalls „fiktive, unechte" Perpetua mobilia.

Ob der natürliche Wasserkreislauf mit nicht-adiabatischen Zustandsänderungen, den ja die Sonne in Bewegung hält, ein Perpetuum mobile darstellt oder nicht, interessiert kaum. Aber er funktioniert doch auch wohl nur deshalb, weil die „Stoffwerte" von Luft, Wasser und Wasserdampf in Verbindung mit der niedrig temperierten Sonnenwärme dieses zulassen. Handelt es sich um von Menschen erdachte Systeme, die funktionieren oder ähnlich dem Wasserkreislauf funktionieren könnten, dann greift die zweifelhafte „Entenlogik" Platz: Ein funktionierendes Gerät wird mit dem Vermerk „offenes System" von der Verfolgung der Perpetuum-mobile-Jäger ausgenommen, ein erst auf dem Papier stehendes verfällt dem Spott. Seinen Erfinder steckt man zu den altertümlichen Perpetuum-mobile-Bastlern, und damit braucht man nicht einmal mehr sonst anerkannte physikalische Tatsachen auf ihre konkrete Nutzung im speziellen Fall zu überprüfen.

Es lebt sich ja so bequem mit Lehrsätzen. Die Frage drängt sich auf, ob das in ihnen steckende Wissen zu einem Hindernis werden kann auf dem Wege zu weiterer Naturkenntnis und zu neuen, vielleicht umweltschonenderen und energiesparenderen Maschinen. Es muß mit Nachdruck daran erinnert werden, daß die Dampfmaschine längst lief, bevor die Gesetzmäßigkeiten freigelegt waren, die sie erklären. Bei der Weiterentwicklung der Thermodynamik freilich spielten dann die Maschinen wiederum eine vielfach ausschlaggebende Rolle. In dem von Hedwig und Max Born verfaßten Buch „Der Luxus des Gewissens" findet sich dazu der bemerkenswerte Satz: „Constantin Carathéodory war ein Freund von Schmidt und ebenfalls ein glänzender Mathematiker. Er und ich diskutierten u. a. die seltsame Tatsache, daß die ziemlich abstrakte Wissenschaft der Thermodynamik auf technische Begriffe aufgebaut wurde, nämlich auf „Wärmemaschinen". War dies nicht zu umgehen?"

Wie manche in der „hohen" Mathematik eine moderne Form der Mystik erblicken, die uns immer weiter von der realen Natur wegführt, so scheint allein das Wort „Perpetuum mobile“ eine Art Sperrwirkung auf manchen sonst klaren Wissenschaftlerblick auszuüben. Der Leser ist eingeladen, die folgenden Seiten mit einem unverstellten Blick durchzusehen. Er möge nicht der Unart verfallen, die immer wieder hingenommen wird: Während bei dem Außenseiter Worte nie genügen, er vielmehr durch die Praxis beweisen muß, daß etwas geht, ist es beim Etablierten fast umgekehrt. Worte genügen bei ihm, um festzustellen, daß etwas nicht geht. Worte genügen ihm aber auch, um seine öffentlichen und privaten Mäzene davon zu überzeugen, daß seine Idee realistisch ist. – Führt man sich dazu noch die jeweils erforderlichen Geldmittel vor Augen und vergleicht die wirklichen oder möglichen Ergebnisse miteinander, dann könnte man sich um den Schlaf bringen.

Die Wärmepumpe hat's geschafft: über 100 Prozent Wirkungsgrad und anerkannt

„Ein Perpetuum mobile gibt es nicht. Und wenn sich dennoch eine Maschine so verhalten sollte wie ein Perpetuum mobile, dann handelt es sich um ein offenes System, dem dieses Verdikt nicht gilt." Diese Formulierung entstammt sinngemäß dem vorangegangenen Kapitel. Man könnte über solche ingenieurwissenschaftliche Sophistik schmunzelnd hinwegsehen, wäre sie nicht mitverantwortlich für die fortschrittshemmenden Beurteilungen, die hier Kapitel für Kapitel beklagt werden. Erfreulicherweise gibt es eine Maschine, die schon vor über hundert Jahren eine Barriere durchbrochen hat. Es ist dies eher eine Barrikade, die amtliche Gutachter und jeder, der seinen Ruf als ernst zu nehmender Physiker und Ingenieur nicht gefährden möchte, noch heute verteidigen. Gemeint ist die Wärmepumpe, die jetzt groß im Kommen ist und die ein Schulbeispiel dafür abgibt, wie die Energiediskussion eben auch geführt wird.
Seit Carl von Lindes Kompressions-Kältemaschine (1874) wissen wir, wie eine Wärmepumpe technisch darstellbar ist. Daß es sich bei ihr um ein offenes System handelt, kann sich jeder an seinem Kühlschrank klarmachen. Das Kühlsystem transportiert Wärme aus dem Kühlschrank ins Zimmer. Die Wärmepumpen, die heute zu Heizzwecken propagiert werden, arbeiten prinzipiell so wie die Kältemaschinen. Ihre Funktion ist auf die Wärmegewinnung, nicht auf die Kühlung abgestimmt.
Im Kompressor wird das „energiereiche", dampfförmige Kreislaufmedium adiabatisch verdichtet, wodurch sich seine Temperatur und sein Wärmeinhalt weiter erhöhen. Beim anschließenden Durchströmen eines Kondensators gibt der Dampf einen Teil seiner Wärme während eines Wärmetauschvorganges z. B. an das Heizwasser ab, das anschließend durch die Heizkörper des Hauses fließt. Der Dampf kühlt sich dabei soweit ab, daß das Kältemittel den Kondensator in flüssiger Form verläßt. Über ein Entspannungsventil wird bei der üblichen Wärmepumpe der Flüssigkeitsdruck auf das Niveau vor der Verdichtung abgesenkt, wobei sich das Medium wie erwünscht abkühlt. Der Sog des Kompressors sorgt dafür, daß das Kältemittel in Bewegung bleibt. Es durchströmt einen zweiten Wärmetauscher, den Verdampfer. In ihm nimmt es aus der Umgebung der Wärmepumpe soviel Wärme auf, daß es wieder

vollständig verdampft. Die Verdampfungswärme wird auf diese Weise über Verdichter und Kondensator ständig zur Hausheizung hin transportiert.
Die Wärmepumpe ist ein Energiewandler. Sie verwandelt zunächst die Antriebsenergie für den Verdichter in die Kompressionswärme des dampfförmigen Kreislaufmediums, sodann die „niederwertige" Umweltwärme, wie sie in der Luft, im Flußwasser oder im Erdreich vorhanden ist, in „höherwertige" Heizwärme. Selbstverständlich läßt sich mit ihr auch Prozeßwärme niederer Temperatur, sog. Abfallwärme, in Nutzwärme verwandeln. Die Wärmepumpe ist ein energiesparendes System zur Heizung und Klimatisierung von Gebäuden, mit ihr läßt sich Abwärme wirtschaftlich verwerten, wenn man „hochwertige" Antriebsenergie für den Kompressor zur Verfügung hat.
Das ist alles seit Jahrzehnten bekannt, und darum steht die Wärmepumpe auch stellvertretend für tausend andere technisch vernünftige und wirtschaftliche Entwicklungen, die aber deshalb noch lange nicht realisiert werden. Noch vor wenigen Jahren fanden die Fachleute, die sich für die Wärmepumpe einsetzten, kaum Gehör. Aber sie propagieren diesen Wärmewandler ja nicht erst seit der Ölkrise von 1973. Dr. Hans Ludwig von Cube etwa, Mitverfasser eines 1978 erschienenen Lehrbuches über Wärmepumpen, schrieb beispielsweise 1957 in der „Technischen Rundschau":
„Selbst bei Ausnutzung aller Steigerungsmöglichkeiten zur Förderung von Kohle und Erdöl wird die ‚Energielücke' immer größer." – „Unser heutiger Lebensstandard hängt von einer ausreichenden Versorgung mit Wärme, elektrischer Energie, Kraftstoffen und Düngemitteln ab." – „Unter diesen Aspekten gewinnt die Wärmepumpe eine neue, wirtschaftliche Bedeutung. Ist es noch sinnvoll, Kohle- oder Ölfeuerungen in neu erstellten Häusern einzubauen? Werden diese Heizmethoden in Bälde nicht ebenso überholt sein wie nach der Jahrhundertwende die Gasbeleuchtung?" – „Am unmittelbarsten betroffen von der Verknappung der natürlichen Brennstoffe wird der Verbraucher von Hausbrand sein. Für ihn besteht weder die Möglichkeit einer Nutzungssteigerung noch einer Kostenabwälzung." – Sein eigenes Haus beheizt von Cube seit fast 30 Jahren mit einer Wärmepumpe.
Von Cube ist Fachmann und stieß jahrzehntelang auf taube Ohren. Allein der Druck von außen, hier die zunehmende Ölverknappung und -verteuerung, bringt eine sinnvolle Innovation in Gang. Die Wärmepumpe bietet ein hervorragendes Beispiel dafür. Dennoch zeigt sich auch diesmal wieder, daß die Betroffenen, zum Beispiel die elektrischen Strom verbrauchenden Bürger, weder vor noch während der Einführung technischer Neuerungen eine irgendwie geartete aktive Rolle spielen können. Wer beispielsweise elektrischen Strom haben will, dem bleibt praktisch nichts anderes übrig, als ihn zu

einem bestimmten Preis aus dem Netz zu beziehen. Die nächste Preiserhöhung muß er schlucken, und der Hinweis auf die gestiegenen Primärenergiekosten läßt die meisten sogar einsichtsvoll nicken. Daß sie aber schon ihr Leben lang den schlechten energetischen Wirkungsgrad unserer Großkraftwerke mitbezahlt haben, der unter 40 Prozent liegt, weil in der Regel zwei Drittel der eingesetzten Brennstoffenergie als Abwärme an die Umgebung der Kraftwerke verlorengehen, das sagt man ihnen nicht. Und wenn sie es wissen, dann hilft ihnen das auch nicht weiter.
Das Beispiel Wärmepumpe eröffnet zahlreiche, nicht neue Aspekte. Zum Beispiel, daß die von einer bestimmten Entwicklung Betroffenen bestenfalls als Konsumenten gefragt sind, wenn sich für sie Kaufalternativen bieten. Jetzt bewerben sich einerseits die Elektrizitäts-Versorungsunternehmen (EVU) und die Elektroindustrie, andererseits die Gasversorgungsunternehmen und die Hersteller von Wärmekraftmaschinen um ihre Gunst. Die einen wollen dem Hausbesitzer elektrisch angetriebene Wärmepumpen verkaufen, die anderen sog. Diesel- oder Gaswärmepumpen. Damit geht der Kampf, etwas kraß ausgedrückt, zwischen Unvernunft und Vernunft weiter. Leisten dürften wir ihn uns nicht.
Bereits 1977 ließ der Zentralverband der Elektrotechnischen Industrie (ZVEI) folgendes verlautbaren:
„Nach Auffassung des ZVEI ist die Substitution des Öls durch elektrischen Strom eine wichtige energiepolitische Zielsetzung für die Zukunft. Als Musterbeispiel sinnvoller Energienutzung durch Stromanwendung werde der Wärmepumpe wesentliche Bedeutung bei der Erfüllung dieser Zielsetzung beigemessen. Die erforderliche Energiemenge, um die Umweltwärme in Gebrauchswärme umzuwandeln, ist viel geringer als die aus der Umwelt gewonnene: einer elektrischen Energieeinheit stehen drei „kostenlose“ thermische Energieeinheiten gegenüber.“
Gegen diese Rechnung ist natürlich nichts einzuwenden. Verschwiegen werden aber zumindest zwei wichtige Tatsachen, die gegen die weite Verbreitung der Elektrowärmepumpe sprechen: Erstens wird der schlechte Wirkungsgrad der Großkraftwerke weiter zur Bezahlung an den Stromverbraucher überwiesen, und zweitens würden viele elektrische Wärmepumpen den Stromverbrauch absolut erheblich ansteigen lassen. Münchens Werkreferent Wilhelm Zankl warnte denn auch im August 1979 Bundeswirtschaftsminister Otto Graf Lambsdorff vor einem massiven Einsatz von Elektrowärmepumpen. Bei etwa 200000 Pumpensystemen bis zum Jahre 1985, so schrieb er, müßte eine zusätzliche Kraftwerksleistung von rund 1000 Megawatt sichergestellt werden. – Daß die Stromfernleitung mit erheblichen Verlusten verbunden ist, die selbstverständlich auch bezahlt werden müssen, sei im Blick

auf die nachfolgend angesprochene dezentrale Energieversorgung hier nur erwähnt.

Über den Daumen gepeilt kann man bei einer Elektrowärmepumpe mit einer Kilowattstunde Strom als Antriebsenergie aus dem Netz zusätzlich zwei Kilowattstunden an Wärmeenergie in das Haus holen und nutzen. Jeder Hausbesitzer wird das begrüßen, aber energiewirtschaftlich betrachtet bringt die Rechnung nichts. Für die eine verbrauchte Kilowattstunde müssen im Kraftwerk nämlich wiederum drei Kilowattstunden an Primärenergie eingesetzt werden. Mit der Elektrowärmepumpe üblicher Bauart läßt sich also lediglich die Energiemenge aus der Umwelt zurückgewinnen, die vorher im Kraftwerk als Abwärme verlorenging. Der Gesamtwirkungsgrad dürfte deshalb kaum die Zahl 1 oder 100 Prozent übersteigen.

Wer sich dagegen für eine Wärmepumpe stark macht, die von Diesel- oder Gasmotoren angetrieben wird, der kann eine wesentlich eindrucksvollere Rechnung präsentieren, er hat noch mehr Vernunft auf seiner Seite. Als hochwertige Antriebsenergie benötigt die Gaswärmepumpe keine Sekundärenergie (Strom), sondern Primärenergie in Form von Heiz- oder Dieselöl, Erdgas oder Flüssiggas. Diese läßt sich zu rund 90 Prozent direkt ausnutzen. Zwei Drittel von diesen 90 Prozent sind Wärme, die bei der Verbrennung der Primärenergie entsteht und über Wärmetauscher zurückgewonnen und der Hausheizung zugeführt werden kann. Das andere Drittel wird zum Antrieb der eigentlichen Wärmepumpe verbraucht, die damit etwa noch einmal soviel Wärmeenergie aus der Umgebung ins Haus holt, wie an Primärenergie verbraucht wird. Setzt man die mit dem Brennstoff zugeführte Energie gleich 100 Prozent, so können im Haus dafür 180 Prozent an Nutzenergie genossen werden. Das ist ein echter Energiegewinn, der einem thermischen Anlagenwirkungsgrad von 1,8 entspricht.

Zur Zeit werden Gaswärmepumpen zwar vorwiegend für Heizaufgaben angeboten, wie sie in Turnhallen und Geschäftshäusern zu lösen sind, aber es ist nur eine Frage der Zeit, bis die kleinen Wärmepumpenaggregate in Serie gehen können, die heute erfolgversprechende Prüfstandsläufe absolvieren. Dann könnte die Zeit einer *auch* dezentralisierten Stromversorgung endgültig anbrechen. Mit der Elektrowärmepumpe wäre dieser Wandel nicht möglich, der von den Elektrizitätswerken verständlicherweise bekämpft, zumindest nicht gewünscht wird. Der lärmgekapselte Dieselmotor im Keller, dessen Abwärme zum größten Teil zu Heizzwecken zurückgewonnen wird und der eine Wärmepumpe antreibt, ist keine Utopie mehr. Der Anschluß an das elektrische Stromnetz soll deshalb selbstverständlich nicht gekappt werden. Über ihn würde weiterhin ein Teil des Strombedarfs bezogen werden, die ei-

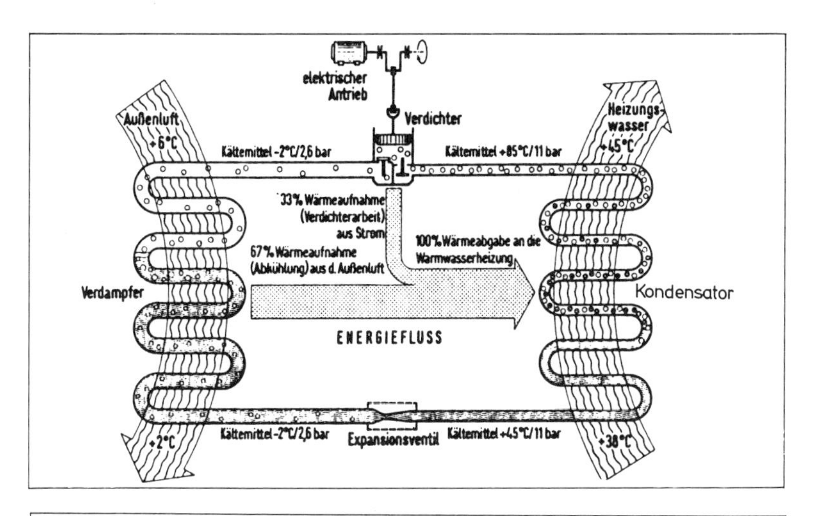

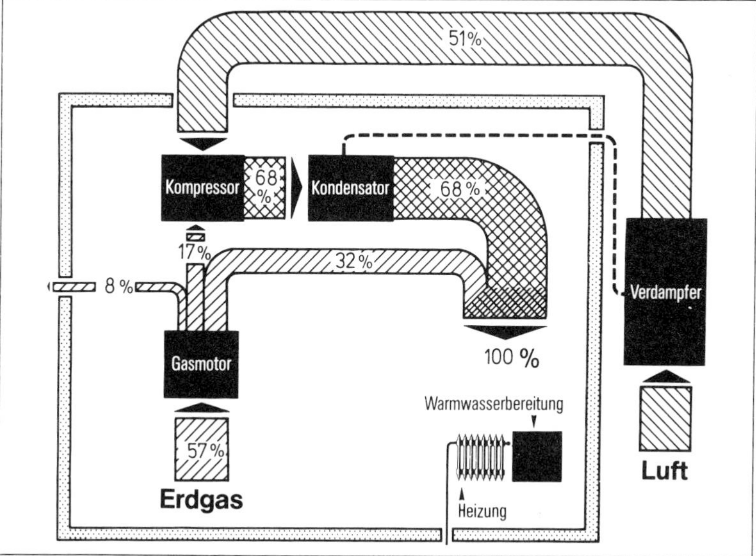

Die Wärmepumpe ist, gemessen an in diesem Buch zitierten Gutachterurteilen, ein anerkanntes Perpetuum mobile. Deshalb kann etwa das Volkswagenwerk in einer Anzeige verkünden, daß man mit einer von einem VW-Motor angetriebenen Wärmepumpe die „eingesetzte Energie zu etwa 170! Prozent" nutze. Das obere Bild zeigt das Funktionsprinzip einer Elektrowärmepumpe und den entsprechenden Energiefluß. Das untere Schaubild, von der Ruhrgas Aktiengesellschaft zur Verfügung gestellt, veranschaulicht den Energiefluß bei einer Gaswärmepumpe. Wesentliche Unterschiede weisen die Bilder nicht auf, aber die Elektrowärmepumpe ist so lange eine kostspielige Angelegenheit, wie unsere Kraftwerkswirkungsgrade bei rund 30 Prozent liegen.

gene Überschußproduktion könnte aber auch ins allgemeine Netz eingespeist werden.
Das ist das Konzept, das etwa der sog. Energiebox zugrunde liegt, die Ulrich Jochimsen propagiert und die er zusammen mit Wissenschaftlern 1978 für den hessischen Ministerpräsidenten untersucht hat. Das Ergebnis ist überaus beeindruckend, wiewohl kleinere „Energieboxen", z. B. für Einfamilienhäuser, erst bei Großserienfertigung wirtschaftlich werden können. In der genannten Studie heißt es dazu: „Ersetzt man vorhandene oder geplante Zentralheizungsanlagen mit Heizöl- oder Erdgasfeuerung durch entsprechende Energieboxen mit Wärmepumpen, so bewirkt dies eine Einsparung von fast 50 Prozent der anderenfalls zu verbrauchenden Energieträger." – Es sind einfach gesetzgeberische Maßnahmen vonnöten, um das volkswirtschaftlich Sinnvolle auf den Weg zu bringen!
Wer sich für die Verbreitung der Wärmepumpe einsetzt, hat es im Vergleich zu den in diesem Buch vorgestellten unorthodoxen Denkern leicht. Ihm bleibt der Vorwurf erspart, ein Perpetuum mobile zu verfechten. Er kann es sich erlauben, von Wirkungsgraden zu sprechen, die weit über 100 Prozent liegen. Warum eigentlich? Weil die Arbeitsweise der Wärmepumpe so altbekannt und Bestandteil des ordinären Maschinenbaus ist, daß man sich lächerlich machen würde, die überragende Wirtschaftlichkeit dieses „offenen Systems" in Zweifel zu ziehen.
Den direkten Vergleich mit ihren thermischen Kraftmaschinen scheuen die Techniker und Thermodynamiker aber immer noch. Statt des Carnotschen Wirkungsgrades, der nicht über 100 Prozent ansteigen kann und mit dem fast jeder der in diesem Buch genannten Erfinder von seinen Gutachtern erschlagen wird, haben sie die Leistungsziffer eingeführt. Sie berücksichtigt nur einen Teil der der Anlage zugeführten Energie, denjenigen, für den man bezahlen muß. Das ist die hochwertige Energie in Form des elektrischen Stromes, des Heizöls, des Dieselkraftstoffes oder des Erdgases. Die mit der Wärmepumpe kostenlos zu erhaltende Energie geht nicht ein in die Rechnung. In Beziehung zueinander gesetzt werden nur die nutzbare Energie zu der, für die man bezahlen muß. Die „minderwertige" Energie aus der Luft, dem Fluß oder dem Erdreich darf zwar genutzt, nicht aber „rechnerisch sauber" gewürdigt werden.
Man könne nur Maschinen miteinander vergleichen, belehrte von Cube in diesem Zusammenhang den Verfasser dieses Buches, die gleichgeartete Aufgaben erfüllen. Die Wärmepumpe erzeuge keine Wärme (ausgenommen die Kompressionswärme), sie pumpe sie nur. Selbstverständlich kann man diese Wertung unangefochten stehenlassen. Aber wenn das so ist, woher nehmen dann die ungezählten Gutachter die traumwandlerische Sicherheit, fast jeden

Vorschlag zu einem neuartigen Energiewandler mit der Elle des Carnotschen Wirkungsgrades zu messen, der streng genommen nur für den idealen Gasprozeß gilt?
Jeder, der ein anderes „offenes System" als die Wärmepumpe anbietet, wird als Spinner und Perpetuum-mobile-Bauer abqualifiziert. Dennoch: Der Verdacht, daß sich die zu Dogmatikern verhärteten Hüter thermodynamischer und technologischer Weisheiten selbst nicht mehr wohlfühlen in ihrem Elfenbeinturm und einen Fluchtweg angelegt haben, erhärtet sich gerade am Beispiel der Wärmepumpe. Als unverdächtiger Zeuge für diese Ansicht sei Prof. Hans Rudolf Apholte zitiert, der zum 100. Todestag Robert Mayers, des Begründers des Energieerhaltungssatzes, in der von der Stadt Heilbronn herausgegebenen Schrift schreibt: „Allerdings ist es falsch, nun hieraus (aus der Tatsache, daß eine Maschine oder Vorrichtung mehr Energie abgibt, als sie selbst für ihren Betrieb benötigt und aufnimmt) abzuleiten, daß jede Maschine mit einem Wirkungsgrad größer als 1 ein Perpetuum mobile sei und daher unmöglich!" Nach einer kurzen Vorstellung der Funktionsweise der Wärmepumpe folgt der Satz: „Übrigens vermeiden es die Ingenieure, den Wirkungsgradbegriff auf Wärmepumpen anzuwenden; wohl aus der (sicher nicht unbegründeten) Befürchtung heraus, man könnte ihnen unterstellen, ein Perpetuum mobile konstruiert zu haben."

Thermische Energiewandler, die nicht im Lehrbuch stehen

Ein Draht mit Gedächtnis leistet Arbeit

Die 24. Nobelpreisträgertagung 1974 in Lindau, so schrieb die beim Verein Deutscher Ingenieure erscheinende Zeitschrift „Umwelt", war von einem wissenschaftlichen Raunen begleitet. Prof. M. McMillan stellte eine Maschine vor, von der es weiter hieß, daß sie bei Entwicklung und Modifizierung vielleicht die angespannte Energiesituation nicht unwesentlich entlasten könnte. Ihr Erfinder ist Ridgway Banks von der Universität von Kalifornien.

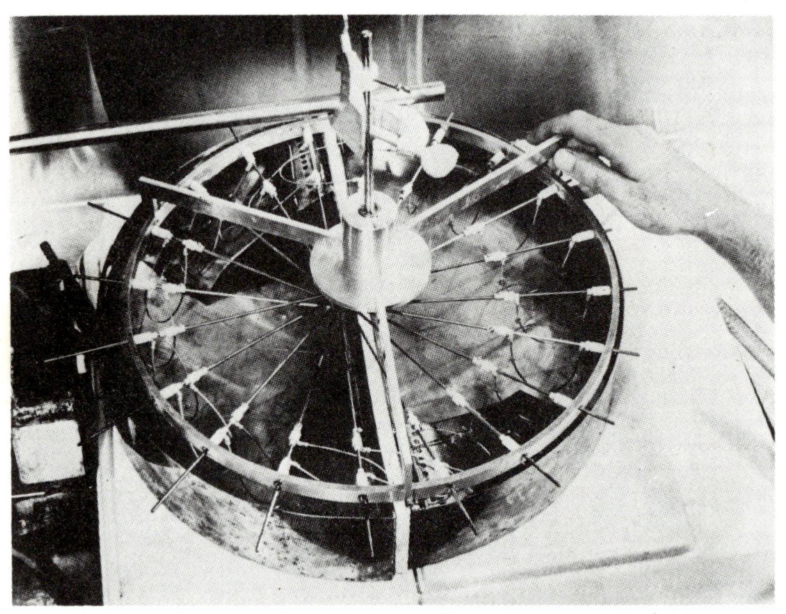

Auf der Nobelpreisträgertagung 1974 in Lindau vorgeführt und bestaunt: ein Rad, zu dessen Antrieb der Temperaturunterschied von 30 zu 40°C warmem Wasser ausreichte. Drahtschleifen aus einem „Nitinol" genannten Material tauchen abwechselnd in das warme und kältere Wasser ein, wobei sie ihre Form ändern. Die dabei erzeugten mechanischen Spannungen werden zum Antrieb des Rades umgesetzt. Eine Wirkungsgradberechnung nach Carnot ist hier zum Scheitern verurteilt. Erfinder dieses Energiewandlers ist Ridgway Banks von der Universität von Kalifornien.

Seine Maschine läuft, obwohl sie das nach dem 1. und zum Teil auch nach dem 2. Hauptsatz gar nicht dürfte. Bei ihr wird ein festes Material, kein strömendes Gas und kein strömender Dampf, zur Erzeugung von Arbeit aus Wärme eingesetzt. Des weiteren arbeitet diese Maschine bei Temperaturen, die in der Nähe der Umgebungstemperatur liegen.
Zur Maschine gehören zwei Schalen, von denen die eine 40 °C warmes Wasser enthält, die andere 30 °C warmes. Die eine kann durch Abwärme, Sonneneinstrahlung, Erdwärme usw. geheizt werden, die andere wird durch Kühlwasser, Luft usw. auf ihrer niedrigeren Temperatur gehalten. Die Temperaturdifferenz von nur 10 Grad reicht aus, um ein Rad in Bewegung zu halten. Drahtschleifen aus einer „Nitinol" genannten Nickel-Titan-Legierung tauchen während der Rotation des Rades abwechselnd in das kalte und warme Wasser ein. Dabei spannt und entspannt sich das Material ständig, was in eine Drehbewegung umgesetzt wird, der Nutzarbeit entnommen werden kann. In dem 1952 bei der amerikanischen Marine entwickelten Nitinol verbleibt nach dessen Verarbeitung bei 500 °C eine Art Erinnerung an die ursprüngliche Gestalt, die beim Wechsel zwischen 30 und 40 Grad zu einer immer wiederkehrenden Umwandlung der Kristallstruktur führt.
Banks' Maschine läuft. Das in Lindau vorgeführte, tortengroße Gerät war dem Vernehmen nach für eine Leistung von 1000 Watt ausgelegt. Die Angaben zu seinem Wirkungsgrad variierten zwischen wenigen Promille und 25 Prozent. Sie machen deutlich, daß die üblichen Berechnungsverfahren nach den Energiesätzen nicht hinreichen. Zur Zeit werde untersucht, so las man's 1975 in der Presse, mit welchem Wirkungsgrad eine solche Maschine zur Energiegewinnung beitragen könne.

„Sonnenräder" aus Bimetall

Bernd und Burkhard Hahn sind Mitglieder der Deutschen Gesellschaft für Sonnenenergie. Aktive Mitglieder auch insofern, als sie mit eigenen Geräte- und Maschinenkonstruktionen die direkte Umwandlung der Sonnenwärme in Rotationsenergie beflügeln wollen. Anstelle der Sonne eignen sich aber auch alle anderen Wärmequellen zum Antrieb der auf einer einfachen Grundidee basierenden Apparaturen. In der deutschen Patentanmeldung P 2836253.0 finden sich dazu Dutzende von Konstruktionsvorschlägen. Mittlerweile ist die darin beschriebene „Vorrichtung zur Umwandlung von Wärme in mechanische Energie" weltweit geschützt.
Bernd Hahn, geboren 1944, ist graduierter Ingenieur des Maschinenbaus. An der Technischen Universität Berlin absolvierte er ein Zusatzstudium auf

dem Gebiet der Werkstoffwissenschaften. Sein Bruder Burkhard wurde 1942 geboren und ist graduierter Betriebswirt. In der Münchner Innenstadt bewohnen beide eine bescheidene Mietwohnung mit einem Balkon, der gut in der Sonne liegt. Seine kleine Betonplatte ist ihr Versuchsfeld. Wenn die Sonne scheint, drehen sich dort die verschiedensten „Sonnenräder", scheiben- und trommelförmige.
Das Hahnsche „Sonnenrad" bezeichnen seine Erfinder in Anlehnung an die von Alexander Calder begründete „Kinetische Kunst" als „Solar-Kinetisches Mobile". Es ist ein einfacher Rotor mit speichenartig an der Nabe befestigten Armen, der sich geräuschlos und einen angenehmen Blickfang bietend dreht, etwa in einem sonnenbeschienenen Fenster. Seit Anfang 1979 bestreiten die Gebrüder Hahn einen Teil ihres Lebensunterhaltes mit dem Verkauf ihrer Mobiles. Als technische Anschauungsmodelle und zur Raumdekoration, die mit der Sonne „spielt", finden sie immer neue Liebhaber. Daß damit ein Funktionsprinzip bewiesen wird, nach dem einmal höchst nützliche „Wärmetauschermotoren" laufen sollen, interessiert die Kunstfreunde weniger. Dennoch, die Motorentwicklung hat begonnen.
Die Hahnschen Rotoren drehen sich dann, wenn sie auf der einen Seite ihres Drehkreises erwärmt werden und auf der anderen Seite eine kältere Zone durchlaufen. Das Drehmoment erzeugen streifen- oder stabförmige Elemente aus Thermo-Bimetall, mit denen die Rotoren besetzt sind. Es kämen aber auch andere Materialien, wie etwa die, die Ridgway Banks in seinem Motor verwendet, in Frage. Wichtig ist nur, daß sie auf Temperaturveränderungen schnell mit einer kräftigen Formänderung reagieren. Bimetalle tun das millionenfach und seit Jahrzehnten anstandslos in allen möglichen Reglern. Die Gebrüder Hahn setzen mittlerweile durch eine besondere Lackierung „oberflächenaktivierte" Bimetalle ein, die die Wärme schnell aufnehmen und wieder abgeben und in kürzerer Zeit höhere Temperaturdifferenzen verarbeiten können.
Bei dem „Sonnenrad" und davon abgeleiteten Motorvarianten wird aber nicht, wie beispielsweise bei dem Motor von Banks, die Formänderung des Metalls über eine Mechanik in nutzbare Rotationsenergie übergeführt, sondern durch Verlagerung der Metallmassen in bezug auf die Drehachse. Bei dem „Sonnenrad" wird daraus ein harmonisches Spiel seiner Arme, die Ästhetik eines Kunstwerkes. Wendet man eine Seite des zunächst stillstehenden Rades der Sonne oder einer anderen Wärmequelle zu, dann beginnen sich die Bimetalle zu krümmen. Der Rotor gerät dadurch aus dem Gleichgewicht und fängt an, sich zu drehen. Sorgt man dafür, daß die Bimetall-Elemente auf der einen Seite ihrer Kreisbahn immer eine Wärmequelle und auf der anderen stets eine „Wärmesenke" durchlaufen, hält die Drehbewegung an. Bei dem

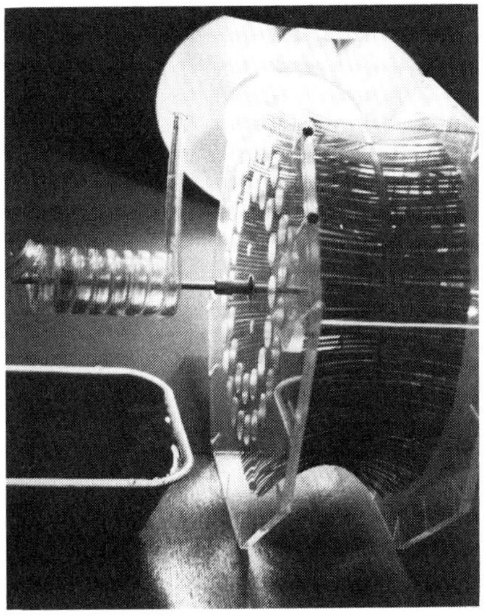

Man könnte sie als „solarkinetische Spielereien" ansehen, die Mobiles, mit denen Bernd und Burkhard Hahn seit einiger Zeit zumindest bei Anhängern der Solartechnik Aufmerksamkeit erwecken. Das große Rad oben und das Gerät rechts sollen aber bereits mehr sein als bloße Mobiles, nämlich Modelle zu denkbaren Solarmotoren. Im oberen Bild links ist an der Fensterscheibe ein sog. Sonnenrad zu erkennen, ein echtes Mobile, das nur das Auge erfreuen soll. Allen der Sonne zugewandten Geräten der Gebrüder Hahn ist gemeinsam, daß sich Elemente aus Thermo-Bimetall unter dem Einfluß von Wärmestrahlung, die stets nur auf einen Teil eines Rotors auftreffen darf, verbiegen. Dadurch kommt der Rotor aus dem Gleichgewicht und beginnt zu rotieren.

geplanten Motor kommt es auf der einen Seite beständig zu einer Anhebung der Bimetallmassen, auf der anderen zu einer Absenkung oder umgekehrt, je nachdem, wie die Elemente eingebaut sind. Bei einer anderen Rotorversion verdichten und verdünnen sich die Massen, während sie ihren Drehkreis durchlaufen. Der Schwerpunkt der einzelnen Rotorteile oder -bereiche verschiebt sich jeweils erneut und kontinuierlich von außen nach innen und umgekehrt.

Für Bernd Hahn, den Techniker, fand damit eine Vorstellung ihre praktikable Lösung, zu der ihn der Wankelmotor angeregt hatte. Dieser bewies ihm, daß neben dem bekannten Ottomotor auch ein Rotationskolbenmotor funktionieren kann, bei dem nicht erst eine oszillierende in eine Drehbewegung umgewandelt werden muß. Aber an diesem Motor störte ihn die Reibung der Dichtleisten des Kolbens an der Wandung des Arbeitsraumes. Statt des Wankelmotors wurde der Elektromotor zum Abbild dessen, was er für eine thermische Maschine suchte. Hahn wollte die Antriebsenergie berührungsfrei in seinen Motor einleiten, und dazu kam für ihn zuerst nur die Strahlungsenergie der Sonne in Frage. Dieser ungewöhnliche Gedankenpfad führte ihn schließlich zu seinem „Sonnenrad“ mit Armen aus schwarz beschichtetem Bimetall.

Selbstverständlich ist den Gebrüdern Hahn klar, daß ihrem einfachen „Sonnenrad“ nicht mehr als Mobile-Charakter zukommt. Die eingeleitete Motorentwicklung berechtigt aber schon zu der Hoffnung, daß nach diesem Prinzip in Sonnenländern einmal Wasserpumpen laufen werden, ohne daß man auch nur das Geringste an Antriebsenergie für sie herbeischaffen müßte. Als Wärmesenke käme das geförderte Wasser selbst oder ein schattiger Abschnitt in Frage.

Wer die zahlreichen Konstruktionsideen betrachtet, die in die genannte Patentanmeldung aufgenommen wurden, der bekommt eine Ahnung davon, daß sich nach diesem Prinzip aber auch sehr leistungsstarke Kraftmaschinen bauen lassen müßten. Darunter solche, die Abfallwärme nutzen oder in Wasserkreisläufe eingeschaltet werden. Erzwungene Wärmeführungen und Wärmerückführungen ließen sich durch Kapselungen und Isolierungen verwirklichen. Hohe Temperaturgefälle könnten mit Rotoren großer „auslenkbarer“ Bimetallmassen, die man aus Gründen der Wirtschaftlichkeit noch zusätzlich durch Gewichte vergrößert, angezapft werden. Die Kopplung mit Wärmepumpen, die wiederum von einem Hahnschen Motor angetrieben werden, ist denkbar. Vorstellen kann man sich darüber hinaus Aggregate mit mehreren Rotoren, die ein Temperaturgefälle kaskadenförmig ausbeuten.

Wo die Wärme herkommt, ist sekundär. Es muß sich nicht um Strahlungswärme handeln. Die Bimetallelemente können auch in Wärme führende Flüssigkeiten eintauchen oder von heißen und kühlen Gasen (etwa Biogas) umspült werden. U. a. wird auch die Nutzung des Peltier-Effektes erwogen. Schließlich könnte man von einer gezielten Werkstoffentwicklung für die hier benötigten „Thermoelemente" einiges erwarten.
Ob sich das kleine Büro mit Versuchswerkstatt in einem Münchner Wohnblock einmal zu einem Hersteller von umweltfreundlichen, kostenlose oder heute weggeworfene Energien nutzende Kraftmaschinen mausern wird? Es fällt selbst schwer, darüber zu spekulieren. Technologieförderer und Patentverwerter sollten sich für die Arbeiten von Bernd und Burkhard Hahn interessieren, auch wenn diese noch keine anerkannten Berechnungen vorgelegt haben, die hohe Energiegewinne ausweisen. Derartige Rechnungen sind schon von ihrem Ansatz her schwierig und müßten viele Unbekannte enthalten. Von praktischen Versuchen dagegen könnte man sich in relativ kurzer Zeit eine Auskunft darüber erhoffen, welches Potential der „Hahn-Wärmedifferenz-Motor" birgt.

Kohlendioxid, ein „energiegeladener" Wärmeträger

Eine von den Grundlagen der energiephysikalischen Gleichungen her der „Banks Engine" prinzipiell vergleichbare Konstruktion, bei der aber kein fester Stoff, sondern eine Flüssigkeit mit hohem Ausdehnungskoeffizienten Arbeit bei Temperaturwechsel auf niedrigem Niveau leisten soll, wurde im Mai 1973 vom Deutschen Patentamt zurückgewiesen. Begründung: Der Anmeldungsgegenstand widerspreche dem 2. Hauptsatz und könne deshalb offensichtlich im behaupteten Sinne nicht funktionsfähig sein. Die daraufhin eingereichte Beschwerde wurde vom Bundespatentgericht ebenfalls abgewiesen. Dessen Begründung schließt mit den Sätzen:
„Einem Gegenstand, bei dem das technische Ergebnis, das der gestellten Aufgabe gemäß erreicht werden soll, nicht erzielbar ist, fehlt die technische Brauchbarkeit und damit die zum Wesen einer Erfindung gehörende Voraussetzung. Die Beschwerde des Anmelders konnte daher keinen Erfolg haben. Der vom Anmelder angeregten Vorlage eines Gutachtens bedurfte es nicht, da der erkennende Senat über hinreichende Sachkenntnis auf dem hier in Frage kommenden Gebiet der Technik verfügt."
Was schließlich doch Ende 1973 zur erfolgreichen Anmeldung dieser Erfindung in etwas abgewandelter Form sowie zur Offenlegung und Bekanntmachung im Jahre 1975 führte, mag Geheimnis des Erfinders, Joachim Kirch-

hoff in Herten/Westfalen, bleiben. „Die Erfindung", so heißt es in der Patentschrift, „betrifft ein Verfahren zur Umwandlung der Kondensationswärme von Dämpfen mit einer Kondensationstemperatur bis 100 °C und der Wärmeenergie von Abwässern oder anderen flüssigen Stoffen und Lösungen, Emulsionen und Dispersionen einer Temperatur von 20 bis 100 °C, insbesondere von 30 bis 75 °C, in mechanische Energie. Die vorgeschlagene Verfahrensweise soll die wirtschaftliche Gewinnung von mechanischer Arbeit aus solchen, bisher für diesen Zweck ungenutzten Wärmereservoiren ermöglichen."

Kirchhoff ist ausgebildeter Thermodynamiker mit langjähriger Berufserfahrung u. a. in der Hochtemperatur-Verfahrenstechnik. Er hat die Urschriften der technischen Thermodynamik studiert. Die Ergebnisse seiner Quellenforschung verleiteten ihn zu ganzen Denkschriften über die nur bedingte Gültigkeit der thermodynamischen Hauptsätze. Daß ihn sein Arbeitgeber, ein kleines Ingenieurbüro, dessen Inhaber auch seine Gründer sind, über Jahre hinweg sowohl für die theoretischen Studien als auch für die Arbeiten an einem Energiewandler, der mit Niedrigtemperatur auskommt, weitgehend freigestellt hat, kann nicht hoch genug bewertet werden. Es ist ein beredtes Zeugnis dafür, welches Engagement kleinste Unternehmer einzugehen bereit sind, ohne auch nur Aussicht auf Förderung von irgendeiner Seite zu haben.

Kirchhoff denkt als „Agens" an Kohlendioxid (CO_2), dessen energetische Wirkungen beim Öffnen einer Sektflasche zutage treten, für den Geologen im gesprengten Gestein, für die Hausfrau beim „Gehen" des Hefeteigs und für den CO_2-Produzenten beim Bersten von Anlageteilen. Weniger bekannt ist seine flüssige Phase. CO_2 ist unter natürlichen Druck- und Temperaturverhältnissen nicht flüssig. Man kennt es als Feststoff („Trockeneis") und als Gas (enthalten z. B. in Verbrennungs- und Atemgasen). Bei der Erwärmung von Trockeneis geht CO_2 sofort in die Gasphase über. Umgekehrt sublimiert CO_2-Gas sofort zu Kohlendioxidschnee. Als Kohlenstoffträger ist Kohlendioxid ein wichtiger „Mittler" zwischen der unbelebten und der belebten Natur, und das in beiden Richtungen.

Nach dem sog. T,s-Diagramm (Temperatur, Entropie) arbeitet Kirchhoff im Bereich des „kritischen Zustandes", bei dem die flüssige und gasförmige Phase des Kohlendioxids schon bei relativ geringen Temperaturänderungen ineinander übergehen, und zwar begleitet von starken Druck- und Volumenänderungen. Dort baut Kirchhoff einen Kreisprozeß ohne adiabatische Zustandsänderung auf. In der diesen realisierenden Kolbenmaschine fließt nur die Wärme, nicht das Arbeitsmittel Kohlendioxid.

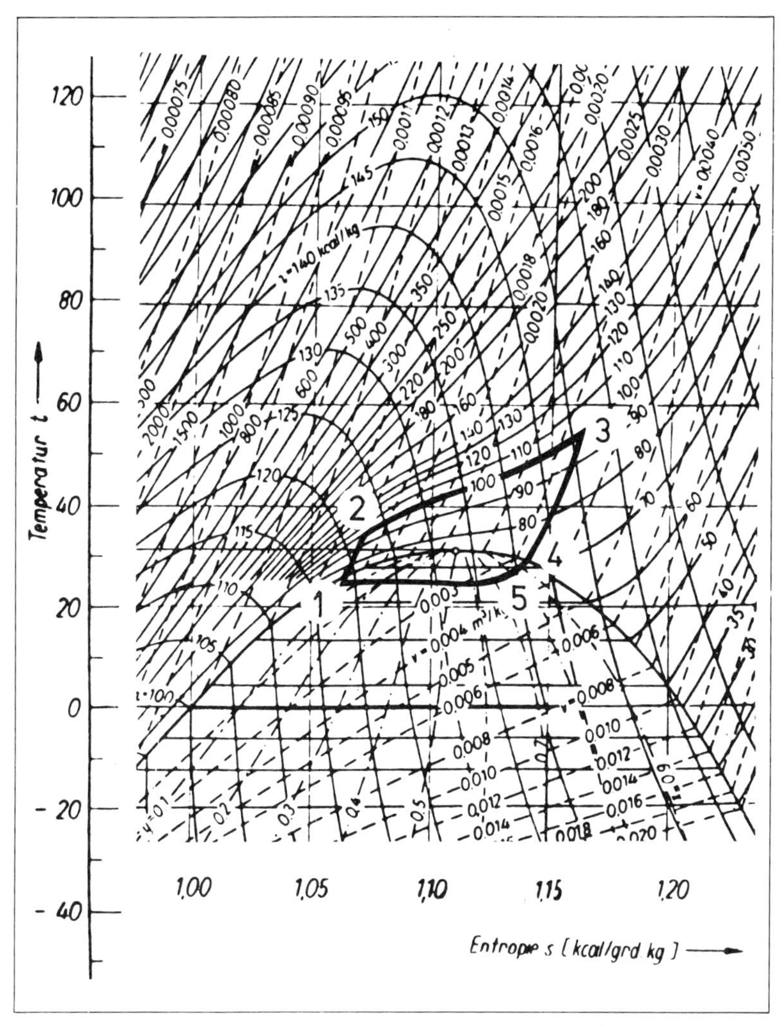

Ausschnitt aus dem Temperatur-Entropie-Diagramm (T,s-Diagramm) für Kohlendioxid. An Hand dieser Darstellung läßt sich am besten zeigen, worauf es Joachim Kirchhoff ankommt: einen Kreisprozeß aufzubauen im Bereich des sog. kritischen Zustandes, wo ohne einen Siedevorgang die flüssige in die gasförmige Phase übergeht, begleitet von starken Druck- und Volumenänderungen. Der Kreisprozeß, durch den dicken schwarzen Linienzug kenntlich gemacht, wird durch die Zustandspunkte 1 bis 5 beschrieben. Zum Punkt 1 gehören eine Temperatur von 25° C, ein Druck von 65,6 bar und ein spezifisches Volumen von 0,0014 m^3/kg; Punkt 2: 34° C, 100 bar, 0,0014 m^3/kg; Punkt 3: 55° C, 100 bar, 0,0033 m^3/kg; Punkt 4: etwa 30° C, 73,3 bar, 0,0033 m^3/kg; Punkt 5: 25° C, 65,6 bar, 0,0033 m^3/kg. Die Arbeitsgewinnung aus diesem Prozeß verdeutlichen die nachfolgenden Diagramme.

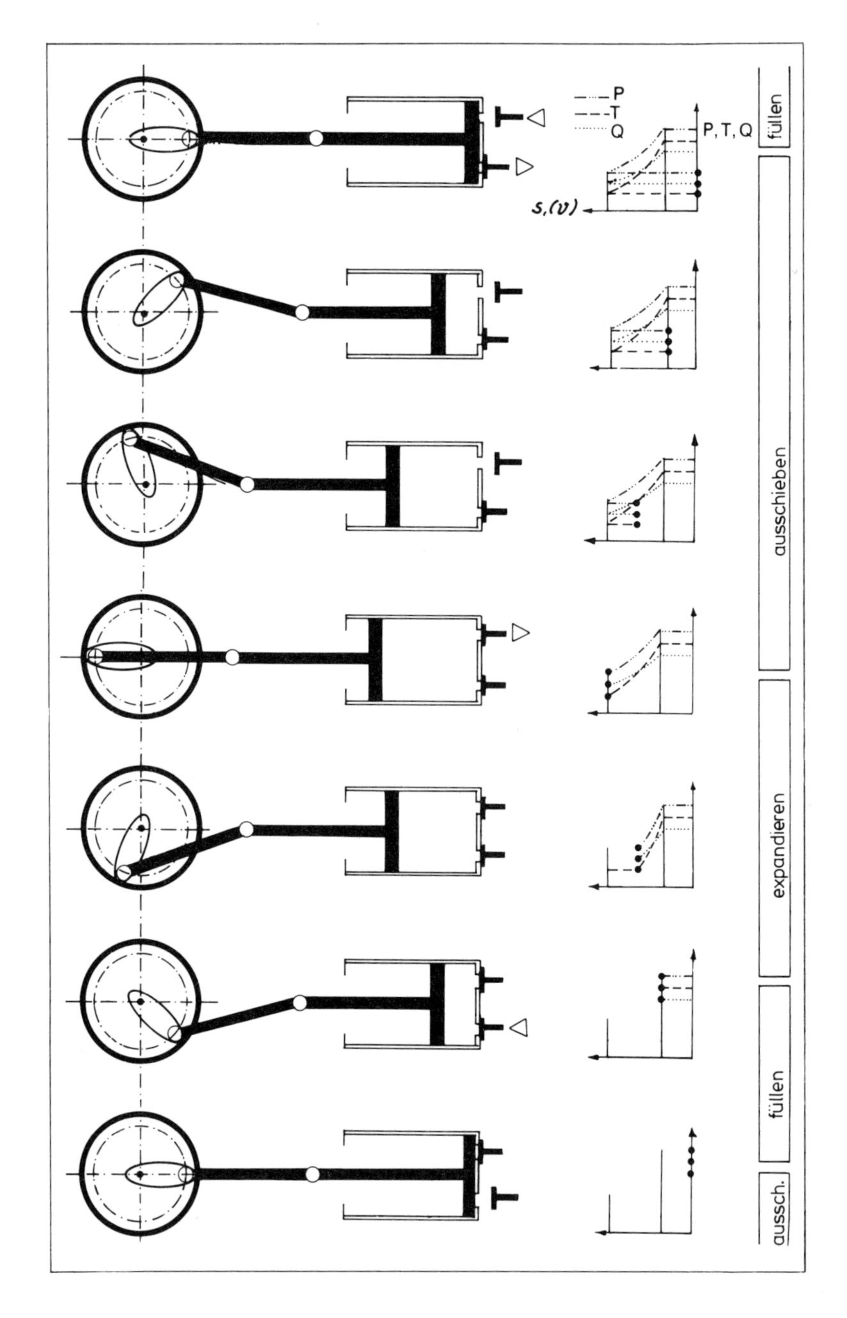
P
T
Q
P, T, Q
s,(v)
füllen
ausschieben
expandieren
füllen
aussch.

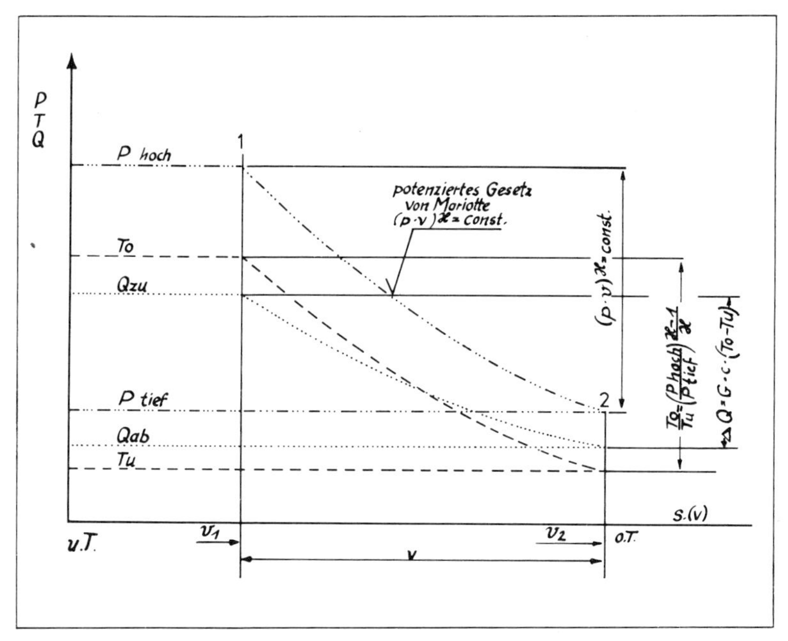

Arbeitsgewinnung aus dem Teil eines Carnotschen Kreisprozesses, der in einer Expansions-Kolbendampfmaschine abläuft; auf der linken Seite veranschaulicht an den verschiedenen Kolbenstellungen und jeweils dazugehörigen Zustandsdiagrammen, oben vereinfacht dargestellt der Teil des Kreisprozesses, bei dem Arbeit gewonnen wird. Die Kolbenstellungen markieren von links nach rechts die Phasen der Arbeitsgewinnung und die Änderung der thermodynamischen Zustandsgrößen wie folgt: Dampf mit hoher Temperatur (T_0), hohem Druck (p_{hoch}) und der Wärme Q_{zu} strömt in den Zylinder, das Einlaßventil schließt. Das jetzt eingeschlossene Dampfvolumen ist mit v_1 bezeichnet. Indem sich der Kolben weiter vom unteren Totpunkt (u.T.) zum oberen Totpunkt (o.T.) bewegt (s = Kolbenweg, v = Volumen), vergrößert sich das dem Dampf zur Verfügung stehende Volumen schließlich auf v_2. Damit ist der Dampfdruck auf p_{tief} und die Temperatur auf T_u abgesunken, die noch im Dampf enthaltene Wärmemenge entspricht Q_{ab}. Die Berechnung des Carnotschen Wirkungsgrades nach der Formel $\eta = \frac{T_0 - T_u}{T_0}$ berücksichtigt auch das Absinken des Drukkes und die Volumensvergrößerung, denn es gilt:

$$\frac{T_0}{T_u} = \left(\frac{p_{hoch}}{p_{tief}}\right)^{\frac{\varkappa - 1}{\varkappa}} = \left(\frac{v_2}{v_1}\right)^{\varkappa - 1} \quad ; \varkappa = \frac{\text{spez. Wärme bei konst. Druck}}{\text{spez. Wärme bei konst. Volumen}}$$

Das nutzbare Drehmoment, die Arbeit, wird nach Robert Mayer mit der Differenz $Q_{zu} - Q_{ab}$ gleichgesetzt (mechanisches Wärmeäquivalent). Während sich der Kolben vom oberen Totpunkt wieder zum unteren bewegt und dabei den Dampf aus dem Zylinder hinausschiebt, passiert, thermodynamisch gesehen, praktisch nichts. Dieses Arbeitsspiel und die außerhalb des Zylinders stattfindende Kondensation des Dampfes, das Pumpen des Kondensats in den Kessel sowie die erneute Erzeugung von Hochdruckdampf schließen den Carnotschen Kreisprozeß. Das Arbeitsmittel Wasser muß im Kreis geführt werden. Im Gegensatz dazu „fließt“ bei dem Kohlendioxid-Kreisprozeß nach Kirchhoff, der auf den nächsten beiden Seiten schematisch dargestellt ist, nur Wärme.

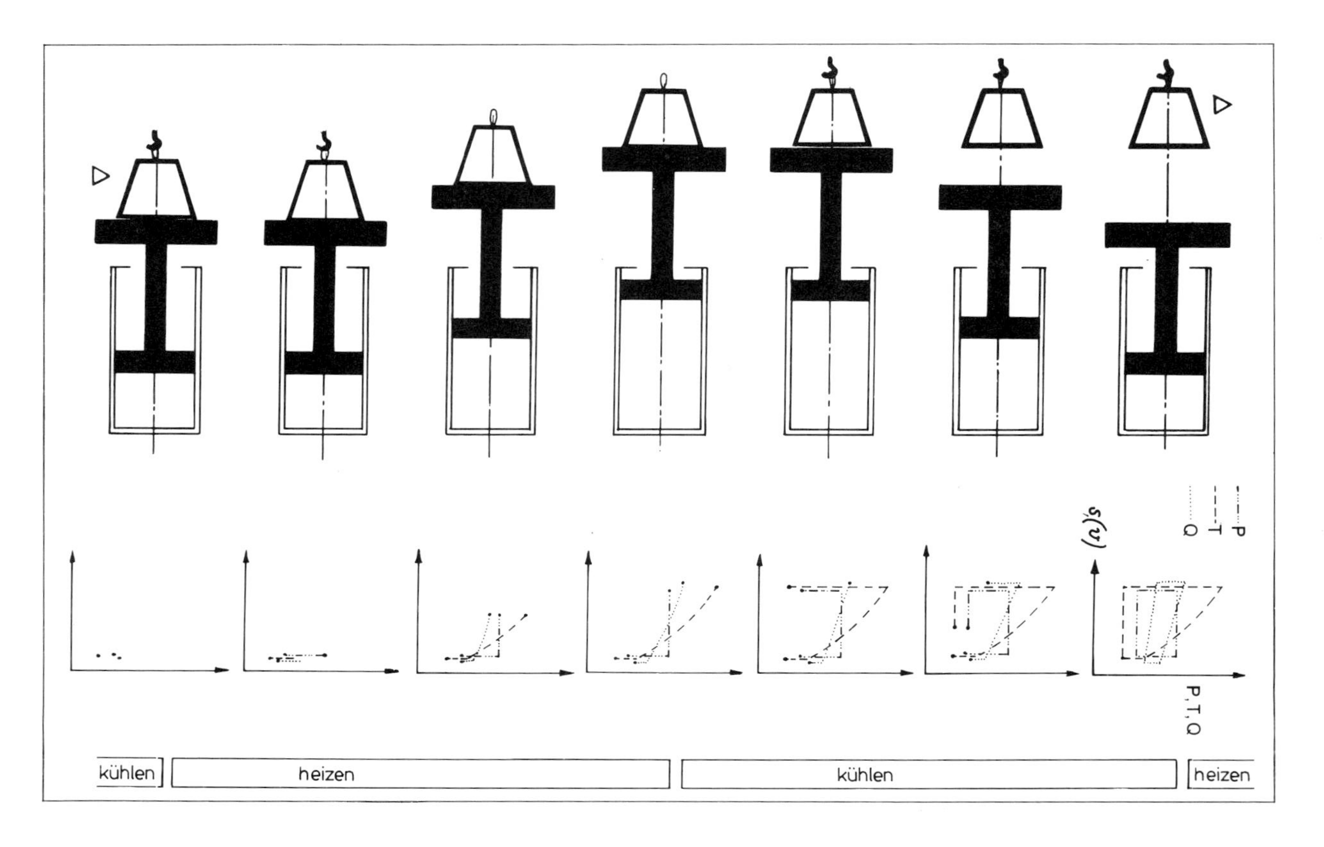
P
T
Q
s,(v)
P, T, Q
kühlen
heizen
kühlen
heizen

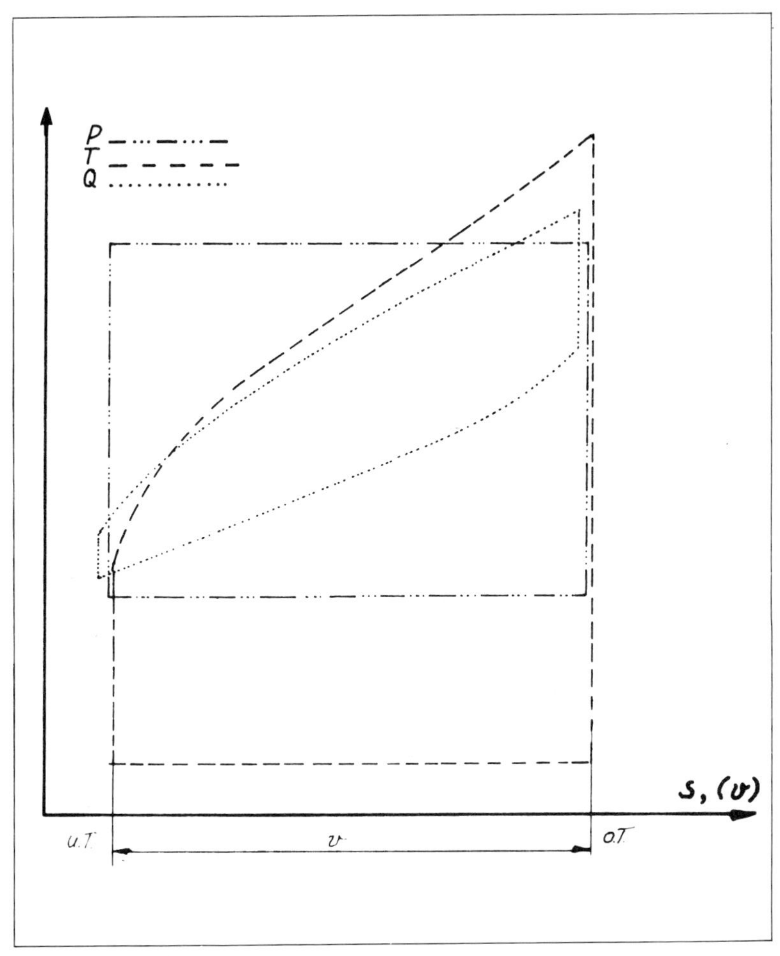

Arbeit liefernder Kreisprozeß mit Kohlendioxid, ablaufend im Bereich von dessen „kritischem Zustand" und verwirklicht in einer „expansionslosen Verdrängungs-Kolbenmaschine". Der im linken Bild dargestellte Kolben soll nicht mit einem Kurbeltrieb verbunden werden, das auf ihm lastende Gewicht dient nur zur Veranschaulichung der Arbeitsleistung. Der Druck im Zylinder wird durch Heizen aufgebaut. Ist er entsprechend hoch, dehnt sich das Kohlendioxid beträchtlich aus und hebt, Arbeit leistend, das Gewicht an. Der Kreisprozeß wird geschlossen und das Arbeitsmedium wieder in den Anfangsstand zurückgeführt, indem durch Wärmeabführung zunächst der Druck bei großem Volumen, sodann das Volumen bei vermindertem Druck reduziert werden. Bei diesem Kreisprozeß kommt es nicht zu Zustandsänderungen des Mediums wie in der Expansions-Kolbendampfmaschine, die, wie auf den vorangegangenen Seiten gezeigt, zu den hyperbelartigen p-, T- und Q-Kurven zwischen v_1 und v_2 führen. Weil sich weder ein „adiabatisches" oder „isentropes" Gefälle $T_0 - T_u$ noch eine Differenz $Q_{zu} - Q_{ab}$ ausbildet, ist der Formelschatz des 1. und 2. Hauptsatzes der Thermodynamik hier nicht anwendbar.

Zur Verwirklichung des CO_2-Kreisprozesses benötigt Kirchhoff Wärme von 65 °C (z.B. Abwärme, Reibungswärme, Sonnenwärme, Kompressionswärme, Wärme aus Verrottungsprozessen) und ein Medium zur Rückkühlung (Luft oder niedrig temperiertes Wasser) von Umgebungstemperatur. Der Prozeß der Arbeitsgewinnung aus Wärme soll sich hier praktisch zwischen + 25 °C und + 55 °C abspielen. Um das Kohlendioxid bei 25 °C gerade noch flüssig zu halten, muß ein Druck von 65,6 kp/cm^2 herrschen. Dann wird Wärme zugeführt, wodurch sich der Druck erhöht. Der erhöhte Druck reicht zunächst noch nicht aus, einen Kolben zu bewegen, er stellt nur ein neues Kraftgleichgewicht her. Weitere Wärmezufuhr führt dann zur Bewegung des Kolbens; dabei bleibt der erhöhte Druck im Zylinder konstant. Bei 55 °C ist der Energiegewinnungsvorgang abgeschlossen. Die Rückkühlung beginnt, was sich zunächst nur als Temperatur- und Drucksenkung auswirkt, später bei gleichbleibend niedrigem Druck auch als Volumenverminderung, die das Zurückgehen des Kolbens gestattet.
Den Wirkungsgrad so einer Maschine auszurechnen bringt den Erfinder und seine Gutachter ins Schleudern. Da bei diesem Prozeß kein Gas bei einem Druckgefälle vor und hinter einer Wärmekraftmaschine „fließt“, sind die vereinfachten Hauptsatzgleichungen praktisch nicht anwendbar, denn sie beschreiben nur die Wesensgleichheit von Wärme und Arbeit, lassen aber die „innere Energie“ unberücksichtigt. Kirchhoff nach einer Überschlagsrechnung: „Es fällt auf, daß die gesamte dem Kohlendioxid zugeführte Wärme bei niederer Temperatur wieder im Kühlmittel anfällt, obwohl mit 1 kg CO_2 655 mkp an mechanischer Energie gewonnen werden.“ Der Erfinder weist, um die wirtschaftliche Bedeutung seines Kreisprozesses zu unterstreichen, darauf hin, daß 1 kg Abdampf aus Wasser bei der Kondensation in der Atmosphäre 539 kcal freiwerden läßt. Damit könne man 16,3 kg Kohlendioxid in den angegebenen Temperaturgrenzen expandieren lassen und somit 10700 mkp an mechanischer Energie erzeugen. Eine gewaltige Energiemenge also, die ohne Umweltbelastung aus Abfallwärme gewonnen wird, wobei sich diese dabei noch nicht einmal verbraucht.
Mit Hexerei hat das alles nichts zu tun. Kirchhoff setzt auf die „innere Energie“, die etwa Faltin in seiner Fassung des 1. Hauptsatzes besonders hervorhebt. Alles ist den Zustandsdiagrammen des Kohlendioxids zu entnehmen. Die Maschine ist konstruier- und regelbar. Durch die relativ langsam ablaufenden Wärmeübergänge wird sie allerdings nur schwer die beispielsweise zur Stromerzeugung benötigten Drehzahlen erbringen können. Aber auch dazu hält Kirchhoff eine Lösung in petto.
Die praktische Konstruktion der Kirchhoffschen Maschine wird gewiß zahlreiche Klippen freilegen, die ihr zugrunde liegenden theoretischen Überle-

gungen thermodynamischer Art indes sind einsichtig und auch theoretisch nachprüfbar. Prof. Dr.-Ing. Helmut Schaefer, wissenschaftlicher Leiter der in München residierenden „Forschungsstelle für Energiewirtschaft", hätte das eigentlich gelingen müssen. Statt dessen schrieb er an Kirchhoff: *„Ich bin aufgrund meines Fachgebietes nicht in der Lage, Ihre Vorschläge zu prüfen."*
Zu einigen angesprochenen Fragen erteilte Prof. Schaefer den Rat, Kirchhoff möge sich doch an einen Thermodynamiker und auch an einen Fachmann aus dem Gebiet der Mechanik bzw. der Elektrodynamik wenden. Der Brief endet mit dem in vieler Hinsicht bemerkenswerten Satz: *„Ohne in den thermodynamischen Einzelheiten fachkundig zu sein, scheint mir allerdings Ihr Vorschlag auf ein Perpetuum mobile hinauszulaufen."*
Prof. Dr.-Ing. Otto Rang von der Fachhochschule für Technik in Mannheim äußerte sich zum selben Thema um einiges deutlicher. Er schrieb an Kirchhoff: *„Ich glaube nicht, daß eine Unterhaltung zwischen Ihnen und mir viel Zweck hätte, denn die Unmöglichkeit eines Perpetuum mobile (sowohl erster wie auch zweiter Art) ist für mich eine feststehende Tatsache, über die es keine Diskussionen geben kann. Offenbar haben Sie meine Ausführungen in Meyers Handbuch mißverstanden."* Und jetzt bitte tief Luft holen: *„Aber abgesehen von diesem Punkt bin ich als Physiker auch viel zu wenig mit der technischen Thermodynamik befaßt, um mit Ihnen über die angeschnittenen Spezialprobleme diskutieren zu können."* (Rang ist Verfasser des Kapitels „Energie" in „Meyers Handbuch über die Technik", Ausgabe 1964.)
Dr. Volker Hauff, damals noch Parlamentarischer Staatssekretär des Bundesministers für Forschung und Technologie, sei als Dritter zu dem Kirchhoffschen Kohlendioxidprozeß zitiert: *„Das Bundesministerium für Forschung und Technologie hat Ihren Vorschlag mit Interesse zur Kenntnis genommen. Da moderne Wärmekraftwerke bereits einen Wirkungsgrad besitzen, der dem maximal möglichen nahekommt, ist zweifelhaft, ob Ihr Vorschlag unter ökonomischen Gesichtspunkten zu einer Verbesserung des Wirkungsgrades führen würde."* (Mit dem hier angesprochenen Wirkungsgrad ist der Carnotsche gemeint.)

Flüssigkeiten, die bei geringen Temperaturunterschieden „arbeiten"

Wilhelm Häberle ist von Haus aus Bauer. Er wohnt in Scheer bei Sigmaringen; im Briefkopf seiner Firma steht „Systementwicklung". In seiner relativ komfortablen Werkhalle und dem angrenzenden „Konstruktionsbüro" steht er meist allein mit seiner Frau. Die Umsetzung eigener Ideen in Maschinen, Modelle und Versuchsapparaturen, die nur Geld kosten, wechselt ab mit Ar-

beiten, die das Geld dafür und zum Unterhalt seiner sechsköpfigen Familie bringen müssen. Mit Patenten auf Kunststoffmaschinen, die er zum Teil selbst baute und mit denen beispielsweise die bekannten Joghurtbecher hergestellt werden, verdiente er Mitte der 70er Jahre ganz gut. Aber der Markt dafür ist begrenzt, und ein so phantasievoller Erfinder wie Häberle hat immer einen beachtlichen Finanzbedarf.
Das Recycling von Kunststoff und dessen Aufbereitung zu wiedereinsetzbarem Granulat wurde zu einer bescheidenen neuen Einnahmequelle. Im Sommer 1977 lief der Prototyp einer von ihm entwickelten Maschine, die Kunststoff von mit ihm verbundenen Aluminiumfolien trennt und diesen zu Granulat verarbeitet. Eingesetzt werden die Stanzabfälle, die beim Verschließen der Joghurtbecher anfallen. Lastwagenweise konnte Häberle den auf einfache, aber zeitraubende Weise wiedergewonnenen Kunststoff verkaufen. Mittlerweile besorgen je ein Vertragspartner im Norden und im Süden Deutschlands dieses Geschäft. Der große Berg gehäckselter Abfälle aus der Joghurtbecherproduktion, der Anfang 1980 einen Teil seiner Halle ausfüllte, lag ihm dort gut. Die steigenden Kunststoffpreise geben dem einsamen Wiederaufbereiter an der oberen Donau schon lange recht, daß auch dieses bescheidene Recycling keine Torheit ist. Öffentliche Anerkennung wird dem Pionier Häberle deshalb noch lange nicht zuteil.
Ende 1979 ging Häberles Name aber doch durch die Presse. Der Inhaber von über hundert Patenten machte die Öffentlichkeit mit seiner neuen Idee bekannt, wie man aus unseren Verbrennungsmotoren bei gleichem Kraftstoffverbrauch wesentlich mehr Leistung herausholen könnte. Kerngedanke ist, die Wärme dort, wo sie anfällt, in der Nähe der Auslaßventile oder im Kühlmantel eines Zylinders, zunächst einmal zu speichern. Mit der Speicherwärme wird dann Wasserdampf erzeugt, der in einem zweiten Zylinder Arbeit leistet. In einem Motor à la Häberle würden immer abwechselnd ein üblicher Verbrennungs- und ein Dampfzylinder auf eine gemeinsame Kurbelwelle wirken. Das ginge im bekannten Vier- oder Zweitakt. Als Wärmespeicher dienen kleine Pakete eines äußerst feinen Drahtgeflechtes, von dem 2 Quadratmeter in einer Streichholzschachtel Platz finden. Das Geflecht wird glühend, darauf gespritztes Wasser zu dem Dampf, der den benachbarten Dampfkolben treibt.
Das Echo auf die Pressemeldungen von 1979 war geteilt. Aus Deutschland wollten einige Lehrer und Schüler Näheres wissen, Industrie, Politik und Wissenschaft fragten nicht nach. Zwei gezielt von Häberle angeschriebene deutsche Automobilproduzenten antworteten nicht. Soweit der eine Teil der Reaktion bzw. Nicht-Reaktion. Ganz anders ein Echo aus Kalifornien, dem amerikanischen Bundesstaat mit den strengsten Umweltschutzgesetzen.

Schon Mitte Januar 1980 lagen von dort die ersten per Computer ermittelten Abschätzungen des thermischen Wirkungsgrades einer Zwei-Zylinder-Maschine vor: bis 65 Prozent! An der Stanford-Universität sind diese Rechenergebnisse zutage gefördert worden. Prof. Lou London, seit 30 Jahren mit Motorenbau befaßt, nahm sich persönlich Häberles Erfindung an. Die Gründung einer Firma zur Patentverwertung ist inzwischen nach kalifornischem Recht vollzogen worden. Vice President ist Wilhelm Häberle (West Germany).

Wilhelm Häberle ist ein sehr vielseitiger Erfinder. Sein „Lieblingskind“ ist eine Maschine, in der er das Arbeitsvermögen von solchen Flüssigkeiten nutzen will, die sich schon bei relativ geringen Temperaturerhöhungen kräftig ausdehnen. Der Streit um die Hauptsätze der Thermodynamik kümmerte ihn nicht, er baute. Sein erstes Lehrgeld bezahlte er allerdings bei Versuchen, die der mechanischen Energiegewinnung aus der Wärmedehnung fester Körper dienten. Es zeigte sich sehr schnell, daß man dazu große Massen braucht, um eine gewisse Wirkung zu erzielen. Diese Massen zu erwärmen und wieder abzukühlen, nimmt viel Zeit in Anspruch. Für die praktische Nutzung laufen die thermischen Prozesse zu träge ab.

Die erste Flüssigkeit, die Häberle als Arbeit leistendes Medium untersuchte, war Milch, die ja bekanntlich schnell überkocht. Seine Versuche mit Flüssigkeiten endeten schließlich bei verschiedenen Kältemitteln und bei Propan, die ein kleines handelsübliches Hydraulikaggregat zu einer Leistungsabgabe von etwa 0,7 PS veranlaßten. Nachdem rund eine Viertelmillion DM ausgegeben war, konnte sich jedermann davon überzeugen, daß mit Hilfe gewisser Flüssigkeiten auf einfachste Weise Wärme niedriger Temperatur in mechanische Arbeit umgewandelt werden kann.

Einfacher geht's nicht, möchte man sagen, betrachtet man Häberles Flüssigkeitsmotor. Er beweist zumindest eindrucksvoll, daß Wärme niedriger Temperatur zur mechanischen Arbeitsleistung herangezogen werden kann, wenn man sie auf Flüssigkeiten mit niedrigem Siedepunkt wirken läßt. Häberle erwärmte das Arbeitsmedium in einem Wärmetauscher, der dem Heißwasser der gewöhnlichen Hausheizung Wärme entzog. Das sich dabei auf etwa das doppelte Volumen ausdehnende Frigen leistete in einem Hydraulikmotor, den man nach Katalog bestellen kann, Arbeit. Danach wurde das Wärmemittel in einem zweiten Wärmetauscher rückgekühlt, den Wasser aus der Haushaltsleitung durchströmte. Eine Pumpe im Wärmemittelkreislauf sorgte dafür, daß das Frigen oder Propan in Bewegung blieb.

Einen dem thermodynamischen Schulwissen verhafteten Physiker würde diese Maschine, der mittlerweile ein weiterentwickeltes Aggregat gefolgt ist, vielleicht verzweifeln lassen. An der Versuchsanlage zeigte sich nämlich nach

Wilhelm Häberle ist ein echter schwäbischer Tüftler und Miniunternehmer. Er gehört zu den vor allem auch „von Amts wegen" Gerufenen, die man zu fördern vorgibt, sofern sie etwas beizutragen haben, um der Energiekrise Herr zu werden. Sein Pech: Wenn er antwortet, hört niemand. Jedenfalls nicht in seinem Heimatland. Der Motor, neben dessen Modell er lächelt, hat einen Verbrennungs- und einen damit verbundenen Dampfzylinder, in dem die Abwärme aus der Verbrennung, die üblicherweise verloren ist, Arbeit leistet. An der amerikanischen Stanford-Universität wird Häberles Idee eingehend studiert, eine Verwertungsgesellschaft wurde nach kalifornischem Recht gegründet.

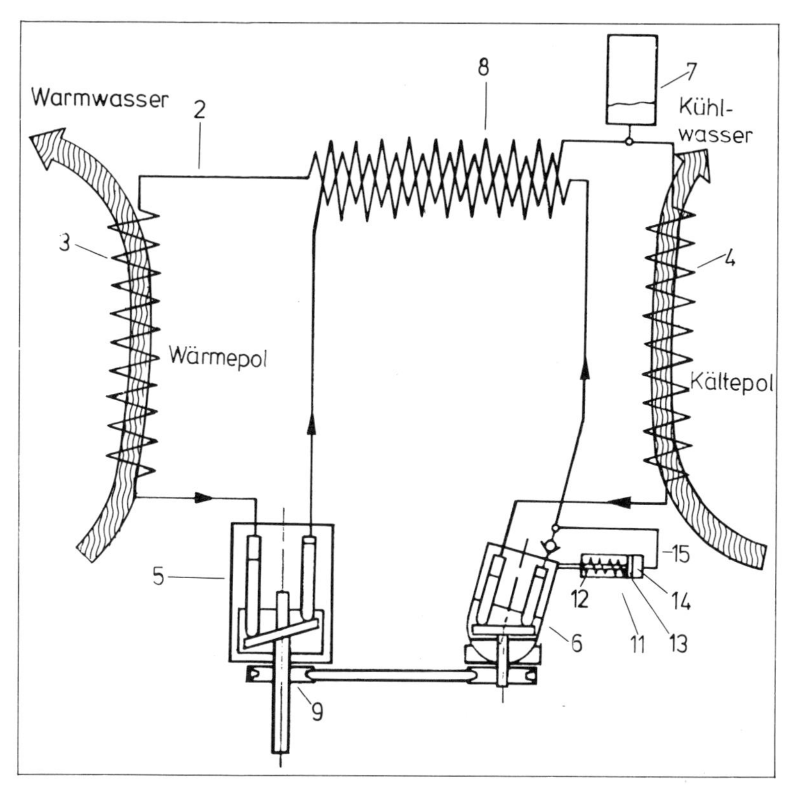

Entsprechend diesem Schema konnte Häberle den im Bild unten links mit 4 bezeichneten Energiewandler laufen lassen und dabei an der Motorwelle noch ein relativ kräftiges Drehmoment abnehmen. Einfacher geht's nicht: Im Wärmetauscher 3, an die Hausheizung angeschlossen, wurde das Kreislaufmedium erwärmt, wobei es sich kräftig ausdehnte und den Hydraulikmotor 5 in Bewegung setzte. Dieser trieb die Hydraulikpumpe 6 an. In dem Wärmetauscher 4, verbunden mit der häuslichen Kaltwasserleitung, wurde das dem Motor entströmende Medium wieder abgekühlt. Der Wärmetauscher 8 diente der Vorwärmung der von der Pumpe geförderten Flüssigkeit. Würde man den Wirkungsgrad dieser Versuchsanlage nach Carnot ermittelt haben, hätte man nur ihren Stillstand konstatieren können.

Dieses Bild markiert die erfolgreichen Bemühungen um einen einfachen Wandler, mit dem sich aus „weggeworfener" niedrigtemperierter Wärme noch Nutzenergie gewinnen läßt. Er wird an Hand der Prinzipskizze oben erläutert. Mit den Versuchsstücken 1 und 2 sollte die Formänderung von Festkörpern unter Temperatureinfluß zur Energiewandlung herangezogen werden. Mit allen anderen wurde versucht, sich im Bereich des sog. kritischen Punktes stark ausdehnende Flüssigkeiten „zum Arbeiten" zu bringen. Mit 4 ist das zuletzt gebaute Gerät bezeichnet; die obere Welle drehte ein ordinärer Hydraulikmotor, der eine ebenso handelsübliche Pumpe über die untere Welle antrieb. Die über 100 000 Mark, die Häberle für diese „Brocken" aus eigener Tasche aufwandte, sieht man diesem Sammelsurium an Geräten nicht mehr an.

ersten Messungen, daß die von dem Arbeitsmedium aufgenommene Wärme im zweiten Wärmetauscher wieder vollständig zur Verfügung steht. Noch ein Perpetuum mobile? Wie auch immer der offizielle Befund ausfallen mag, Häberle rechnet nicht mit einer öffentlichen Unterstützung seiner Arbeiten. Daß ihm auf seine Patentanmeldung ein hydraulischer Öffner für Garagentore aus den 30er Jahren entgegengehalten wurde, ist nur als Scherz am Rande einzuordnen.
Zu Vorführzwecken hat sich Häberle inzwischen ein Aggregat ausgedacht, an dem er gegenwärtig arbeitet. In einen Wärmepumpenkreislauf schaltet er einen handelsüblichen Flügelzellenmotor ein. In diesem leistet eine Flüssigkeit „Verdrängungsarbeit", die sich schon bei wenigen Grad Temperaturunterschied stark ausdehnt; gleichzeitig ist sie das Wärmetauschmedium im Gesamtkreislauf. Um diesen in Gang zu halten und um demonstrativ soviel Energie zu erzeugen, daß ein Taschenlampenbirnchen aufleuchtet, genügen 5 Grad Temperaturunterschied.
Der Wärmetauscher am warmen Pol wird lediglich von der Raumluft durchströmt. Dadurch dehnt sich die Kreislaufflüssigkeit so stark aus, daß sie in dem nachfolgenden Flügelzellenmotor Arbeit leistet. Im nachgeschalteten Kältepol, einem Wärmetauscher, der nur von der Luft durchströmt wird, die sich beim Verdunsten von Wasser abgekühlt hat, zieht sich das Arbeitsmedium wieder zusammen. Auf seinem Wege zum Kältepol durchlief es vorher einen dritten Wärmetauscher, der eine gewisse Restwärme auf die dem Wärmepol zuströmende Flüssigkeit überträgt. Ein unter Druck stehender Ausgleichsbehälter und zwei Ventile sorgen dafür, daß sich der Kreislauf „anfahren" und bei sich ändernden Raumtemperaturen in Bewegung halten läßt.
Alles in allem dürfte hier ein beeindruckendes Demonstrationsobjekt zu einem Prinzip entstehen, dessen Umsetzung in ein serienmäßig hergestelltes „Haushaltsgerät" etwa kaum Schwierigkeiten mit sich bringen kann.

Wachs, Aceton und andere Arbeitsmedien

Mit einem Rancine- bzw. Carnotprozeß hat auch der Regierungsbaudirektor a. D. Frobert Michaelis nichts im Sinn, der zusammen mit seinem Sohn Peter, beide sind Diplomingenieure, den Prototyp einer „Solarpumpe" gebaut hat. Im Auftrage des Bundesministeriums für wirtschaftliche Zusammenarbeit finanzierte ihm die Gesellschaft für Technische Zusammenarbeit (GTZ) immerhin einen Ausstellungsstand auf der Hannover-Messe 1979.
Eine Pumpe, die überall einsetzbar ist und Wasser zu einem sehr niedrigen Preis fördert, das betonen die beiden Erfinder, sei unter Anwendung der ge-

nannten Kreisprozesse, bei denen der Wärmeinhalt verdampfter Flüssigkeiten zum Antrieb beweglicher Maschinenteile genutzt werde, einfach nicht darstellbar. Zum Antrieb ihrer Wasserpumpe bedienen sie sich der Kräfte, die bei der Volumensänderung eines Stoffes frei werden, wenn dieser sich unter Wärmeeinwirkung ausdehnt und bei Abkühlung wieder zusammenzieht. Der Stoff: Wachs. Es schmilzt bei 42 bis 44 °C und ist in Dehnkörpern zweier sog. Linearmotoren eingeschlossen. Diese treiben zwei Pumpkolben, von denen der eine Frischwasser aus einem Brunnen in einen Hochbehälter fördert, der andere das in einem Sonnenkollektor erwärmte Wasser umwälzt. Das warme Wasser bringt das Wachs zum Schmelzen, das aus dem Brunnen wieder zum Erstarren. Pumpenergie kostenlos, Anschaffungskosten für das Pumpenaggregat gering, Wartungskosten so gut wie keine. Für Entwicklungsländer genau das Richtige. Nach dem Wirkungsgrad dieser Maschine fragt niemand, es genügt, wenn sie während eines Sonnentages den Bedarf an Trink- und Brauchwasser deckt.
Wer nur an Wasser und Wasserdampf denken kann, wenn es um die Umwandlung von Wärme in mechanische Arbeit geht, dem bleiben Möglichkeiten, wie sie Häberles, Michaelis' und anderer Arbeiten eröffnen, verschlossen. Der wird auch die Erdwärme, für deren Nutzung ja Millionen an öffentlichen Mitteln zur Verfügung stehen, nur unter großem Aufwand ausbeuten können. Er verlangt nämlich nach Temperaturen von mindestens 200 °C, und die findet man normalerweise erst in vielen tausend Meter Tiefe.
Über die Nutzung kleiner Temperaturunterschiede zur Energiegewinnung wird mit Sicherheit an vielen Stellen in der Welt nachgedacht. Die Frage, was theoretisch möglich ist, tritt dabei in den Hintergrund. Das experimentelle Ergebnis zählt, die funktionierende Maschine. Prof. Milan Pecar, der vor einiger Zeit in Zagreb starb, hat beispielsweise Labormodelle gebaut, in denen reines Aceton Arbeit leistet. Im Prinzip, so heißt es in seiner deutschen Patentanmeldung aus dem Jahre 1971, kämen alle Flüssigkeiten in Betracht, deren Siedepunkte unter 80 °C liegen und deren kritische Temperatur höher ist als die Arbeitstemperatur.

Ist der Dampfmaschinenprozeß noch entwicklungsfähig?

Ist der alte Clausius-Rankine'sche Dampfmaschinenprozeß noch verbesserungsfähig? Alte Hasen winken ab. Gleichzeitig beklagen Politiker und um unsere Energiezukunft besorgte und bemühte Experten die schlechten Wirkungsgrade unserer Kraftwerke, in denen wir immer noch Wasserdampf erzeugen, wenn auch mit Atomkraft, um damit Turbinen anzutreiben.

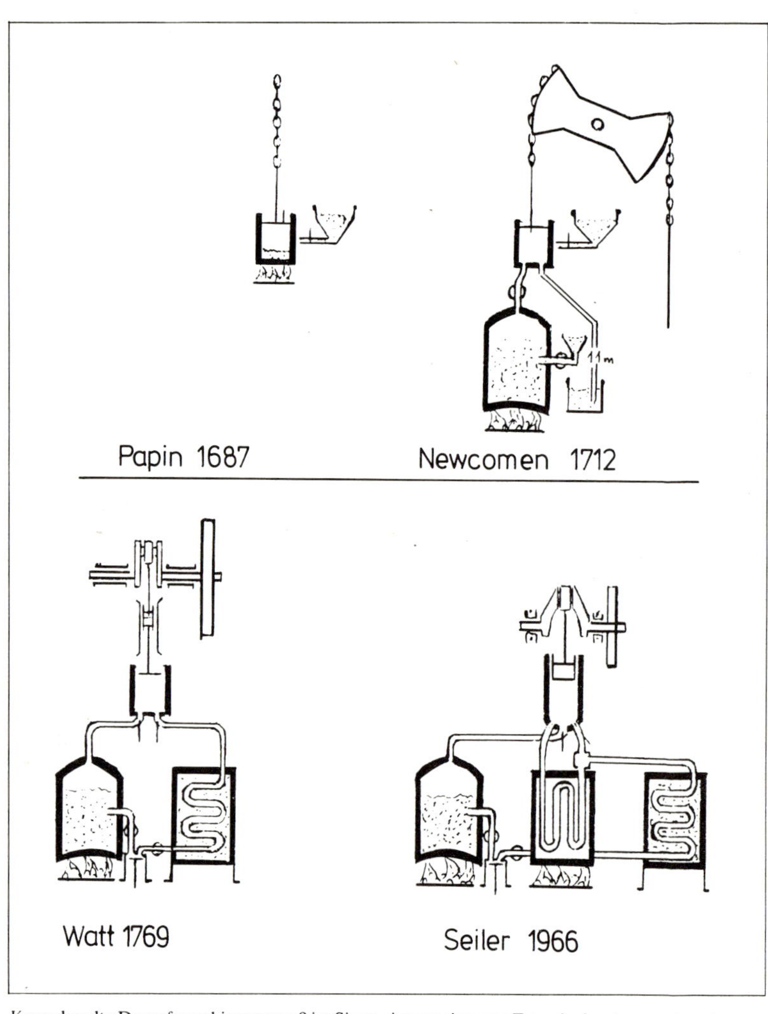

Kann der alte Dampfmaschinenprozeß im Sinne eines geringeren Energieeinsatzes noch verbessert werden? Die Experten sagen nein, der Autodidakt Johannes Seiler bejaht die Frage. Den bisherigen Entwicklungsstufen der Expansionsdampfmaschine möchte er eine weitere hinzufügen, wie diese vier Bildchen veranschaulichen sollen: Im „Papinschen Topf" liefen alle drei Teilprozesse einer Dampfmaschine nacheinander ab, die Dampferzeugung, die Arbeitsleistung durch den Dampf und die Dampfkondensation. Newcomen verlegte die Dampferzeugung in einen dafür wesentlich besser geeigneten Kessel. Den dritten Entwicklungsschritt vollzog Watt, indem er auch noch die Dampfkondensation aus dem Zylinder heraus in einen Kondensator verlegte. Für Seiler ist der nächste Schritt logisch und nützlich zugleich. Er will den Arbeit leistenden Frischdampf nicht unmittelbar in den „leeren" Zylinder einströmen lassen, sondern in Heißdampf, der sich bereits im Zylinder befindet und während einer vorangegangenen Verdichtung stark erhitzt wurde.

Auch das gibt es in unserem Lande. Ein Arbeiter in einem Drahtwerk setzt sich zum Ziel, den Dampfmaschinenprozeß zu verbessern, und realisiert seine Idee. Aus Arbeiterlohn finanziert, entstand diese Anlage, die die Funktionsfähigkeit des Seilerschen Dampfmaschinenprozesses bestätigte. Leider muß dieses Photo als „historisch" bezeichnet werden, denn einem Umzug mußte der selbstgebaute Dampfmotor zum Opfer fallen.

Johannes Seiler in Hamm (Westfalen), gelernter Dreher und heute Arbeiter in einem Drahtwerk, ist davon überzeugt, einen Weg zu kennen, der selbst Kolbendampfmaschinen zu besserer Leistung verhelfen würde. 1966 wurde ihm unter der Nummer 1200835 ein entsprechendes Verfahren vom Deutschen Patentamt geschützt. Seiler hat experimentiert und korrespondiert. Um den experimentellen Beweis zu erbringen, daß seine Dampfmaschine mehr leistet als die bekannten, reichten seine Mittel allerdings nicht aus. Von ihm konsultierte Unternehmen, wie Siemens und das Hamburger Spillingwerk, die sich mit seinem Vorschlag, und das sei mit Genugtuung vermerkt, intensiver auseinandergesetzt haben, konnten keine Wirkungsgradverbesserungen errechnen. Auch Prof. Netz von der Technischen Hochschule München, der seinen Mitarbeiter Dipl.-Ing. Zenker eine Stellungnahme ausarbeiten ließ und dafür im Jahre 1965 DM 150,– in Rechnung stellte, kam zu keinem günstigeren Ergebnis. Kurz und knapp fiel schließlich im Juli 1979 die Ablehnung der Kernforschungsanlage Jülich als „Projektträger für das Energieforschungsprogramm" aus. *„Aus der Beschreibung Ihrer Erfindung"*, so schrieben die Herren Dr. Holighaus und Dr. Stump, *„ist ohne eingehendere Untersuchungen nicht zu erkennen, daß sich ein Wirkungsgradvorteil gegenüber konventionellen Dampfmaschinen ergibt. In diesem Punkt ist eine Beurteilung erst dann möglich, wenn Sie den behaupteten Wirkungsgradgewinn durch Rechnungen belegen."*

Zuerst, und das ist heute das übliche Verfahren zur Begutachtung neuer Ideen, muß die Theorie dazu möglichst lückenlos in die warme Schreibstube des Gutachters geliefert werden. Seiler kontert nicht ohne Berechtigung mit dem Hinweis, daß gerade bei der Verbesserung der Wärmekraftmaschinen zunächst immer experimentiert, auf jeden Fall nicht erst dann gebaut wurde, wenn Rechnungen einen exakt ermittelten Wirkungsgradvorteil ergaben.

Seiler hat den ihm patentierten Dampfkraftprozeß verwirklicht. Um u. a. seiner Patentanmeldung von 1961 Nachdruck zu verleihen, baute er eine Viertakt-Dampfmaschine mit Dampferzeuger. Sie lief in den Jahren 1958/59 und bewies, daß der neue Prozeß praktikabel ist. Was er zu leisten vermag, das freilich war bei der Primitivität der Versuchsanordnung – aus Arbeiterlohn finanziert! – nicht zu ermitteln. Dem Umzug in ein kleines Häuschen und der Tatsache, daß sich trotz großer Anstrengungen niemand für die Seilersche Idee interessierte, fiel der selbstgebaute Dampfmotor zum Opfer. Heute zeugen nur noch Photos und Versuchsprotokolle von seiner Existenz.

Für den Verfasser dieses Buches ist das erfolgreiche Experimentierstadium einer der Anlässe, Seilers Gedanken dem Leser nicht vorzuenthalten. Wie kommt ein Arbeiter überhaupt dazu, den alten Dampfmaschinenprozeß ver-

bessern zu wollen? Auch das ist mitteilenswert. Schließlich wäre es bedauerlich, wenn der Seilersche Prozeß, den der Erfinder selbst für ein Durchgangsstadium zu neuartigen Wärmekraftmaschinen hält, noch mehr in der Versenkung verschwinden würde.
Für Seilers Nachdenken über Maschinen und seinen Drang, viel zu lesen, ist ein Berufsschullehrer mitverantwortlich, der seine Schüler über die Unmöglichkeit des Perpetuum mobile aufklärte. Seiler vertiefte sich in die Entstehungsgeschichte unserer Maschinen und studierte ihre Weiter- und Höherentwicklung. Dabei stieß er natürlich auch auf die Dampfmaschine, die für ihn zu so etwas wie einem Leitfossil unseres technischen Zeitalters wurde. Nur, als Fossil mochte er sie nicht ansehen. Gerade durch ihre Weiterentwicklung wollte er sozusagen der „natürlichen Evolution unserer Kraftmaschinen" voranhelfen.
Denis Papin leistete den ersten Schritt zur Entwicklung der so nützlichen Dampfmaschine. Seine Maschine bestand nur aus einem Zylinder mit Kolben. Alle drei Teilprozesse, die Dampferzeugung, die Arbeitsleistung durch den Dampf und die Dampfkondensation, liefen nacheinander in diesem „Topf" ab. Entwicklungsschritt Nummer 2 vollbrachte Thomas Newcomen, der die Dampferzeugung aus dem Zylinder heraus in einen dafür wesentlich besser geeigneten Dampfkessel verlegte. Den dritten Entwicklungsschritt vollzog James Watt, indem er auch noch die Kondensation des Dampfes in einen separaten Kondensator, später auch in die Atmosphäre verlegte. Dabei ist es im Prinzip geblieben, auch wenn man die Dampfturbinen hinzunimmt.
Hat Johannes Seiler den vierten Entwicklungsschritt gewiesen? Für ihn ist es jedenfalls ein weiterer logischer Schritt, den Frischdampf, der die Arbeit leistet, nicht mehr unmittelbar in den Dampfzylinder einzuführen, sondern in einen bereits in diesem befindlichen Heißdampf, der durch eine vorangegangene Verdichtung weiter erhitzt wurde. Der Heißdampf bietet dem eintretenden Frischdampf bessere Arbeitsbedingungen als der relativ kühle Dampfzylinder. Auf diese Weise könne gegenüber den heutigen Dampfmaschinen mehr Wärme aus dem Frischdampf in Arbeit umgewandelt werden. Seiler schlägt also eine Kombination aus einem offenen und einem geschlossenen Dampfkreislauf vor. Ähnliche teilgeschlossene Dampfkreisläufe gab es schon vor ihm, aber sein Verfahren ist doch einmalig, weshalb ihm auch ohne weiteres der Patentschutz gewährt wurde. Die Patentschrift erläutert seinen Dampfkraftprozeß wie folgt:
Während vier Kolbenhüben spielen sich im Dampfzylinder die folgenden Vorgänge ab: 1. Der Kolben saugt aus dem geschlossenen Kreislauf überhitzten Dampf an. 2. Der Kolben verdichtet den angesaugten Dampf. 3. Aus dem

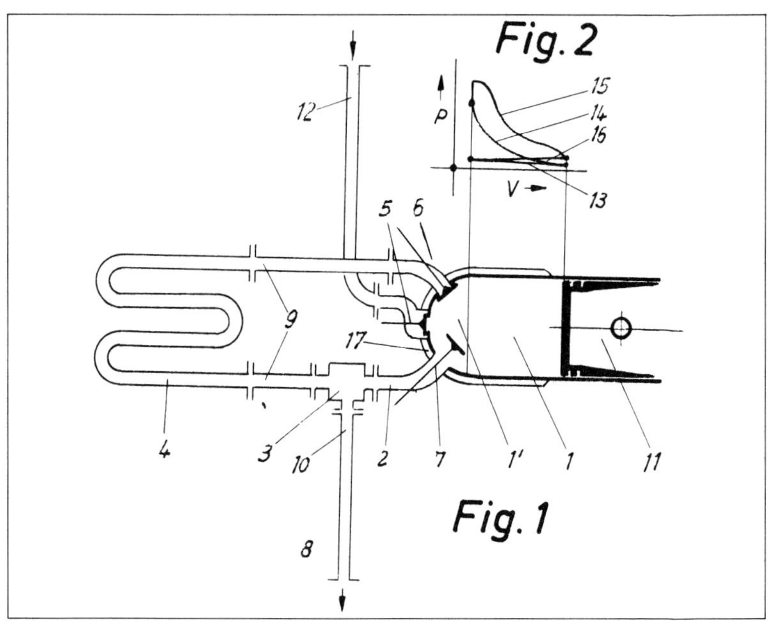
Fig. 2
12
p
V
15
14
16
13
5
6
9
17
4
3
10
2
7
1'
1
11
8
Fig. 1

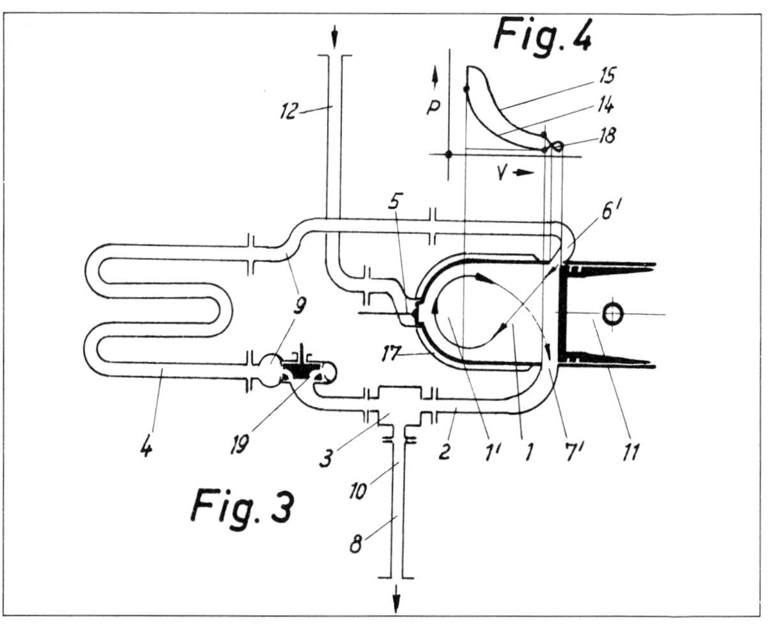
Fig. 4
12
p
V
15
14
18
5
6'
9
17
4
19
3
10
8
2
1'
1
7'
11
Fig. 3

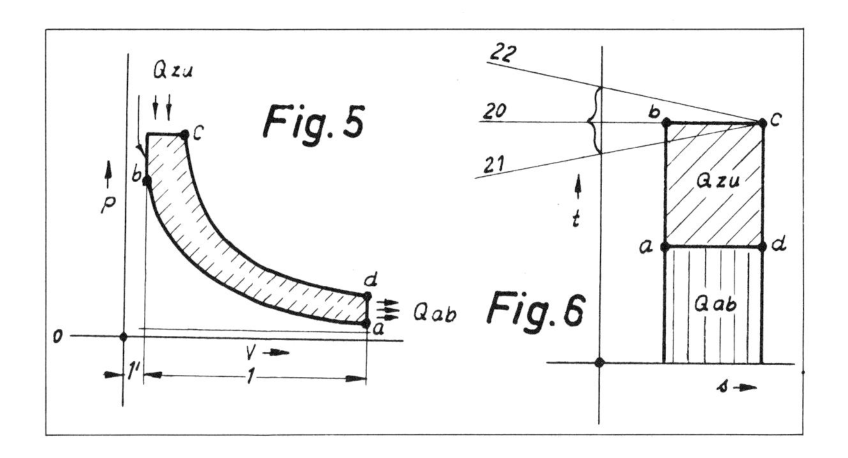

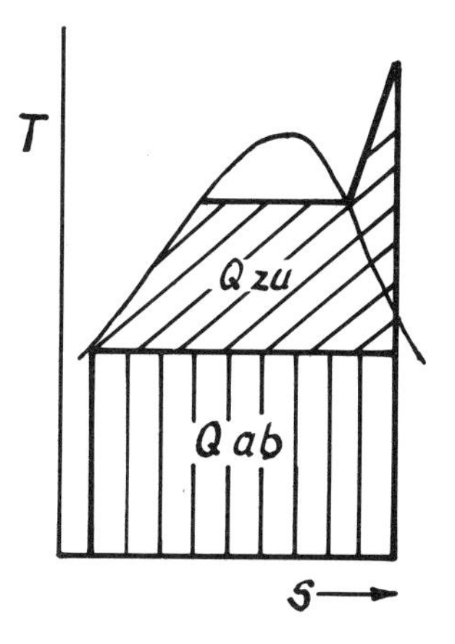

Die mit Fig. 1 bis 6 bezeichneten Zeichnungen entstammen der Patentschrift 1 200 835, mit der im April 1966 Johannes Seiler ein „Verfahren zur Durchführung eines Dampfkraftprozesses in Kolbendampfmaschinen" geschützt wurde. Fig. 1 und 3 zeigen schematisch die Realisierung des Verfahrens in einer Vier- und einer Zweitaktmaschine, Fig. 2 und 4 sind die dazugehörigen Arbeitsdiagramme. Die Fig. 5 zeigt das theoretische p,V- und Fig. 6 das T,s-Diagramm zu dem erfindungsgemäßen Umwandlungsprozeß. Zum Vergleich rechts das für den klassischen Clausius-Rankinschen Dampfmaschinenprozeß charakteristische T,s-Diagramm. Das Verhältnis von Q_{zu} zu Q_{ab}, ausschlaggebend für den Wirkungsgrad, ist bei dem Seilerschen Prozeß deutlich besser.

offenen Kreislauf strömt überhitzter Frischdampf ein, mischt sich mit dem vorhandenen höher erhitzten Heißdampf und leistet als Dampfgemisch Arbeit. 4. Das Dampfgemisch verläßt den Zylinder, wonach, entsprechend der zugeführten Frischdampfmenge, Abdampf aus dem geschlossenen Kreislauf wieder dem offenen zugeführt wird. – Derselbe Prozeß läßt sich auch im Zweitaktverfahren darstellen.

Das Neue an seinem Dampfkraftprozeß beschreibt Seiler folgendermaßen: Die Einführung des Frischdampfes in den durch Verdichtung stark überhitzten Heißdampf sorgt für neuartige thermodynamische Umwandlungsverhältnisse. Die Nachverdichtung des Heißdampfes, hervorgerufen durch den mit höherem Druck eintretenden Frischdampf, senkt den Drosselverlust am

Steuerorgan für den Frischdampf, weil dessen Menge relativ gering ist. Die Verluste beim Eintritt des Frischdampfes in den Zylinder dürften sich ebenfalls ermäßigen, weil sich der Frischdampf bei der Mischung mit dem hocherhitzten Heißdampf weiter erwärmt. Mit einer Erhöhung des mittleren Arbeitsdruckes des Frischdampfanteils ist zu rechnen. Die zur Verdichtung des Heißdampfes aufgewendete Arbeit erhält man bei der Expansion wieder zurück. – Bei den Dämpfen muß es sich übrigens nicht um solche aus Wasser handeln.
Die letzte Stufe im Sinne einer Höherentwicklung der Dampfkraftmaschine wäre laut Seiler eine Verbindung seines teilgeschlossenen Dampfkraftprozesses mit einem dem magneto-hydrodynamischen Generator ähnlichen Stromerzeuger in einem stationären Dampfstrahltriebwerk. Über diese phantasievolle Vorstellung führt Seiler die altvertraute Kraft des Dampfes hinaus aus der Welt unserer Wärmekraftmaschinen, um das Energiepotential des unendlichen Raumes zu nutzen. Im Kosmos, so Seiler, liege vielleicht ohnehin die einzige Energiequelle, die der Menschheit eine sorgenfreie Energiezukunft beschert.

Abgeschrieben: Mischdampfmaschinen und „Salamiturbine“

Carnots „Betrachtungen über die bewegende Kraft des Feuers“ müßten nach Ansicht des Österreichers Alois Urach millionenfach verbreitet und zum Weltgespräch werden. Begründung: Die Widerlegung des 2. Hauptsatzes (der sich darauf begründet) mache den Weg frei für die Entwicklung von „Umgebungswärme-Perpetua-mobilia“. Nur diese könnten die ungeheuren Energiemengen gefahrlos liefern, was die Reinhaltung von Luft, Wasser und Boden verlangt.
Urach hat sich, wie so viele Außenseiter, intensiv mit Carnots Arbeit auseinandergesetzt. Er wandte das von Clapeyron entwickelte und in der Wärmetechnik übliche Druck-Volumen-Diagramm (P,v) auf den von Carnot beschriebenen Kreisprozeß an und stellte dabei fest, daß sich dieser Prozeß nicht schließt. Er führe zu einer dem Energieerhaltungssatz widersprechenden ursachelosen Luftdruckerhöhung. Alle Versuche Urachs, über die Carnotsche „Unlogik“ eine große wissenschaftliche Diskussion zu entfachen, führten zu nichts. Eine Antwort auf diesen Mißerfolg erhielt Urach aus dem Buch von Prof. Frey „Philosophie und Wissenschaft“. Dort heißt es: „Die Überzeugungsreferenz ersetzt die Prüfung; letztere wird wegen der ersteren für überflüssig gehalten. In diesem Sinne kommt z. B. heute kein Physiker auf den Gedanken, den 2. Hauptsatz der Thermodynamik experimentell-empi-

risch nachzuprüfen.“ Die „Todsünde der Logik“, den Zirkelschluß, fand Urach in dem Buch von Prof. Schmied „Einführung in die technische Thermodynamik“ beschrieben: „Die Beweisführung ist charakteristisch für die Thermodynamik. Einer der Hauptsätze wird als allgemeingültiges Prinzip an die Spitze gestellt und die Richtigkeit oder Unrichtigkeit von Schlüssen wird dadurch nachgeprüft, daß man ihre Vereinbarkeit mit ihm untersucht.“
Mit solcher wissenschaftlichen Praxis hat sich Urach nie abfinden können. Nachdem er mit seinen beiden Schriften „Arbeit kostenlos“ (1942) und „Energie aus der Luftwärme“ (1948) nur auf taube Ohren stieß, suchte er Klärung durch die provozierende Patentanmeldung eines Perpetuum mobile zweiter Art. In der Auseinandersetzung mit der Beschwerdeabteilung des Österreichischen Patentamtes forderte er die Prüfung der Frage, ob der 2. Hauptsatz immer noch als patentausschließendes Naturgesetz gelten könne, wo ihm doch der Laser widerspreche. Der Beschwerdesenat erkannte die Berechtigung dieser Fragestellung an und verwies das Problem an den Gesetzgeber. Das entsprach denn der heute tausendfach gepflogenen Praxis, Sachfragen den Juristen zuzuschieben. Diejenigen aber, die solches tun, werden durch die Verantwortung ihrer hohen Ämter schier erdrückt.
Alois Urach tat 1954 einen Schwur. Zum 10. Todestag von Dr.-Ing. Rudolf Doczekal versprach er an dessen Grab, die Ideen dieses Ingenieurs der Nachwelt zu erhalten. Ein Teil von dessen Forschungsberichten war auf ihn übergekommen. Nach Laborversuchen hatte der Industrielle Doczekal im Elektrizitätswerk Wien-Engerthstraße maschinentechnische Versuche „zur vollkommenen Umformung von Wärme in Arbeit“ durchgeführt. Eine Studiengesellschaft mit 400 000 Reichsmark Einlagen war gegründet, nach Dänemark ein Auftrag für eine Großanlage vergeben worden. 1944 starb Doczekal.
Was dieser Energietechniker vorhatte, ist in der Patentschrift 155 744 vom 10. März 1939 des Reichspatentamtes, Zweigstelle Österreich, nachzulesen. Er wollte Energie gewinnen durch die Verflüssigung von Dampfgemischen aus zwei oder mehreren Flüssigkeiten, wie das schon vorher der Ungar Arnold Irinyi mit seiner Mischdampfmaschine praktizierte. Diese zeigte einen gegenüber den üblichen Dampfmaschinen wesentlich höheren Wirkungsgrad. Das in bekannter Weise verdampfte Flüssigkeitsgemenge, so heißt es in Doczekals Patentschrift, werde durch eine oder mehrere z. B. unmittelbar aufeinanderfolgende Expansionen und Kompressionen unter Arbeitsabgabe vollkommen oder teilweise verflüssigt, hierauf unter Wärmezufuhr wieder verdampft und in den Arbeitsprozeß zurückgeführt. Während die damals bekannten Verfahren zur Trennung oder Verflüssigung von Dampf- oder Gasgemischen Energie verbrauchten, konnte Doczekal mit einem Wasser- und

Der Österreicher Rudolf Doczekal kann seine Maschine nicht mehr verteidigen, die er ungehemmt als „Perpetuum mobile zweiter Art“ bezeichnete. Er verstarb 1944. Sein Nachlaßverwalter, Alois Urach, bemüht sich seit Jahrzehnten vergeblich um eine ernsthafte Diskussion und Überprüfung der Postulate des 2. Hauptsatzes der Wärmelehre. Das österreichische Wissenschaftsministerium erklärte Urach gegenüber, daß man es begrüßen würde, wenn Doczekals Versuche wiederaufgegriffen werden könnten, Geldmittel könne man dazu aber leider nicht bereitstellen. Das Photo oben zeigt Doczekals erste Versuchsapparatur aus dem Jahre 1941, darunter die Versuchsanlage, die während des Krieges im Elektrizitätswerk Wien, Engerthstraße, lief.

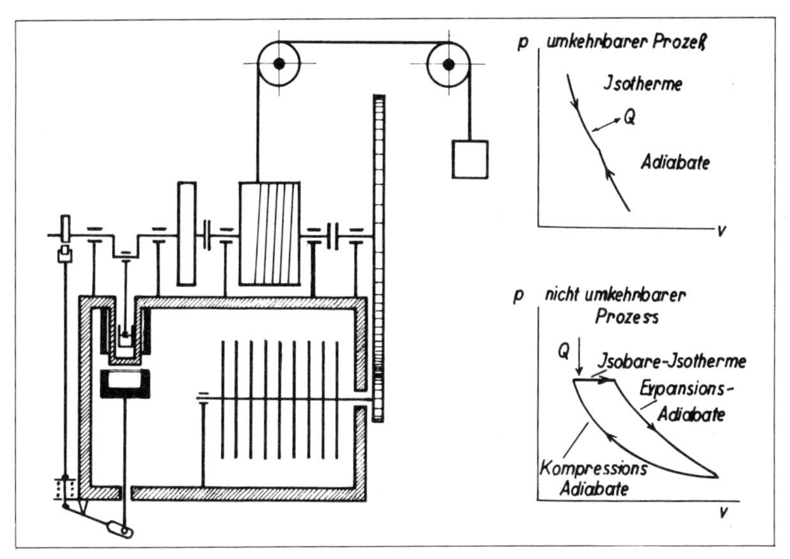

Prinzipskizze und p,V-Diagramme, die Doczekal zu seinem „Perpetuum mobile zweiter Art" gezeichnet hat.

Benzoldampfgemisch Energie gewinnen. Die bei der adiabatischen Expansion geleistete Arbeit war nach den heute noch verfügbaren Aufzeichnungen größer als die zur Kompression aufzuwendende Arbeit. Das ergab einen höheren Wirkungsgrad als nach dem 2. Hauptsatz möglich.
Der vorläufig letzte Versuch, dieses Verfahren mit modernen Mitteln nachzuprüfen, endete 1960 nach einem Gutachten für die Bundesversuchs- und Forschungsanstalt Arsenal. Gutachter war der Braunschweiger Professor F. Bosnjaković, der darauf hinwies, daß er bereits 1931 zu den Ideen Irinyis negativ Stellung genommen habe. Die einzige Aussicht bei solchen Zweistoffgemischen wäre, so schrieb er, die Wandungsverluste im Zylinder kleiner als beim Betrieb mit einfachem Naßdampf zu halten. Da aber durch die Verwendung des überhitzten Dampfes diese Frage sowieso überholt sei, scheine ihm die Verwendung von Zweistoffgemischen in Kolbendampfmaschinen ohne jede Vorteile und nur mit Nachteilen verknüpft zu sein. Der Brief schließt mit der für viele Wissenschaftler typischen, nicht ganz verbindlichen Feststellung: *„Deswegen glaube ich nicht, daß die diesbezüglichen Gedanken von Dr. Doczekal wieder aufgenommen werden sollten, da sie gegen den 2. Hauptsatz, wenn auch in versteckter Form, verstoßen."*
Kommentar von Urach dazu: Das Verfahren von Doczekal verstößt nicht versteckt, sondern offen gegen den 2. Hauptsatz. Die Wandungsverluste ha-

ben nichts mit dem grundsätzlichen Verfahren zu tun; sie würden durch die Zweistoffgemische verringert, nicht durch Überhitzen. In der 1969 erschienenen 3. Auflage des „Lexikon der Physik", herausgegeben von Hermann Franke, liest man unter dem Stichwort „Zweistoffgemische": „Wenn sie vollkommene Mischungen sind, wie Gasgemische, Flüssigkeitsgemische, falls man sich nicht im Bereich von Mischungslücken befindet, lassen sich die Eigenschaften von Zweistoffgemischen noch einigermaßen erfassen. Die Vorgänge der Verdampfung und des Schmelzens und Gefrierens machen schon beträchtliche Schwierigkeiten. Bei unvollkommenen Zweistoffgemischen steigern sich diese noch weiterhin." Literaturangabe dazu: Bosnjaković, F., „Technische Thermodynamik", Bd. 2, Dresden-Leipzig 1960.
Demnach gäbe es noch viel zu erforschen in Sachen „Zweistoffgemische". In Österreich steht dem vorerst die klare – oder doch nicht so klare? – Begutachtung des Mannes entgegen, dessen Fachbuch zitiert wird, wenn „beträchtliche Schwierigkeiten" im Verständnis von Zweistoffgemischen konstatiert werden.
Den Fachmann, so erklärt der einsichtig gewordene Alois Urach, brauche man zu wahrhaft Neuem gar nicht erst zu befragen, denn der sei ja der Experte für das Bestehende. Einer dieser Experten, die ihm begegneten, ist Dr. phil. Desoyer, der 1967 zum Professor am Institut für Technische Mechanik der Wiener Technischen Hochschule ernannt wurde. Nachdem er vorher in einem kleinen Seminar die Frage der Gültigkeit des 2. Hauptsatzes aufgerollt hatte, rief ihn Urach an, um ihm vorzuschlagen, doch eine Dissertation über die Doczekal-Experimente auszuschreiben. Desoyer lehnte ab mit der Begründung, die meisten glaubten ohnehin an den 2. Hauptsatz. Und was mit denen sei, die nicht daran glaubten, wollte Urach wissen. „Die machen wir nicht zum Doktor."
Ein Mann, der Doczekal kannte und ihn in seinen Bemühungen ideell unterstützte, war Prof. Franz Lösel, der in den 40er Jahren an der Technischen Hochschule Wien „Dampfturbinen, Dampfmaschinen und Kesselbau" lehrte. Er hatte u.a. bei Prof. Stodola in Zürich studiert, dem Klassiker unter den Lehrern für Dampfturbinenbau. Nachdem Lösel an der Brünner Maschinenfabrik seine sog. „Salamiturbine" gebaut hatte, erklärte der große Lehrer Stodola: „Es ist mein schönster Tag, daß ich bekennen muß, daß mich mein Schüler übertroffen hat." Zusammen mit seinem Kollegen Kaplan, der eine nach ihm benannte Wasserturbine entwickelt hatte, erhielt Lösel damals die Ehrendoktorwürde zuerkannt.
Lösels Dampfmaschinentriebwerke arbeiteten im Temperaturbereich zwischen 350 und 500 °C. Lösel drückte das Kesselwasser mit über 300 bar durch Kapillarröhren. Bei Kontakt mit der Brennerflamme kam es zu einer

plötzlichen Verdampfung mit entsprechender Druckerhöhung. Seine Dampfturbine konnte innerhalb von 2 Sekunden anlaufen. Sie war so konstruiert, daß die zugeführte Wärme so vollständig und verlustfrei wie möglich genutzt werden konnte. Er erreichte ein Leistungsgewicht von 0,5 kg/PS. Die modernste Technologie, dieser Hinweis sei wiederholt, die der Kernkraftwerke, mündet ein in den alten Wasserdampfprozeß. Es verwundert nicht, wenn man auch bei der Nutzung der Sonnenenergie nicht vom Wasser und Wasserdampf loskommt. Als die M.A.N. im Juli 1977 ihr erstes „Versuchs-Sonnenkraftwerk" vorstellte, hieß es dazu in der Presse, daß man damit immerhin schon einen 137-PS-Dreizylinder-Kolbendampfmotor kurzzeitig betreiben könne. Ich kenne das Sonnenkraftwerk der M.A.N. nicht, erlaube mir aber trotzdem zu mutmaßen, daß das Sonnenkraftwerk in Verbindung mit einer Maschine, die nicht gerade mit Wasserdampf arbeitet, zu weit höherer Endleistung fähig sein dürfte. Andere Arbeitsmedien, vielleicht auch Zweistoffgemische, sind zumindest denkbar.

Pulsierender Wasserstrahlantrieb, vorerst nur für Spielzeug

Wenn Wasser auf eine heiße Platte trifft ..., darüber und über die entsprechende Nutzanwendung hat Karl Hollerung im bergischen Waldbröl viel nachgedacht und experimentiert. Dem Besucher kann er heute größere und kleinere Spielzeugboote vorführen, die von einem „Pulsations-Wasserstrahlantrieb" voranbewegt werden. Bewegliche Teile hat dieser Antrieb nicht. Er funktioniert solange, wie die Flamme unter einem speziellen Kessel brennt. Größere Bootsantriebe dürften möglich sein, aber auch für kleinere stationäre Anlagen sieht Hollerung Einsatzmöglichkeiten. Darauf hinzielende Patentanmeldungen liegen seit Dezember 1977 offen.
Hollerungs Schlüsselerlebnis trug sich im Jahre 1947 zu. Damals wollte er wissen, was passiert, wenn man einen randvoll mit Wasser gefüllten und geschlossenen Behälter dadurch luftleer macht, daß man seinen Inhalt so erhitzt, daß der entstehende Dampf das restliche Wasser in tieferstehendes Kaltwasser ausströmen läßt. Das Ergebnis mag viele nicht verwundern: Sobald der Behälter leer ist, fließt schlagartig Wasser durch den Ablaßschlauch in ihn zurück, bis er wieder randvoll ist. War der Behälter nur halb gefüllt, füllt er sich auch nur wieder zur Hälfte. Dem entwichenen Druck folgt offenbar ein entsprechender Sog, der Frischwasser in den Kessel strömen läßt. Ein „Pulsschlag"!
Über 25 Jahre lagen hinter diesem primitiven Versuch, ehe sich Hollerung wieder daran erinnerte und gezielt einen Antrieb daraus zu entwickeln be-

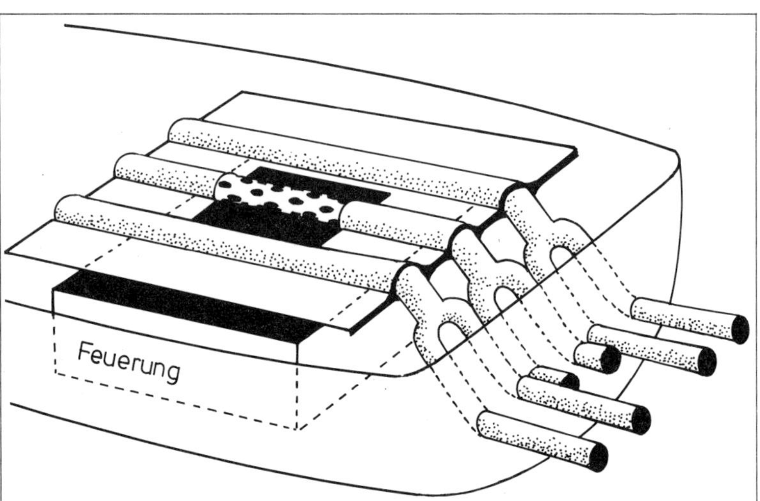

Karl Hollerung ist auch ein neugieriger Mensch. Im Jahre 1947 wollte er wissen, was passiert, wenn man einen randvoll mit Wasser gefüllten und geschlossenen Behälter dadurch luftleer macht, daß man seinen Inhalt so erhitzt, daß der entstehende Dampf alles Wasser aus ihm herausdrückt. Viele Jahre später gediehen seine Beobachtungen zu einem „Pulsations-Wasserstrahlantrieb". Vorerst treibt er damit kleine Spielzeugboote an, wie das Photo eines zeigt. Deutlich zu erkennen sind die von den Pulsationen verursachten Wellenbewegungen des Wassers. Die Zeichnung zeigt, sehr vereinfacht, den schlichten Aufbau dieses Bootsantriebes ohne bewegliche Teile.

gann. Kleine Erfindungen waren ihm seither immer wieder gelungen, aber die hatten nichts mit dem Pulsationsmotor zu tun. Von einer konnte er sogar zehn Jahre lang leben. Sie betraf einen Öler für Bowdenzüge, den man auch nachträglich an schwergängige oder festsitzende Züge anklemmen kann. Der Ärger, den Hollerung damit als Krad-Fahrer im Kriege hatte, trug auf diese Weise späte Früchte. Autoteile, die er selbst entwickelt und vertreibt, runden bis heute das Programm dieses Mini-Unternehmers ab. Das „profane Programm", wie er scherzt, denn seine Hauptanstrengungen gelten den neuartigen Antrieben.

Die pulsierenden Wasserstrahlantriebe, die Hollerung auf seine kleinen Boote setzt, sind höchst einfache Konstruktionen. In einen sehr flachen, als Kessel bezeichneten Behälter münden einige Rohre, deren freie Enden als Wasserstrahldüsen unter Wasser tauchen. Die Heizfläche des Kessels ist sehr groß im Vergleich zu seinem „Reaktionsraum". Die Öffnungen der einmündenden Rohre liegen der Heizfläche gegenüber. Die Pulsationen, von denen die Antriebskraft herrührt, finden nur in den Rohren statt. In ihnen pulsieren Wassersäulen, die von Dampf hinausgedrückt werden und beim Absinken des Druckes wieder in den Kessel hineinstreben. Sein Motor sei kein Durchlauferhitzer, betont Hollerung, wie das bei den meisten der patentierten Apparate der Fall sei, die ihm bisher entgegengehalten wurden.

Ein großartiger Dampferzeuger ist der Kessel nicht. Hollerung überlegte daher, wie er schneller zu mehr Dampf kommen könne. Er führte die Pulsationsrohre tiefer in den Kessel hinein, den er auch noch besonders formte, und perforierte die Rohrabschnitte im Kessel. Nach dem Gießkannenprinzip konnte er damit mehr Wasser auf eine größere Fläche fein verteilen. Hollerung fand heraus, daß die Pulsationsrohre keine Symmetrien aufweisen dürfen; sie sind deshalb unterschiedlich lang und können auch verschiedene Durchmesser haben. Den Vortriebseffekt, der durch die kinetische Energie der hin- und herschwingenden Wassermassen noch verstärkt wird, erhöht Hollerung dadurch, daß er die Rohre, die aus dem Kessel herauskommen, an eine größere Anzahl von Strahlrohren oder Strahldüsen anschließt.

Daß das neue Antriebsprinzip praktikabel ist, davon kann sich jedermann überzeugen. Wo seine Weiterentwicklungen ihre Stärken und Schwächen haben werden, bleibt abzuwarten. Man dürfte relativ schnell dahinterkommen, wenn Hollerungs Arbeiten eine entsprechende Förderung erführen. Daran aber wagt der Erfinder nicht einmal zu glauben. Statt dessen wird er weiter in Keller und Garage experimentieren und seine bescheidenen Ersparnisse dafür ausgeben. Zunächst möchte er die Pulsationen über „Schnüffelventile" steuern. Für stationäre Zwecke, das sieht eine der Patentanmeldungen vor, soll das System auf eine Turbine wirken. Dabei soll ein leicht

verdampfendes Arbeitsmedium, wie Fluortrichlormethan, eingesetzt werden, wodurch man mit relativ wenig Wärme auskäme. Hollerung denkt in diesem Zusammenhang auch an die Nutzung der Abwärme von Kraftwerken.
Einer gewissen Vollständigkeit halber sei noch erwähnt, daß sich Hollerung auch mit der Verbesserung bekannter Verbrennungskraftmaschinen beschäftigt. So schlägt er vor, den Glühkopf des Dieselmotors aus dem alten Lanz-Bulldog noch einmal vorzunehmen, um herauszufinden, was man mit einem hellglühenden und gut isolierten Zylinderkopf anfangen kann. So ein Motor könne solange als Diesel laufen, bis der Kopf glüht. Ist eine bestimmte Temperatur erreicht, würde die Kraftstoffzufuhr abgeschaltet, es bliebe die Luftzufuhr. Die angesaugte Luft würde wie bisher verdichtet. Sie erhitzt sich am glühenden Zylinderkopf, dehnt sich aus und drückt den Kolben nach unten. Dieser Heißluftbetrieb sollte nach Hollerung solange beibehalten werden, bis die im Zylinderkopf gespeicherte Wärme in einer gewissen Menge „verbraucht" ist. Dann soll die Kraftstoffzufuhr wieder einsetzen, der Motor liefe als reiner Diesel weiter. Da der Kopf nach außen hin hochwertig isoliert sei, gehe die abermalige Aufheizung relativ schnell vor sich. Ist wieder genügend Wärme gespeichert, wiederholt sich das Spiel. Man könne auch taktmäßig fahren. Zum Beispiel: ein Takt mit Kraftstoffeinspritzung, zwei Takte Heißluftbetrieb. Eine andere Möglichkeit: Der Dampf wird im isolierten Auspuff erzeugt und wiederum abwechselnd mit Kraftstoff in „Taschen" im Zylinderkopf eingeleitet.
Beim Ottomotor, so stellt sich Hollerung vor, sollte der Zylinderkopf möglichst kalt sein, um den Füllungsgrad des Zylinders zu verbessern und das Verdichtungsverhältnis zu steigern. Das rotglühende Auslaßventil sollte dazu in einer Tasche seitlich im oberen Teil des Zylinders untergebracht werden. In dem dadurch entstehenden Nebenbrennraum sollte es, und entsprechend wäre die Ventilsteuerung auszulegen, zu einer Nachverbrennung – diesmal nicht im Auspuff ohne Arbeitsleistung – kommen, gezündet von dem noch brennenden Gemisch im Hauptbrennraum. Mit der auf diese Weise erzielbaren Steigerung des Verdichtungsverhältnisses dürfte eine merkliche Steigerung des Wirkungsgrades einhergehen. – Der Leser ahnt, daß Hollerung seine Beobachtung aus dem Jahre 1947 in vielen Richtungen weitergedacht hat.

Dampferzeugung mit dem „Wasserhammer“

Wasser ohne Wärmezufuhr in Dampf verwandeln zu wollen, klingt wie der letzte Witz. Dennoch: Aus den USA wurde dazu eine geradezu unfaßbare Methode bekannt. 50 Jahre lang hatte der gebürtige Deutsche Karl Schaeffer, der vor einiger Zeit verstarb, darüber nachgedacht, wie er Wasser anders als durch Wärmezufuhr in Heißdampf verwandeln könnte. 1973 war es soweit, ein Erfinderleben wurde durch den Erfolg gekrönt. Ein einmal durch einen Elektromotor in Gang gesetztes Aggregat lief weiter, nachdem der Mo-

Dieses Bild zeigt Unglaubliches: Aus einer Leitung fließt Wasser in einen Apparat hinein, den es als Dampf wieder verläßt. Wärme oder irgendeine andere „Fremdenergie“ wurde nicht mehr zugeführt, nachdem das Gerät mit Motorkraft angelassen war. Viele Zeugen, darunter Journalisten, wohnten der hier gezeigten Demonstration bei. Mit ihr fand das Lebenswerk des Deutschamerikaners Karl Schaeffer seine Krönung, der sich zum Ziel gesetzt hatte, das bekannte Phänomen des „Wasserhammers“ zur Dampferzeugung zu nutzen. Sein „Steam Generator“ ist 1974 mit dem US-Patent 3.791.349 geschützt worden. Photo: The National Exchange

tor wieder abgeschaltet war. Auf der einen Seite lief kaltes Wasser in es hinein, auf der anderen Seite strömte Dampf aus, und zwar solange, bis das Wasserreservoir erschöpft war. „Meine Maschine läuft und erzeugt Dampf, solange das Wasser läuft“, sagte Schaeffer den sprachlosen Journalisten, denen er seine „kostenlose Dampferzeugung“ vorführte.
Den Anstoß für Schaeffers Erfindung gab eine Beobachtung, die wir alle kennen: das Klopfen in der Wasserleitung, das jeder Heizungstechniker konstruktiv zu vermeiden sucht. Schaeffer hörte es als Student in Berlin. Wie ein Blitz durchfuhr ihn der Gedanke, daß sich hinter diesem „Wasserhammer“ ein energetischer Vorgang verbergen müsse, den man erforschen und nutzen sollte. Schaeffer konnte die unerwünschten Schockwellen im Wasser zu dessen umgehender Verwandlung in Dampf nutzen. Geheimnisvoll erklärte er: „Die Energie im Wasser ist immer da, ich habe gelernt, sie zu verstärken und zu nutzen.“
Das Battelle-Institut in Columbus, Ohio, hat sein Aggregat getestet. An die eigenen Versuchsergebnisse mag mancher der Prüfingenieure heute noch nicht glauben. Sie ergaben Wirkungsgrade zwischen 97,3 und 117 Prozent. Schaeffer und seine Mitarbeiter in dem kleinen Chicagoer Unternehmen Sonaqua Inc. behaupteten angesichts der neutralen Prüfergebnisse gewiß nicht zuviel, wenn sie feststellen, daß bisher niemand Dampf effektiver und billiger herstellen konnte. Die Firma Aquasonics in Denver hat die Schaefferschen Aggregate schon vor einiger Zeit zwei Winter lang in einem Versuchshaus zu Heizzwecken erprobt. Das Haus war immer ausreichend warm, der Stromverbrauch gering.
Die Skepsis unter Wissenschaftlern und solchen, die die Weiterentwicklung sonst noch fördern könnten, ist groß und verhindert Taten. Nach einem Bericht vom Juni 1977 versuchen deshalb die beiden Söhne Schaeffers, Kurt und Karl, Geld für die Grundlagenforschung zu bekommen. Die Zeiten eines Edison sind offenbar auch in Amerika vorbei. Damals ließ man seine Glühlampe brennen, obwohl das Verständnis für die Elektrizität nur in geringem Maße vorhanden war. Schaeffers Maschine dagegen darf dem Vernehmen nach noch nicht funktionieren, sie tut's verbotenerweise.

Gasturbinen im Abwärmestrom

Nordrhein-Westfalens Minister für Arbeit, Gesundheit und Soziales, Prof. Fahrtmann, hatte nicht unrecht, als er während einer Podiumsdiskussion anläßlich der Umweltschutzausstellung „Envitec 76“ forderte, den Wirkungsgrad der Kraftwerke zu erhöhen. Alle anderen Maßnahmen, so fügte er übertreibend hinzu, seien doch nur marginaler Art. (Bei fossilen Kraftwerken gehen rund 60 %, bei Kernkraftwerken 70 % der eingesetzten Primärenergie als Abwärme verloren). Prof. Knizia, Vorstandsvorsitzender der Vereinigten Elektrizitätswerke AG, Dortmund, erwiderte darauf fachmännisch, daß die Physik dem Streben nach Wirkungsgraderhöhungen eine Grenze gesetzt habe. Man versuche, die obere Prozeßtemperatur weiter zu erhöhen.

Die Prozeßwärme zu erhöhen ist das aus der Thermodynamik ableitbare übliche Verfahren zur Verbesserung des Wirkungsgrades. Bei den Wasserdampfturbinen scheint man damit allerdings kaum noch Erfolg zu haben. 1970 schrieb beispielsweise E. Goerk in der Zeitschrift „Maschinenmarkt", daß sich aus prozeßtechnischen Gründen Dampftemperaturen von 600 °C nicht einführen konnten; es sei zu einer Rücknahme der Temperaturen auf 538 °C bzw. 565 °C gekommen. Aus den USA ist ein „retreat from 1100 °F" bekannt, die Drücke liegen jetzt bei 250 bar. Anders ist das dagegen bei den Gasturbinen, die heute mit 950 °C und etwa 10 bar betrieben werden können. Mit keramischen Werkstoffen, die bereits erprobt werden, dürften Turbineneintrittstemperaturen bis 1500 °C möglich werden.

In Krefeld lebt der Erfinder Lothar Strach. Er hat es aufgegeben, zumindest mit Hilfe staatlicher Forschungsmittel seine Vorstellungen zu energiesparenden und umweltschonenden Wärme-Kraft-Prozessen zu verwirklichen. Er möchte den jährlichen Wärmeverlust von 71 Millionen t SKE (Steinkohleneinheiten) in den Kraftwerken und von 14 Millionen t SKE in den Hüttenwerken der Bundesrepublik vermindern, die in der Publikation „Energiediskussion" 4/1979 genannt wurden, die das Bundesministerium für Forschung und Technologie herausgibt.

Strachs Grundidee ist verblüffend konventionell: In den Abwärmestrom soll eine Gasturbine eingekoppelt werden. Allerdings nicht in einen staubbeladenen Rauchgasstrom, der die Turbine schnell verstopfen würde, sondern über einen Wärmetauscher. Für Strach ist so etwas naheliegend, denn er verfügt u. a. über viele Jahre Konstruktionserfahrung sowohl im Turbinenbau als auch in der Hütten- und Stahlwerkstechnik. Ihn stört, daß besonders bei der Stahlerzeugung große Mengen an Abwärme hoher Temperaturen ungenutzt die Atmosphäre belasten. Er möchte mit dieser Abwärme die Verbrennungsluft von Gasturbinen vorwärmen und deren mechanische Nutzleistung zum Antrieb von Arbeitsmaschinen oder von Generatoren heranziehen. Die Abwärme der Gasturbinen wiederum soll vollständig oder teilweise wieder dem Feuerungsprozeß zugeführt werden, dem die Abwärme zur Vorwärmung entstammt. Der auf diese Weise erzeugte elektrische Strom wäre billig und könnte z. B. eingesetzt werden in Lichtbogenöfen zur Erzeugung von Elektrostahl oder, noch besser, zur elektrischen Direktreduktion von Eisenerz, einem Verfahren, das bis heute an zu hohen Stromkosten scheiterte. Strach hat in den vergangenen Jahren mehrere Patente angemeldet, einige Anmeldungen liegen offen. Sie berücksichtigen, daß die Abwärme, z. B. bei der Stahlerzeugung, an flüssige Schlacke gebunden ist, daß sie in noch brennbaren Gasen oder an sich abkühlenden Brammen anfallen kann. In jedem Fall soll die Abwärme genutzt werden, um den Luftkreislauf einer Gasturbine vorzuwärmen, wodurch diese bei gleicher Leistung weniger Brennstoff verbrauchen würde. Ein unterschiedlicher Anfall von Abwärme ließe sich über die Verbrennung in der Brennkammer ausgleichen. Würde einmal keine Abwärme zur Verfügung stehen, könnte die Maschine wie eine normale Industriegasturbine laufen, Strom erzeugen und Abwärme abgeben.

Als Beispiel gibt Strach folgenden „modifizierten Joule-Prozeß" an: Dem Verdichter der Gasturbine entströmt Luft von 310 °C. Dieser werden im Wärmetauscher 1210 kcal/kWh zugeführt, wodurch sich ihre Temperatur auf 600 °C erhöht. Durch die Verbrennung in der Brennkammer, die weitere 1720 kcal/kWh liefert, erhöht sich die Temperatur der Luft auf 940 °C. Mit den dann insgesamt 2930 kcal/kWh wäre der heute bei Industriegasturbinen erforderliche Wärmebedarf erreicht. Da die Abwärme der Gasturbine eine Temperatur von 450 °C aufweist, entsteht eine Abwärmemenge von 2020 kcal/kWh. Die Differenz beträgt 910 kcal/kWh. Wesentlich ist nach Strach, daß nur 1720 kcal/kWh echt verbraucht wurden. Er vergleicht diesen Wert mit dem spezifischen Wärmeverbrauch von rund 2100 kcal/kWh bei Wasser-

Mit „Glückauf" über unleserlichen Unterschriften teilten die Saarbergwerke Aktiengesellschaft am 10. September 1975 dem Erfinder Lothar Strach in einem Vierzeilenbrief mit, daß man zur Zeit keine Möglichkeit sehe, von seinen Vorschlägen Gebrauch zu machen. Strach hatte ein Kraftwerk vorgeschlagen und angeboten, das den Kraftwerkswirkungsgrad insgesamt durch Einbeziehen einer Gasturbine in den thermischen Prozeß verbessern und die Umweltbelastung ermäßigen sollte. Der Vorschlag entsprach der hier wiedergegebenen Schemazeichnung, die einer im Oktober 1976 offengelegten Patentanmeldung vom 27. März 1975 beigefügt ist. Am 11. März 1980 legte Bundesforschungsminister Volker Hauff für die Saarbergwerke in Völklingen den Grundstein zu einem „Kohlekraftwerk der Zukunft", dessen Gesamtkosten Bonn zu einem Drittel übernimmt. Dieses in der Augustausgabe 1980 der Zeitschrift „Spektrum der Wissenschaft" in Wort und Zeichnung vorgestellte „Modellkraftwerk" entspricht, soweit es den Gasturbineneinsatz anbetrifft, genau dem Strachschen Vorschlag: Die Verbrennungsluft für die Gasturbine wird im Kohleverbrennungsraum auf rund 700° C erhitzt, in den sie bereits vorgewärmt auf 240° C eintritt; die Vorwärmung geschieht im Verdichter der Gasturbine. Der Wirkungsgrad im Kohleverbrennungsraum wird durch Einleitungen der heißen Turbinenabgase verbessert. Fazit: Der Urheber der Idee, dem die Urheberschaft mit Sicherheit streitig gemacht wird, darf in der Stille darüber Genugtuung empfinden, „daß es doch geht" und prominente Gutachter wieder einmal Unrecht hatten.

Für ein Elektrostahlwerk hat Strach ebenfalls die Einbeziehung einer Gasturbine in den wärmetechnischen Prozeß vorgeschlagen. Vielleicht findet auch diese Idee noch Anhänger, weil wir ja Energie sparen müßten.

dampfturbinen, deren Anlagen in der Regel doppelt so teuer seien wie Gasturbinenanlagen.
Strach machte 1975 die folgende Verlustrechnung auf:
Die Abwärme der bis 1985 in der Bundesrepublik zu bauenden Kernkraftwerke bedeute entsprechend den Wärmepreisen von 1975 einen Wärmeverlust in Höhe von jährlich rund 10 Milliarden DM. Damit werde die Größenordnung der westdeutschen Steinkohleförderung des Jahres 1973 erreicht

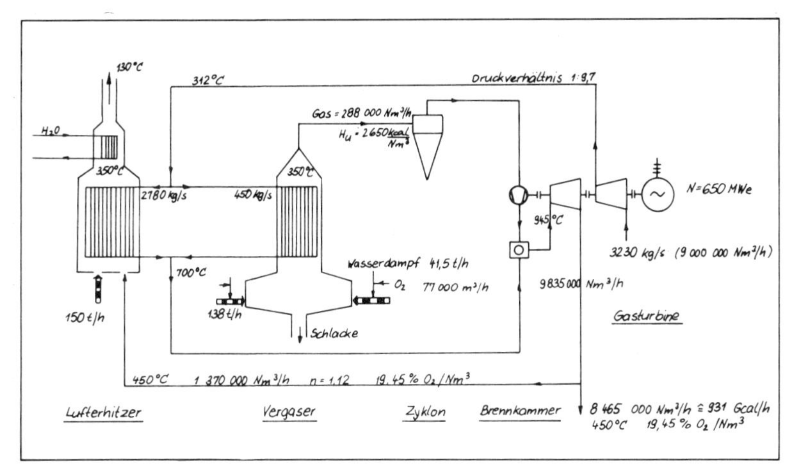

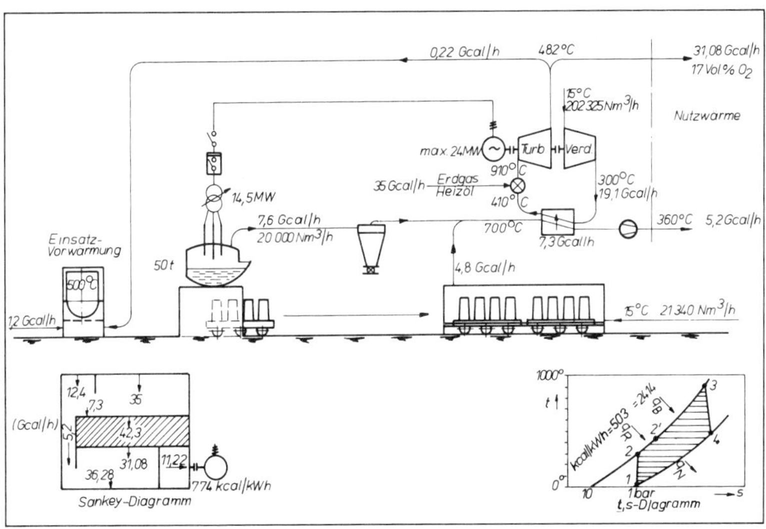

(97,3 Millionen t x 125,– DM/t). – Mittlerweile kommen uns diese Wärmeverluste noch weit teurer zu stehen.
Zum gleichen Thema zitierte die Zeitschrift „Bild der Wissenschaft" im Februar 1977 den damaligen Bundesforschungsminister Matthöfer, der auf die Frage nach der Nutzung der Abwärme sagte: „Das ist auch eine politische Frage. Die Elektrizitätsfachleute sagen, daß sich die Nutzung der Abwärme nicht lohnt. Aber wir wissen, daß diese Rechnung zu einfach ist. Und solange wir nicht genau beweisen können, wie das läuft, müssen wir weiter Öl einführen, wird durch individuelle Brennstellen die Luft weiter verschmutzt, müssen wir weiter Abwärme in die Flüsse geben ..."
Strach, der diese Abwärmeverluste bei Kraftwerken und Hüttenwerksanlagen mit technisch darstellbaren Verfahren und Anlagen verringern möchte, bekommt merkwürdige Antworten auf seine Vorschläge. Von der bereits im Zusammenhang mit dem Kirchhoffschen Kohlendioxidprozeß zitierten Münchner „Forschungsstelle für Energiewirtschaft" schrieb Dipl.-Ing. Ebersbach an Strach: *„Wir können uns nicht vorstellen, daß das von Ihnen konzipierte Verfahren funktionieren kann, denn es führt nun mal kein Weg daran vorbei, daß Energie nicht aus nichts gewonnen werden kann, was der Fall wäre, wenn tatsächlich – so wie Sie schreiben – für die Erzeugung einer kWh weniger als 600 kcal erforderlich wären."* (Anmerkung des Verfassers: Der Rest zur Erzeugung einer Kilowattstunde kommt aus dem Nichts, einem Synonym für „Abwärme").
Auf einen Brief von Strach, in dem dieser die Einschaltung eines Gasturbinenprozesses in den Sekundärkreislauf eines Kernkraftwerkes erläuterte, antwortete Prof. Dr.-Ing. Karl Bammert vom Institut für Strömungsmaschinen an der Technischen Universität Hannover:
„Die von Ihnen dargelegten Gedanken zur Kraftwerkstechnik sind sehr überraschend, da sie die bislang in der Forschung und Industrie vorliegenden Erkenntnisse als geradezu laienhaft erscheinen lassen. Sie werden sicher verstehen, daß ich Ihre Angaben aus diesem Grunde mit starker Skepsis zur Kenntnis genommen habe."
Eine bei einem Gasturbinenhersteller angesetzte Diskussion über die Möglichkeiten dieser Technologie wurde vom zuständigen Entwicklungsleiter nach drei Minuten beendet mit der Erklärung: Verstanden, machbar, keine technischen Probleme. Es gibt aber auch ein Schreiben von Dr.-Ing. Siegfried Walter, Forschung und Entwicklung, AEG-Telefunken, dessen Inhalt in das dem Leser mittlerweile hinlänglich bekannte Schema paßt: *„Bezüglich Ihrer Angabe, daß mit dieser Technik eine „Energieverschleuderung über Kühltürme" vermieden wird, bezweifle ich die Realisierungsmöglichkeit aus physikalischen Gründen. Da der Umwandlungs-Wirkungsgrad aller bekannten Pro-*

zesse für die Stromerzeugung weit unter 1 liegt, entsteht in jedem Falle Abwärme auf relativ niedrigem Temperaturniveau, die entweder über den Kühlturm oder in Form von Abgasen abgegeben werden muß."
Dr. Witulski aus dem nordrhein-westfälischen Ministerium für Wirtschaft, Mittelstand und Verkehr nahm Strachs Vorstellungen über „einige Fragen der Kernkraftwerkstechnik" mit „Interesse zur Kenntnis" und leitete das Schreiben an die „Projektleitung für die Entwicklung von Hochtemperaturreaktoren" weiter. Die Antwort – hier verkürzt wiedergegeben – lautet: Man habe eine große Anzahl von Schaltungsmöglichkeiten bis ins Detail untersucht, die vorgeschlagene Möglichkeit sei keineswegs neu. Für Gasturbinen gebe es heute kaum Werkstoffe, die einer Lebensdauer von 10^5 Stunden und mehr als 900 °C gerecht würden.

„Wärmetransformator" nur gegen Bezahlung

Unter der Nummer 2268448 ist am 30. Dezember 1941 ein US-Patent auf einen „Pressure Creating Apparatus" erteilt worden, ein Pumpaggregat. Erfinder war Robert C. Groll aus Springfield, Massachusetts. Die Pumpe lief, obwohl in ihre Konstruktion Überlegungen thermodynamischer Art eingeflossen waren, die mit dem herkömmlichen Verständnis von Wärmenutzung nicht ohne weiteres in Einklang zu bringen waren.
Mit dem Apparat hätten beispielsweise explosive Gase gefördert werden können, ohne daß sich deren Temperatur bei der Pumparbeit erhöhte. Man hätte mit ihr aber auch, ähnlich wie mit einer Wärmepumpe, Wärme einer bestimmten Temperatur auf ein höheres Temperaturniveau „heben" können. Groll bezeichnet dieses Gerät heute in Anlehnung an den „Hydraulischen Widder" (siehe Seite 139) als „Wärmewidder". Soll dieser beispielsweise Abwärme in Nutzwärme von höherer Temperatur verwandeln, so würde als „Antriebsenergie" schon die Abwärme selbst genügen; auf die Zufuhr einer „höherwertigen Antriebsenergie" könnte verzichtet werden.
Aus dem „Wärmewidder" hat Groll später seinen „Wärmetransformator" entwickelt, der im Gegensatz zu diesem gegen den 2. Hauptsatz verstößt. Einzelheiten gibt er schon seit Jahrzehnten nicht mehr preis. Heute erst recht nicht, müßte man seiner Einstellung entsprechend formulieren, denn der über 70 Jahre alte Mann ist verbittert, weil er immer um die Früchte seines erfinderischen Schaffens betrogen wurde. Er sieht sich trotzdem als „nicht zu erschütternder Außenseiter", der in Verbindung mit dem Begriff „Wärmetransformator" schon vor Jahrzehnten öffentlich feststellte, daß die Natur im Grunde reversibel sei, weil sie den Eingriff des Menschen zulasse, der zum Beispiel in Form seiner Maschinen „höherwertige" Systeme schaffe.

Die neue Erkenntnis, die Groll gewonnen hat und über die er vorerst nicht detailliert Auskunft geben möchte, leugne nicht die irreversiblen Naturvorgänge und die daraus zu ziehenden Schlüsse. Diese dürfe man nur nicht länger als für den gesamten Kosmos generell gültig verallgemeinern. Der Verfasser dieses Buches mußte sich nach den Gesprächen mit Groll an eine Aussage des Naturwissenschaftlers Prof. Max Thürkauf erinnern, der einmal schrieb:
„Die Verwalter von Wissen übersehen, daß man physikalisch-chemische Gesetzmäßigkeiten zwar beherrschen muß, um technisch-maschinelle Abläufe zu verstehen, daß aber noch keine Maschine ohne die geistgelenkte Hand des Menschen entstanden ist."
Groll, der sein weiterentwickeltes Verfahren für patentfähig hält, behauptet, damit überall und jederzeit von der Natur unentgeltlich Energie in beliebiger Menge beziehen zu können. Nach Max Planck, und ihn zitiert er in diesem Zusammenhang, wäre das das Vorteilhafteste der Welt.
Groll will seine Erkenntnis erst dann preisgeben, wenn vertraglich sichergestellt ist, daß er bei entsprechender Beweisführung eine angemessene Vergütung erhält. Der Verfasser dieses Buches respektiert diese Haltung. Er fragte sich allerdings, ob unter diesen Umständen hier überhaupt von Groll die Rede sein sollte und bejahte diese Frage, denn er möchte seinen Lesern den kurzgefaßten Lebenslauf dieses ganz außergewöhnlichen Mitbürgers nicht vorenthalten.
Wenn Groll behauptet, den Beweis für seine so überaus kühn klingende Feststellung erbringen zu können, so kann man ihm, meine ich, mehr als nur das subjektive Bewußtsein zubilligen, im Besitze der Wahrheit zu sein. Er hat viele Beweise für seine überragende Denkfähigkeit und sein konstruktives Vermögen geliefert. Einige davon werden nachfolgend kurz behandelt. Dabei sollte auch derjenige Leser auf seine Kosten kommen, der überall in diesem Buch mit naturwissenschaftlichen Fakten konfrontiert werden möchte.

Die nebenstehende Zeichnung ist ein Auszug aus dem amerikanischen Patent 2.268.448, mit dem Robert C. Groll im Jahre 1941 ein „Druck erzeugender Apparat" patentiert wurde. Der dreieckige Kolben dreht sich im Uhrzeigersinn, das Fördergut wird kontinuierlich von dem Abstreifer 14 in den Vorratsbehälter 16 gelenkt. Das Bild dient hier als Hinweis darauf, daß sich Groll schon vor Jahrzehnten auch mit der apparativen Verwirklichung seiner thermodynamischen Vorstellungen beschäftigte. Aus dem Prototyp der dargestellten Maschine wollte er u. a. eine Wärmepumpe entwickeln, die ausschließlich von Umgebungsluft als Arbeitsmedium durchströmt werden sollte. Die Luft sollte zunächst isotherm auf einen bestimmten Druck verdichtet und die dabei abzuführende Wärme zu Heizzwecken genutzt werden. Das an den hohen Druck gebundene Arbeitsvermögen sollte bei Entweichen des Drucks in die Atmosphäre wiederum entscheidend zum Antrieb der Pumpe beitragen. Die Pumpe hätte mit einem an den Vorratsbehälter angeschlossenen Kühlsystem beispielsweise auch explosible Gase fördern können, ohne daß sich deren Temperatur erhöhte; dabei sollte dem noch zu fördernden Gas in der Pumpe gekühltes Gas zugemischt werden.

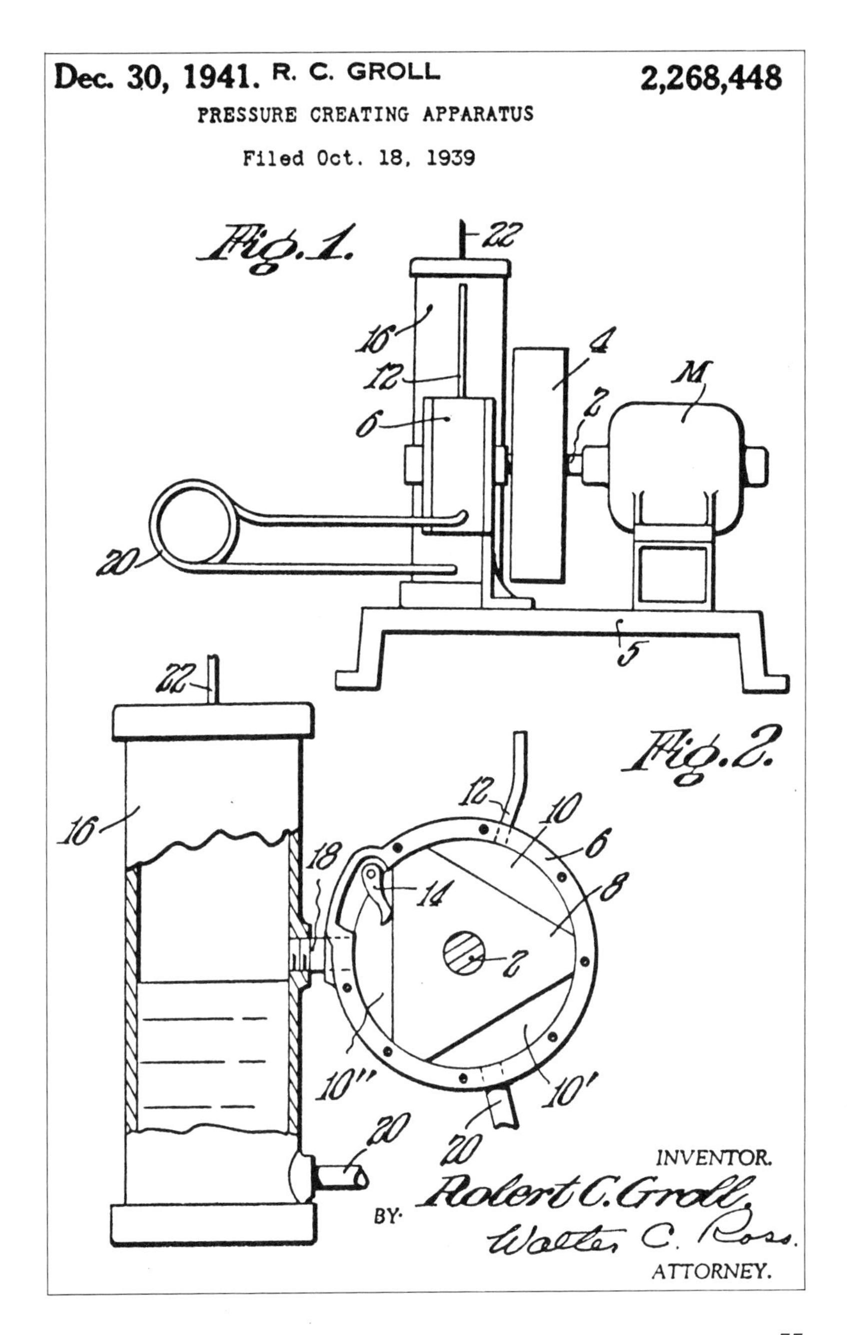
Dec. 30, 1941. R. C. GROLL 2,268,448
PRESSURE CREATING APPARATUS
Filed Oct. 18, 1939
Fig. 1.
Fig. 2.
INVENTOR.
Robert C. Groll
BY
Walter C. Ross.
ATTORNEY.

Grolls Leistungen auf dem Gebiet der Geometrie, einige Lebensdaten und Hinweise auf von ihm realisierte Ideen mögen als Ausweise dafür dienen, daß dieser Mann keine leeren Versprechungen macht.
Groll mochte den Aussagen und Ausdeutungen des 2. Hauptsatzes noch nie folgen: Energie sei anerkanntermaßen das, was Arbeit leisten und nach dem 1. Hauptsatz auch nicht verlorengehen könne, sagt er. Nach dem 2. Hauptsatz dagegen strebe die Entropie stets dem Maximum zu, auch im Universum, das demzufolge unweigerlich einmal den Wärmetod erleiden müsse. In diesem erstorbenen Kosmos sei dann zwar nach dem 1. Hauptsatz noch alle Energie vorhanden, Arbeit könne sie aber nicht mehr leisten, denn das verbiete der 2. Hauptsatz.
Groll hatte schon nach dem ersten Studium dieser Lehrsätze das Gefühl, unter die Roßtäuscher gefallen zu sein; so jedenfalls drückt er sich heute aus. Die Natur funktioniere doch wohl nur zum Teil nach Carnot. Sein Wärmetransformator basiere auf einem natürlichen Prozeß und bestätige den 1. Hauptsatz. Als Formel geschrieben würde er Max Plancks Befürchtung Wirklichkeit werden lassen, wonach der „ganze Bau des 2. Hauptsatzes zusammenstürzen" könne.
Groll behauptet, seine Formel durch Rekombination bekannter und hypothesenfreier Gesetzmäßigkeiten gefunden zu haben. Als er 1950 vor dem Bayerischen Landtag über seine Erkenntnisse referierte in der begründeten Hoffnung, daraufhin ein paar Mark zur Entwicklung seiner Apparatur zu erhalten, glaubte ihn der Rundfunkkommentator Dr. Münster der Lächerlichkeit preisgeben zu können. Wie unwahrscheinlich es sei, daß Grolls Wärmetransformator funktioniere, verglich er mit einem Setzkasten, den man gewiß unzählige Male umwerfen müsse, bis die Lettern zufällig den Satz „Guter Mond du gehst so stille" bildeten. (Man erinnere sich des soeben zitierten Max Thürkauf.) Münster sprach Groll den guten Glauben ab und reihte ihn unter die Leute ein, die man schon immer als Scharlatane bezeichnet habe. Nach einem längeren Gelehrten- und Juristenstreit mußte der Bayerische Rundfunk seine Anwürfe widerrufen. Die interessante Begründung: Die Beschuldigungen seien unhaltbar, weil es sich bei dem 2. Hauptsatz nicht um ein Naturgesetz handle.
Daß der 2. Hauptsatz ein Erfahrungssatz ist, darauf hatte, wie erwähnt, schon Max Planck hingewiesen. Bei seinen theoretischen Überlegungen ließ sich Groll stets von der Aussage des 1. Hauptsatzes leiten. Dabei gelang ihm, fast nebenbei, eine Neuberechnung der Basis des natürlichen Logarithmus', der sog. Eulerschen Zahl „e". Grolls Gedankenexperiment dazu:
Ein Kolben, an dessen Rückseite ein Vakuum herrsche, werde von einem Gas mit dem konstant bleibenden Druck p zurückgeschoben und die Ver-

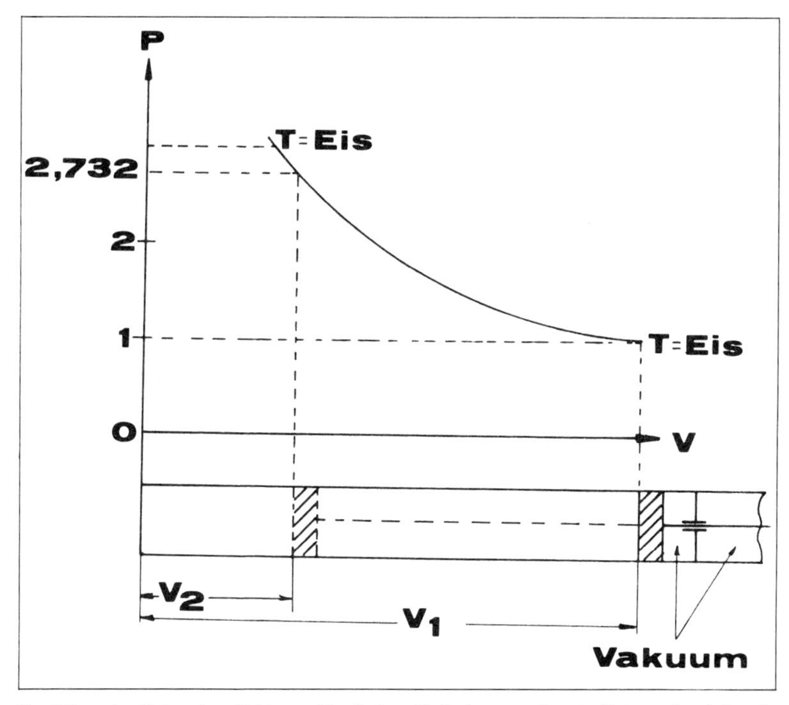

Ermittlung der Eulerschen Zahl e an Hand eines Gedankenexperiments: Entsprechend dem 1. Hauptsatz der Wärmelehre soll die bei konstantem Druck und konstanter Temperatur geleistete Verdrängungsarbeit $P \cdot v_1$ eines Gases bei dessen isothermischer Verdichtung wieder aufgebraucht werden. Der Kolben wird zunächst von dem Gas über die Strecke v_1 zurückgedrängt. Die dabei – etwa in einer Schwungmasse – gespeicherte Energie schiebt den Kolben bei jetzt geschlossenem Zylinder über die Strecke $v_1 - v_2$ wieder vor. Mit Hilfe der bekannten thermischen Zustandsgleichung $P \cdot v = R \cdot T$ errechnete Robert C. Groll die Zahl e als $1+\sqrt{3} = 2{,}7320$ ... Die Verwandtschaft mit der absoluten Temperatur von $-273°$C ist offensichtlich.

drängungsarbeit z. B. in einem Schwungrad gespeichert. Sodann werde die Gaszufuhr gestoppt und das im Zylinder eingeschlossene Gas von dem sich jetzt nach vorn bewegenden Kolben komprimiert. Dabei wird durch Wärmeentzug dafür gesorgt, daß sich die Temperatur des Gases nicht erhöht, die Verdichtung also isotherm verläuft. An Verdichtungsarbeit stehe exakt die vorher im Schwungrad gespeicherte Verdrängungsarbeit zur Verfügung. Der Kolben wird das Gas so hoch verdichten, bis die gespeicherte Energie verbraucht ist; seine Ausgangsstellung kann er nicht mehr erreichen.
Wendet man auf dieses Experiment den 1. Hauptsatz an, dann ist die Verdrängungsarbeit gleich der Verdichtungsarbeit. Groll tat das mit Hilfe der

bekannten Formeln für das ideale Gas und errechnete auf diese Weise die Eulersche Zahl. In den Lehrbüchern wird sie mit dem Wert 2,718281 ... angegeben, ermittelt nach rein mathematischer Vorgehensweise. Nach seiner thermodynamischen Betrachtungsweise kommt Groll auf den Wert 2,7320..., nämlich aus der exakten Beziehung $e = 1 + \sqrt{3}$ (Groll spricht von g). Die Verwandtschaft dieser Zahl mit dem absoluten Nullpunkt drängt sich auf. Groll brauchte seine Zahl e nur mit 100 zu multiplizieren, und der Temperaturnullpunkt ergab sich rein rechnerisch und mathematisch exakt zu 273,20.. Grad unter dem Gefrierpunkt des Wassers liegend. Er konnte diese einfache Multiplikation mit 100 ausführen, weil er für das den Kolben verdrängende Gas die Eistemperatur des Wassers annahm und das Verdrängungsvolumen in 100 x „e" Abschnitte (Grade) unterteilte.
Groll war zeitlebens ein Autodidakt. Er ist 1909 im rheinpfälzischen Börrstadt geboren und besuchte die Gymnasien in Kirchheimbolanden und Kaiserslautern. Die Zeiten des Hungers und der Arbeitslosigkeit in dörflich-spießbürgerlichem Milieu irritierten ihn derart, daß er 1929 noch vor dem Abitur in die USA auswanderte. Die Zeit nach dem „Schwarzen Freitag" mit ihrer verheerenden Arbeitslosigkeit bot jedoch die denkbar schlechtesten Startbedingungen in der Neuen Welt. Groll schabte in einer Fabrik Maschinenlager ein, fuhr Brötchen aus für einen Verwandten und arbeitete bei einer Bosch-Vertretung. In Abendkursen, zu denen zwei Semester „Mechanical Engineering" gehörten, erwarb er an der North Eastern University die amerikanische Matura.
Die Existenz sicherte ihm sein musikalisches Talent. Schülern gab er Violinunterricht, und schon bald gründete er mit anderen zusammen nacheinander zwei Nachtclubs. Das Groll-Orchester, das rund zehn Jahre bestand, wurde in Neu-England und später auch anderenorts in den USA so bekannt und beliebt, daß ihm der Rundfunk regelmäßig Sendezeit für ein von ihm gestaltetes und moderiertes Unterhaltungsprogramm einräumte. Wenn er die Geige spielte, erinnert sich Groll heute, dachte er oft an thermodynamische Kreisprozesse. In seiner Freizeit entstand die eingangs benannte und patentierte Pumpe.
Nach dem Angriff der Japaner auf Pearl Harbor wurde Groll interniert. Im Juli 1942 ließ er sich gegen einen in Deutschland inhaftierten Amerikaner austauschen. Die alte Heimat hatte ihn wieder. Arbeit fand er bei einem Patentanwalt, wo er vorwiegend Patentschriften übersetzte. Dabei stieß er auf eine von Rüstungsminister Speer gestellte Aufgabe: Ein besseres Verfahren zum Guß von Zylinderlaufbüchsen wurde gesucht.
Groll, der in den USA aus gegebenem Anlaß schon eine Brotschneidemaschine entwickelt und den großen Messern einen Wellenschliff verpaßt hatte,

konnte auch diesmal schnell mit einer besseren Lösung aufwarten. Danach stellte sich heraus, daß ihn die Nazis auf Grund des US-Pumpenpatentes schon gesucht hatten. Der Satz in der Patentschrift, der andeutete, daß Groll unerschöpfliche Energiereservoire anzapfen könne, ließ Himmler eine kriegsentscheidende Waffe vermuten. Nachdem Groll verhört worden und es zu einem Gelehrtenstreit gekommen war, wurde sein „Wärmetransformator" in das sog. Führernotprogramm aufgenommen. Die Bomben auf Berlin stoppten die Entwicklungsarbeiten bis heute.

Die Nachkriegszeit brachte den einstigen Rückwanderer wieder den Amerikanern näher. Zunächst stand er als Kapellmeister im Rahmen der Truppenbetreuung, dann als Vize-Gouverneur in Landsberg am Lech in ihren Diensten. Die Not der Nachkriegszeit erweckte sein Erfinderhirn zu neuen Leistungen. Er entwickelte den Motorroller „Biene" mit mehreren patentierten Neuerungen, der später unter der Bezeichnung „Servos" in kleiner Serie gebaut wurde. Daraus wiederum entstanden ein Versehrtenfahrzeug und ein Patent auf ein stufenloses Getriebe. Geschäftstüchtige Verwerter stürzten sich darauf und gründeten in München die Firma „Thermodynamik". Eigentlicher Geldgeber war Gunther Sachs, und als der nach etwa zwei Jahren seine Zahlungen einstellte, saß der Erfinder Groll wieder einmal auf dem Trockenen.

Ingolstadt wurde zur nächsten schicksalsträchtigen Stadt. Durch eine Neuentwicklung rettete er als Fabrikationsleiter die Produktion von Ölöfen mitten in der Saison vor dem Niedergang. Dunkle Machenschaften des Geschäftsführers und eines Bankdirektors setzten dem Unternehmen ein Ende. Groll wurde Fremdsprachenkorrespondent bei der Auto Union, wo er Einblick in die Schwächen des damals dort noch produzierten Zweitaktmotors gewann. Nachdem niemand Grolls Verbesserungsvorschläge ernst nahm, schrieb er an Großaktionär Flick. Dieser verfügte, daß Groll einen verbesserten Zweitakter entwickeln solle.

Groll begann mit den Arbeiten, gestützt auf einige begeisterte Kollegen. Die große Auto Union ließ ihn aber unter unwürdigen Arbeitsverhältnissen vor sich hinwursteln. Im Mai 1965 stellte die britische Fachzeitschrift „Motor" den Prototyp eines neuen Dreizylinder-Zweitaktmotors vor. Trotz widrigster Umstände hatten Grolls Engagement und ein auf seinen Namen patentiertes Einspritzsystem einen neuen Motor zum Laufen gebracht. Damit waren die Mängel des alten zwar überwunden, aber die Auto Union zeigte kein Interesse daran. Deren Übernahme durch das Volkswagenwerk, das auf den Viertakter abonniert war, setzte schließlich allem ein Ende. Groll verließ die Auto Union wie ein Paria. In ihrem argentinischen Zweigwerk versuchte er noch während einiger Monate seinen Motor zu retten, aber dann wurde auch die dortige Werksleitung von VW zurückgepfiffen.

Groll zog sich zurück, aber sein Geist blieb lebendig wie eh und je. Erinnerungen an den Geometrieunterricht tauchten aus der Versenkung auf. Damals geweckte Zweifel über gewisse Behauptungen war er so wenig losgeworden wie die Beschäftigung mit der Thermodynamik. Heute behauptet Groll, drei geometrische Aufgaben gelöst zu haben, um die man sich seit dem Altertum bemüht hat und die als erwiesenermaßen unlösbar gelten: 1. die Quadratur des Kreises, 2. die Dreiteilung des Winkels, 3. das sog. Delische Problem, die Kante eines Würfels zu konstruieren, der doppelt so groß ist wie ein gegebener.

In einer 1979 erschienenen Schrift mit dem Titel „4 gelöste Welträtsel verändern die Welt" liefert er die Beweise für seine Behauptung, alle drei Aufgaben – wie verlangt – allein mit Lineal und Zirkel exakt lösen zu können. Solange Groll nicht zweifelsfrei widerlegt ist, zögere ich nicht, hierin die größte Leistung seines schöpferischen Geistes zu erblicken. Und weil der Geometrie eine eminente Bedeutung als Grundlage für die technische und wissenschaftliche Entwicklung zukommt, sei auf diese Arbeiten von Groll wenigstens noch kurz eingegangen.

Daß es kein Perpetuum mobile geben kann und daß sich der Kreis nicht quadrieren läßt, hat die Pariser Königliche Akademie der Wissenschaften schon 1775 dekretiert. Als geflügelte Worte gehen diese Weisheiten längst auch jedem Halbgebildeten über die Lippen. Als Berichterstatter auch über Grolls jüngste Arbeiten nehme ich die Schmach auf mich, selbst über die Quadratur des Kreises zu schreiben.

„Zum Ruhme deutscher Wissenschaft", so Professor Heinrich Tietze in seinem Buch über gelöste und ungelöste mathematische Probleme, habe der berühmte Mathematiker Carl Louis Ferdinand Lindemann im Jahre 1882 das Problem der Quadratur des Kreises endgültig erledigt, die wissenschaftlichen Akten darüber seien längst abgeschlossen. Nicht prophezeien wollte Tietze, „wie lange es freilich noch dauern mag, bis jene Zirkelquadratoren aussterben, die hier noch ein Problem wittern, um ihm mit unzulänglichen Kräften und Kenntnissen, aber oft um so hartnäckigerem Glauben an ihre eigene Berufung nachzuspüren."

Mit Groll tritt wieder so ein „unzulänglich" Ausgestatteter auf den Plan. Kein ernst zu nehmender wissenschaftlich denkender Mensch wird sich mit Grolls Methode der Kreisquadrierung auseinandersetzen wollen, aber vielleicht gibt es ein paar geometriebegeisterte Oberschüler, die seiner Beweisführung folgen wollen und können.

Groll ging von einem regelmäßigen Zehneck aus, das stets nach dem Goldenen Schnitt konstruiert ist. Er zeichnete einen Kreis um dessen zehn Ecken und einen Innenkreis. Sodann suchte er nach der Verhältniszahl, mit der sich der Umfang des Zehnecks zu seinem Innenkreisdurchmesser in Beziehung setzen läßt. Er nennt diese Zahl g und errechnete dafür aus $\sqrt{5} + 1$ den Wert 3,2360 ... Das ist eine ähnliche Zahl wie $\pi = 3{,}14$, die bekanntlich das Verhältnis zwischen Kreisumfang und Durchmesser bezeichnet.

Durch Vergleich von regelmäßigen Vielecken nach den Regeln der Geometrie sowie einfachen Rechnungen gelang es ihm, den geometrisch exakten Wert für π anzugeben, nämlich zu $\pi = 0{,}3\,(\sqrt{5} + 1)^2$. Das ergibt ausgerechnet 3,14160 ...

Groll hat nach seiner Meinung die Geometrie um einen weiteren Lehrsatz bereichert. Er lautet: Der dreifache Umkreisdurchmesser eines regelmäßigen Zehnecks ist so groß wie der Umfang des dem Zehneck einbeschriebenen Kreises.

Die Quadrierung eines Kreises geht nun wie folgt vor sich:

1. Um den zu quadrierenden Kreis ein regelmäßiges Zehneck zeichnen.
2. Dessen Eckmaß (Umkreisdurchmesser) dreimal abtragen als erste Rechteckseite.
3. Als zweite Rechteckseite ein Viertel des Durchmessers des zu quadrierenden Kreises antragen. Das ergibt sich aus der bekannten Kreisflächenformel $F = r^2 \cdot \pi$, die aus $F = 2r\,\pi \cdot \frac{r}{2}$ entstanden ist.
4. Das zum Kreis flächengleiche Rechteck in das gesuchte Quadrat verwandeln.

Das auf diese Weise konstruierte Quadrat ist dem gegebenen Kreis absolut flächengleich.

Bei der Dreiteilung des Winkels ging Groll ähnlich unkonventionell vor, aber streng nach den Regeln der Geometrie. Seine Beweisführung kann hier aus Platzgründen nicht wiedergegeben werden. Der von ihm in diesem Zusammenhang aufgestellte Lehrsatz lautet:

Ist der Abstand zweier paralleler Sehnen ein Drittel der Höhe des größeren Kreissegmentes, dann ist der durch die größere Sehne bestimmte Zentriwinkel ein Drittel so groß wie der durch die kleinere Sehne in einem dreimal kleineren konzentrischen Kreis bestimmte Winkel.

Und hier die Konstruktionsanleitung für denjenigen, der einen Winkel mit Zirkel und Lineal dreiteilen möchte:

1. Schlage eines Kreisbogen mit Radius r um den Scheitelpunkt M des Winkels. Der Kreis schneidet die freien Schenkel des Winkels in A und B.
2. Verbinde A und B und fälle im Punkt B das Lot auf die Sehne AB.

3. Zeichne die Winkelhalbierende, die die Sehne in C_1 und den Kreisbogen in C' schneidet.
4. Schlage einen Kreis um M mit 3r. Dieser schneidet das Lot auf AB in B'.
5. Schlage mit C_1C', der Bogenhöhe als Radius, einen Kreis um B'.

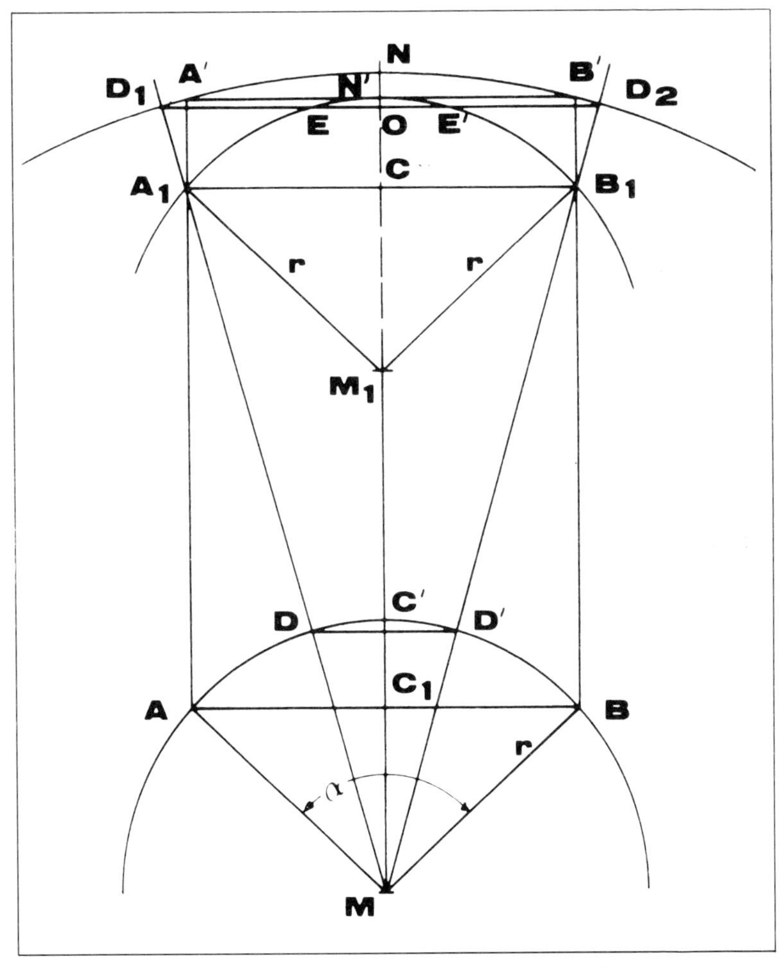

Die Dreiteilung des Winkels gilt, wie die Quadratur des Kreises und das Delische Problem, als unlösbar. Einen Winkel teilt Robert C. Groll mit Zirkel und Lineal wie im nebenstehenden Text beschrieben. Diese Konstruktionszeichnung dazu zeigt schon augenfällig, daß der Winkel α exakt in drei Teile zerlegt wurde. Ein Winkel kann nach dieser Methode nur dann dreigeteilt werden, wenn er kleiner ist als 135 Grad; größere Winkel müssen entsprechend zerlegt werden.

Zeichnung © Groll Verlag, München

6. Verbinde den Schnittpunkt dieses Kreises mit dem Lot BB' mit M. Diese Linie schneidet das erste Drittel aus dem Winkel heraus.

Das Delische Problem hat Groll genauso genial und einwandfrei gelöst. Werden ihm die geometrischen Meisterleistungen dazu gereichen, daß sich wenigstens einige von denen auf ihn stürzen, die bei jeder Gelegenheit betonen, wie sehr sie sich um die Förderung brauchbarer Ideen bemühen? Wohl kaum. Wer möchte schon etwas mit einem Perpetuum-mobile-Bauer und Kreisquadrierer zu tun haben?

Wie wenig Grolls Geometriearbeiten der Fachwelt wert sind, mögen zwei Antworten beleuchten, die er auf die Bitte nach Prüfung seiner Aussagen erhielt. Prof. Dr. Ucsnay vom Mathematischen Institut der Universität Bonn schrieb am 3. Februar 1977:

„Aus zeitlichen Gründen ist es uns leider nicht möglich, uns genauer mit Ihrer Arbeit vom 30. 10. 76 zu beschäftigen. Wir empfehlen Ihnen, direkten Kontakt mit einem Fachmann für „Näherungskonstruktionen für die Dreiteilung eines Winkels" aufzunehmen. Hinweise hierzu finden Sie z. B. in H. Tietze: Gelöste und ungelöste Mathematische Probleme (2. Auflage), Band I, S. 210, Anmerkung 8."

Und der Diplom-Mathematiker M. Gottschalk aus dem Fachbereich „Mathematik" der Frankfurter Johann Wolfgang Goethe Universität ließ Groll mit Brief vom 26. Oktober 1976 u.a. wissen:

„Die in Ihren Augen ‚fruchtlosen Bemühungen' (einer Mrs. Schwerdt, Anm. des Verfassers) sind mir vollständig zu eigen, da man etwas nicht verstehen kann, was nicht möglich ist."

Groll hält sich weder für einen Weltverbesserer noch für einen Revoluzzer. Er sieht, daß er die Entwicklung abwarten muß, aber, so sagt er, der gottgewollte Fortschritt läßt sich weder dirigieren noch aufhalten. Und so hält er es für möglich, daß noch zu seinen Lebzeiten seine Mitbürger entweder durch Bürgerinitiativen oder durch Katastrophen darauf gestoßen werden, daß es eine Alternative zur jetzigen Energiegewinnung gibt: seinen Wärmetransformator.

Ich verstehe Groll, wenn er nach großer Lebensleistung, die nicht gewürdigt wurde, jetzt als Rentner darauf wartet, daß man ihn ruft und ihm wenigstens das bietet, was andere „kraft Amtes" erhalten, ohne daß sie einen Leistungsbeweis dafür erbringen müssen. Es könnte erschüttern, wenn einer wie Groll dahin getrieben wird, daß er verlangt: „Erst Geld zusichern, wenn ich mein Wissen preisgeben soll." Gemessen an der heutigen Praxis der Erzeugung und Verschwendung von Energie und der Mittel, die in die Energieforschung gesteckt werden, klingt das aber gar nicht einmal so unvernünftig.

Nutzbares Wärmespiel um den Curie-Punkt

Erfindungen, die Energiewandler zum Inhalt haben, bei denen das Phänomen der Curie-Temperatur genutzt werden soll, waren schon von den großen Erfindern und Elektrotechnikern Nikola Tesla (1856–1943) und Thomas A. Edison (1847–1931) gemacht worden. Beide erwarben Schutzrechte auf Generatoren, die dadurch Strom erzeugen sollten, daß Magnete über den später so genannten „Curie-Punkt“ oder die „Curie-Temperatur“ hinweg erhitzt und wieder abgekühlt werden: Tesla am 13. Mai 1890 (US-Patent Nr. 428057) für seinen „Pyromagneto-Electric Generator“, Edison mit dem US-Patent Nr. 476983 vom 14. Juni 1892 für einen „Pyromagnetic Generator“. Zwei von Tausenden von Patenten, um die sich niemand mehr gekümmert hat; von Tesla sind darüber hinaus wichtige Erkenntnisse zur Elektrizität allgemein in Vergessenheit geraten.

Waldemar Kurherr in Düsseldorf möchte, wie viele andere, die Abwärme von Kraftwerken, aber auch Erdwärme und andere Wärmeströme niederer Temperaturen zur Stromerzeugung heranziehen. Anfang 1977 meldete er im In- und Ausland mehrere Energiewandler zum Patent an, die, wie Teslas und Edisons Maschinen, auf dem seit 1895 bekannten „Curie-Punkt-Phänomen“ basieren.

Dieses besagt, daß alle ferromagnetischen Körper oberhalb einer für jeden Stoff charakteristischen Temperatur ihre magnetischen Eigenschaften verlieren. Der Übergang vom Ferromagnetismus zum Paramagnetismus eines Stoffes vollzieht sich zwar jeweils in einem bestimmten Temperaturbereich, bei entsprechenden Legierungen läßt sich dieser jedoch sehr klein halten. Und was mindestens so wichtig ist: Die Curie-Temperatur kann sehr niedrig liegen, z. B. weniger als 50 °C betragen, und läßt sich durch Wahl des Werkstoffes an die Temperaturen der verfügbaren Wärmeströme anpassen.

Damit ist das Prinzip schon angedeutet, nach dem der von Kurherr vorgeschlagene „Hydrothermic Energy Converter“ (US-Patent 4230963) arbeiten soll. Platten aus ferromagnetischem Material werden abwechselnd magnetisiert und entmagnetisiert, indem sie abgekühlt und wieder erwärmt werden. Die Platten bilden Kammern, die radial in einem geschlossenen Kreis angeordnet sind. Von zwei benachbarten Kammern wird jeweils eine von kaltem, die andere von warmem Wasser oder anderen Medien durchflossen. Allerdings nicht kontinuierlich, sondern über Ventile zwangsweise gesteuert, die ein den Kammerkreis berührungslos überstreichender Rotor beeinflußt. Dieser gerade, zweiarmige Läufer trägt an jedem Ende einen Dauermagneten oder einen Elektromagneten, die ungleichnamig gepolt sind. Auf diese Weise ist der Rotor gezwungen, sich von einer magnetisierten

Kammerwand zur nächsten „weiterzuhangeln". Immer dann, wenn er sich in den Anziehungsbereich einer magnetisierten Kammerwand hineinbewegt hat, sorgt ein Warmwasserstrom für deren Entmagnetisierung, damit sie den Rotor auch wieder losläßt. Ähnlich einem Elektromotor gibt es also auch hier neben dem Rotor einen Stator, nämlich die kreisförmig angeordneten Kammern.
Energiewandler, wie von Kurherr vorgeschlagen, könnten mit großen Durchmessern, z. B. 50 m, gebaut werden. Mit der Welle des Rotors wäre ein Generator zu verbinden. Zwischen beide müßte ein Übersetzungsgetriebe geschaltet werden, da der Rotor die zur Stromerzeugung üblicherweise benötigten Drehzahlen nicht liefern kann. Schwierigkeiten dürfte vor allem der gewünschte schnelle Wechsel der kalten und warmen Ströme durch die Kammern bereiten. Der Erfinder hält dafür Lösungsvorschläge bereit, auf die aber hier nicht eingegangen werden kann. – Einer Meldung der sowjetischen Nachrichtenagentur APN vom März 1976 über ein „sonnengetriebenes Rad" läßt sich übrigens unschwer entnehmen, daß man dort schon sehr weit ist mit einem „magnetothermischen Motor".
In einer Pressemitteilung vom 19. April 1978 verkündete die Kernforschungsanlage Jülich, einen wie oben beschriebenen Energiewandler gebaut zu haben und einen entsprechenden Prototyp vorführen zu können. Das Modell, gezeigt auf der Hannover-Messe 1978, sei von Prof. Pollermann konzipiert und mit Hilfe der KFA-Lehrwerkstatt gebaut worden. Leider wird nach Kurherrs Recherchen an der KFA Jülich das ferromagnetische Material der Rotorplatte, das einen Curie-Punkt von 70 °C hat, nur bis auf 55 °C erwärmt, so daß nur eine teilweise Entmagnetisierung der Rotorplatten erreicht wird, was selbstverständlich zu einem entsprechend geringen Wirkungsgrad führt. Mit einer wirtschaftlichen Erzeugung von Energie sei nach diesem Prinzip nicht zu rechnen, heißt es denn auch am Schluß der Pressemitteilung. Über einen Wirkungsgrad des Modells und denkbarer größerer Maschinen war nichts zu lesen. Berechnet nach Carnot, dem angeblich auf alle Maschinen, bei denen Wärme vorkommt, anwendbaren Kardinalmaßstab, wird er gewiß verschwindend gering sein.
Der Mathematiker Kurherr war über ein Jahrzehnt auf dem Gebiet der Kernphysik tätig. Am Institut für Bio-Medical Engineering and Electronics der Universität von Toronto arbeitete er an der Entwicklung einer Gammastrahlenkamera. Beim kanadischen Department of Health, Radiation Protection Division, sowie bei der Strahlenmeßstelle des Arbeits- und Sozialministeriums von Nordrhein-Westfalen, war Kurherr mit der Strahlenschutzüberwachung beim Umgang mit radioaktiven Stoffen beschäftigt. Er kann auf über 100 Patente bzw. Patentanmeldungen verweisen, die die unter-

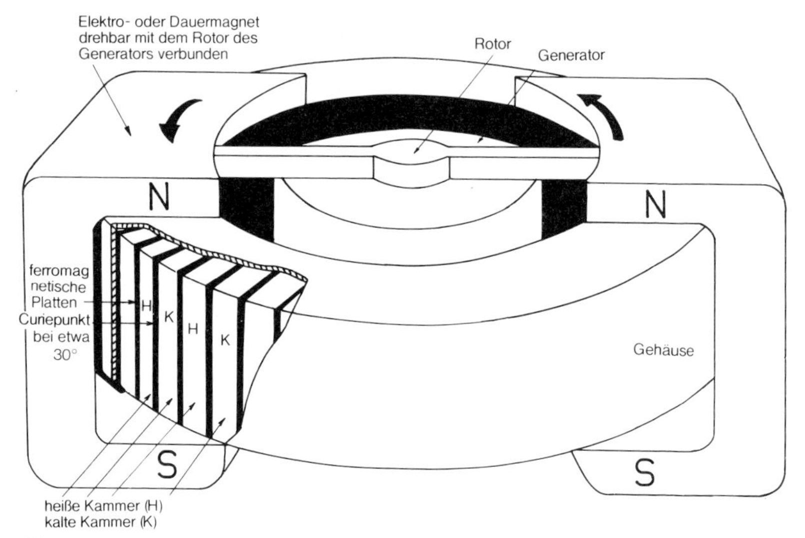

Das Phänomen „Curie-Punkt" besagt, daß alle ferromagnetischen Körper bei Überschreiten einer für jedes Material charakteristischen Temperatur ihre magnetischen Eigenschaften verlieren. Es ist naheliegend, flüssige oder gasförmige Medien unterschiedlicher Temperaturen, die sehr niedrig liegen können, dadurch zur mechanischen Arbeitsleistung heranzuziehen, daß man ferromagnetische Elemente einem „Wechselbad" von kalt und warm aussetzt. Waldemar Kurherr, Mathematiker und vielseitiger Erfinder, stellt sich das prinzipiell so vor, wie hier gezeigt. Eine entsprechende Patentanmeldung liegt vor. Auf diese Weise könnte niedrig temperierte Abfallwärme zum Antrieb eines elektrischen Generators genutzt werden, der mit dem Rotor des „Curie-Wandlers" zu koppeln wäre.

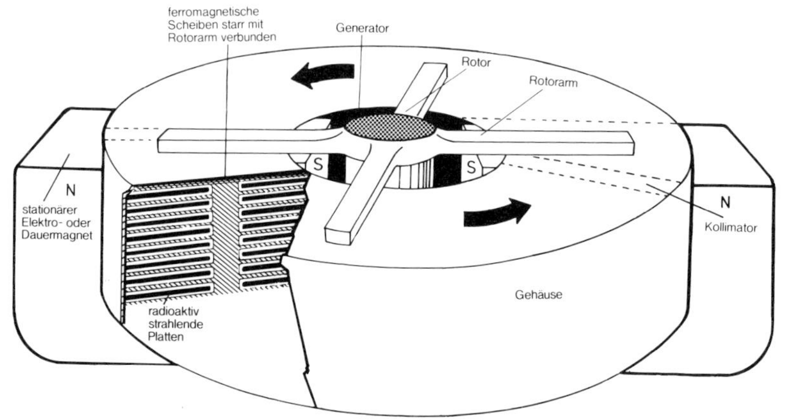

Entmagnetisierend auf ferromagnetische Körper wirkt nicht nur Wärme, sondern auch radioaktive Strahlung. Waldemar Kurherr, der dieses Phänomen entdeckte, meldete daraufhin einen entsprechenden Energiewandler zum Patent an, der im Prinzip so aufgebaut sein könnte, wie dieses Bild zeigt.

schiedlichsten Gebiete betreffen, u.a. das erste in Deutschland konzipierte und implantierbare künstliche Herz. Er entdeckte durch logische Deduktion einen neuen physikalischen Effekt, der von ihm auch experimentell nachgewiesen wurde: Ferromagnetische Stoffe im magnetisierten Zustand, wie Dauermagnete, können durch eine entsprechend energiereiche Strahlung entmagnetisiert werden. – Magnetische Spinmomente in einem magnetisierten ferromagnetischen Molekulargitter sind bekanntlich nach einer magnetischen Vorzugsrichtung orientiert. Energiereiche Strahlung, Gammastrahlung etwa, hebt durch Kompensierung diese Vorzugsrichtung auf.
Kurherr, der mit dem Raketenpionier Rudolf Nebel und mit Wernher von Braun auch Raumfahrtprojekte für die NASA bearbeitet hat, plante solche mit Radionukliden arbeitende Energiewandler vorzugsweise für Raumfahrzeuge, die in sonnenfernen Räumen operieren, wo man nicht auf Solarzellen zurückgreifen kann. Der von Kurherr ersonnene, mit Radionukliden arbeitende Energiewandler bezeichnet eine grundsätzlich neue Art der Energiegewinnung. Die vom Deutschen Patentamt in den wichtigsten Industrieländern angestellten Recherchen ergaben, daß überhaupt keine Patentliteratur auf diesem Gebiet existiert.
Kurherr hat mehrere Energiewandler zum Patent angemeldet, die die Strahlungsenergie von Radionukliden in elektrische Energie umsetzen. Damit leistet dieser Erfinder gleichzeitig einen konstruktiven Beitrag zur Kritik an der Atomkraftwerkstechnologie. Für Kurherr war es immer schon unverständlich, daß man die beim Kernspaltungsprozeß anfallende Wärme, die genaugenommen eine Verlustwärme ist, als wichtigste Energieform ansieht, die wertvollen, energiereichen Radionuklide dagegen unter großen Aufwendungen als radioaktiven Müll verwirft. Es sei ein Schildbürgerstreich, die Radionuklide als Abfallprodukte zu behandeln und das Abfallprodukt Wärme als Hauptprodukt zu nutzen.

Nutzenergie via Piezo-Effekt

Den Gebrüdern Curie verdanken wir neben der Erforschung des Curie-Punkt-Phänomens durch Pierre Curie die Entdeckung des piezoelektrischen Effekts. Dieser besagt, daß an den Grundflächen gewisser Kristalle dann elektrische Ströme auftreten, wenn man das Material unter Druck deformiert. In diesem Effekt sieht der Japaner Kaoru Murakami eine Möglichkeit, nutzbare Energie zu gewinnen. Eine von ihm erdachte Anlage dazu ist am 20. Juli 1972 unter der Nummer 2165124 vom Deutschen Patentamt offengelegt und damit zur Diskussion gestellt worden.

Murakami verblüfft gleich mit der Einleitung zum Patentantrag. Dort heißt es: „Auf der Basis der Hypothese, daß eine „ständig arbeitende Sekundärmaschine“ nach dem zweiten Hauptsatz der Thermodynamik nicht geschaffen werden kann, wurde bisher angenommen, daß der maximale Wirkungsgrad jeder Wärmekraftmaschine auf die nach dem Carnotschen Prinzip festgelegte Grenze beschränkt ist. Die Erfindung ermöglicht dagegen die Schaffung einer neuartigen Wärmekraftmaschine mit hohem, mit den herkömmlichen Wärmekraftmaschinen nicht vergleichbarem Wirkungsgrad durch Anwendung neu aufgestellter Bedingungen als Ergebnis einer sorgfältigen Überprüfung der Hypothese unter entsprechender Berücksichtigung der bisher auf dem Gebiet der Thermodynamik entwickelten Theorien.“

Als „neu festgelegte Bedingungen“ werden genannt:
A) Das System muß konstantes Volumen besitzen.
B) Der das System füllende Stoff muß die Bedingung erfüllen, daß eine spezifische Wärme für konstantes Volumen etwa gleich groß oder kleiner ist als das Produkt aus dem spezifischen Volumen und dem Verhältnis von kubischem Ausdehnungskoeffizienten zu isothermischem Kompressibilitätskoeffizienten innerhalb des Bereichs der in Frage kommenden Temperaturen.

Die hier gemeinten Temperaturen sollen vorwiegend denen der Umgebungsluft, des Leitungs- und Flußwassers entsprechen, können aber auch sehr hoch liegen. Die an der Außenseite des geschlossenen Systems aufgenommene Wärme, das ist Murakamis Kerngedanke, soll in dem System als Druckenergie gespeichert werden. Zur konstruktiven Lösung der Wärmeeinleitung und der Nutzenergieabnahme bietet Murakami zahlreiche Vorschläge an. Auf sie kann hier ebenso wenig eingegangen werden wie auf die seitenlangen mathematischen Ableitungen, die letzten Endes die beschränkte Gültigkeit des 2. Hauptsatzes belegen sollen. – Mit der schnellen „wissenschaftlichen“ Antwort: „geht nicht“ wird man Murakamis Gedanken sicherlich nicht gerecht werden können.

Vom „Goldfolieneffekt" zum Perpetuum mobile

1914 war der Schwede Baltzar von Platen 16 Jahre alt und Schüler. Als er am Morgen des Heiligen Abends erwachte, fror er in seinem kalten Schlafzimmer. Wahrscheinlich, so erinnerte er sich später, hatte der Traum, der ihn in dieser Nacht beschäftigte, auch etwas mit der unbehaglichen Zimmertemperatur zu tun. Es ging irgendwie um Hitze und Kälte und, was das Bedeutendste war, ein Perpetuum mobile wurde ihm offenbart. Von Platen gebraucht das Wort „Geist", um das, was ihm in diesem Traum begegnete, wenigstens verbal fassen zu können. Nie zuvor hatte er etwas von einem „Perpetuum mobile 2. Art" gehört, und Spiritualist oder Theosoph sei er ganz gewiß nicht gewesen. Seinen beiden Klassenkameraden Gunnar Reiland und Karl Weigl beschrieb er einige Tage später, wie ihm der „Geist" geheißen habe, sein Schlafzimmer zu heizen. Diese Maschine könne nicht funktionieren, befand Reiland, denn sie verstoße gegen den 2. Hauptsatz. Von Platen hatte mit schlafwandlerischer Sicherheit das ihr zugrunde liegende Prinzip aufgezeichnet, 1978 fand es unverändert Eingang in das US-Patent Nr. 4.084.408.
Die nächtliche Vision kurz vor Weihnachten 1914 beschäftigt von Platen bis heute. Zunächst nahm er für einige Monate Abschied von der Schule, um tiefer darüber nachdenken zu können. 1917 immatrikulierte er sich an der Universität Lund bei dem Professor für Physik Manne Siegbahn, nicht zuletzt, um Carnots Gleichung, die er auch selbst gefunden hatte, wissenschaftlich zu überprüfen. Es kam zum Krach mit dem nur zehn Jahre älteren Lehrer, der selbstverständlich die Gültigkeit des 2. Hauptsatzes beschwor. Von Platen nannte ihn in seinem jugendlichen Übermut einen begriffsstutzigen Intellektuellen, dem man den Nobelpreis verleihen sollte. Siegbahn wurde diese Ehre tatsächlich zuteil. Beider Wege trennten sich, aber der ungeliebte Professor trat von Platen danach noch mehrmals mächtig in den Weg, wodurch sich u. a. auch die Realisierung des „erträumten" Perpetuum mobile verzögerte.
Von Platen wurde ein erfolgreicher und bekannter Erfinder. An der Königlichen Technischen Hochschule Stockholm gewann er den Thermodynamikprofessor Edvard Hubendick zum Freund. Freundschaft schloß er auch mit dem Kommilitonen Carl Munters; mit ihm zusammen erfand von Platen 1922 den „Kühlschrank ohne bewegliche Teile". Er ist bis heute die Alterna-

tive zu dem von Carl von Linde erfundenen Kompressorkühlschrank geblieben, der in unseren Haushalten verbreitet ist. Von Platens und Munters' Erfindung gab das Kühlaggregat für die „Elektrolux"-Kühlschränke ab, die Wenner-Gren zu einem Weltartikel machte. Hätte er, so von Platen heute, die angemessene Erfindervergütung in Höhe mehrerer Millionen Dollar erhalten, wären wir mit seinem Perpetuum mobile längst vieler Energiesorgen ledig. Sein Privatleben habe er kriminellen Geschäftspraktiken opfern müssen, sagt der alte Mann. Als die Geschäftsführung von Elektrolux eine von ihm vorgeschlagene fundamentale Verbesserung am Kühlschrank zu beraten hatte und ablehnte, habe er während der entscheidenden Sitzung buchstäblich um sein Leben fürchten müssen. Siegbahn war zu dieser Zeit technischer Berater von Elektrolux.

Noch eine zweite Erfindung, mit der sich von Platens Erfindergeist aber keineswegs erschöpfte, wirft ein Glanzlicht auf diesen begnadeten Genius. Als 1953 der ASEA-Konzern die ersten künstlichen Diamanten der Welt herstellte, entstanden diese auf einer Maschine, die von Platen gehörte und die in seinem Laboratorium gebaut worden war. Mehr als 20 Jahre zuvor hatte er damit begonnen, über die Frage nachzudenken, wie man synthetische Diamanten herstellen könnte. Auch diesmal stand Ungewöhnliches am Anfang, typisch für den schöpferischen Menschen: Als Student in Lund, wo er Mathematik, Physik und Astronomie studierte, fragte er sich, warum das Laub des wilden Weines im Herbst rot wird. Nach der Diskussion mit einem biologisch interessierten Freund schrieb er dazu in einer Fachzeitschrift für Hochdrucktechnik:

„Vor Millionen von Jahren hat der Demiurg die Blätter des wilden Weins gelehrt, wie sie noch einige Zeit dem Tode Leben abringen können. Die Blätter werden rot, nicht, weil sie sterben, sondern weil sie nicht sterben wollen."

Ein Abfallprodukt der Diamantenmaschine, deren Arbeitsraum hochdicht sein, hohen Temperaturen und riesigen Drücken standhalten muß, wurde ein nicht tropfender Wasserhahn. Man wird an die Bratpfanne erinnert, die beim Raumfahrzeugbau abfiel und ist versucht zu konstatieren: Um Nützliches für den Alltagsgebrauch zu gewinnen, braucht man nicht unbedingt Weltraumfahrt zu betreiben.

Baltzar von Platen, der viele Jahre zurückgezogen in seinem Laboratorium in einem königlichen Stockholmer Jagdschloß lebte, heftete im März 1975 einen Zettel an sein Haus in Ystad: „Journalisten willkommen", war darauf zu lesen. Ihnen erläuterte er, was sich hinter dem schlichten Titel seiner Patentanmeldung „Verfahren zur Gewinnung von Energie durch einen thermodynamischen Kreisprozeß" verbarg. Das Echo war groß, auch in der wissenschaftlichen Welt. Soweit bekannt, blieb Spott bisher aus. In einem Brief vom

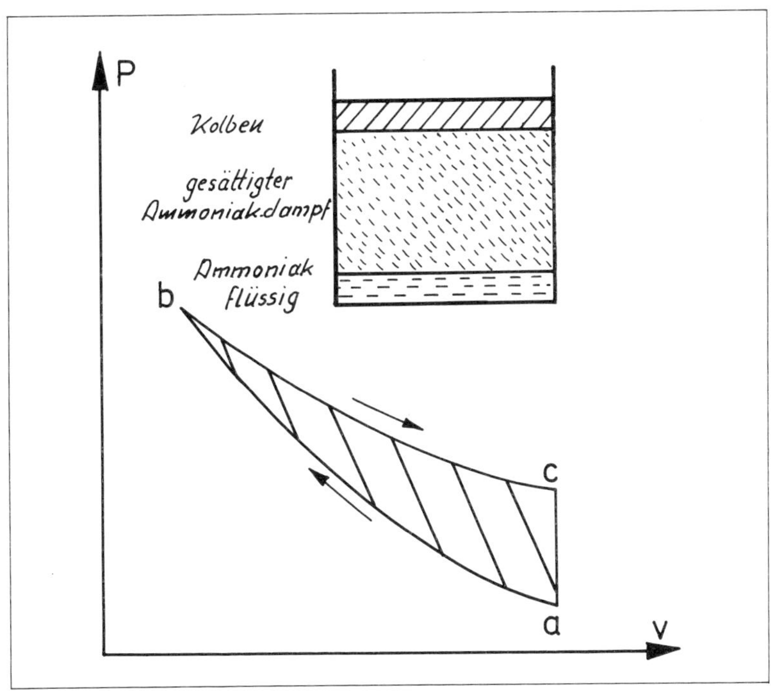

Prinzipschaubild zum Von-Platenschen-Kreisprozeß. Der dargestellte Zylinder zeigt den Zustand am Punkt a, an dem das System noch nicht unter dem Druck eines in den Zylinder gepumpten Edelgases steht.

Juli 1975 schrieb von Platen: „Niemand hat einen Fehler finden können, hervorragende Wissenschaftler stehen hinter mir. Kleine Wissenschaftler haben bisher nur Zirkelschlüsse zustande gebracht."
In einem noch nicht veröffentlichten Buchmanuskript, dem die nachfolgenden Absätze sinngemäß entnommen sind, benennt von Platen zahlreiche renommierte Wissenschaftler, die seine Theorie zu einem Perpetuum mobile in den letzten Jahren eingehend studiert haben. Darunter die Gelehrten Freier, Nir, Opi, Shavit und Dostrovski vom israelischen Weizmann-Institut, Stig Lundqvist, Professor für Theoretische Physik in Göteborg sowie die Stockholmer Professoren Sven Brehult und Göran Grimvall. Niemand habe ihm einen Fehler bei seinen Überlegungen nachweisen können. Eine Garantie, daß die Maschine auch wirklich wie vorgeschlagen funktioniert, kann natürlich keiner der Gutachter abgeben. Die Maschine selbst muß überzeugen, und daß sie das könnte, davon wiederum ist von Platen überzeugt.

Zum generellen Verständnis des von ihm gefundenen, „kostenlos" Arbeit leistenden Prozesses verweist von Platen auf den französischen Chemiker Henri Louis Le Chatelier (1850–1936), der 1888 das folgende nach ihm benannte Prinzip aufstellte: Unter äußeren Einflüssen verschiebt sich ein chemisches Gleichgewicht stets in Richtung des kleinsten Zwanges. (Zitiert nach der Brockhaus-Enzyklopädie, Ausgabe 1970.) Nach von Platen antwortet danach ein physikalisches oder chemisches System, auf das ein physikalischer oder chemischer Prozeß A einwirkt, mit einem Prozeß B, der den Effekt des Prozesses A zu minimieren trachtet.
Und nun von Platens Perpetuum-mobile-Kreisprozeß, schematisiert dargestellt in einem Zylinder, der von einem Kolben dicht abgeschlossen ist:
Der Boden des Zylinders ist mit flüssigem Ammoniak bedeckt. Über der Flüssigkeit befindet sich gesättigter Ammoniakdampf; seine Moleküle, die α-Moleküle, verbleiben im Dampfzustand während des gesamten Kreisprozesses. Der Gasraum des Zylinders habe das Volumen v_a, in ihm herrscht der Druck p_a, die Flüssigkeitsmenge ist mit q_x bezeichnet.
Nun werde ein Edelgas, z. B. Argon, in den Zylinder gepumpt; der Prozeß A im Sinne von Le Chatelier. Der Druck im Zylinder steigt, aber es wird dafür gesorgt, daß die Temperatur gleichbleibt, etwa auf Umgebungsniveau. Das System „Ammoniak flüssig/dampfförmig" versucht mit einem Prozeß B auf den Prozeß A, die Druckerhöhung, zu reagieren. Mit zunehmendem Druck verdampft mehr Ammoniak; β-Moleküle gesellen sich zu den α-Molekülen, obwohl der Gasraum bereits mit gesättigtem Ammoniakdampf gefüllt ist. Dieses Phänomen sei seit Jahrzehnten bekannt, betont von Platen. Da sich das Flüssigkeitsvolumen verringert, steigt der Druck nicht entsprechend dem eingepumpten Edelgas, dem ein um das Volumen der verdampften Flüssigkeit vergrößerter Raum zur Verfügung steht.
Die entstehenden β-Moleküle andererseits vermögen den Gesamtdruck nicht zu erhöhen, denn das würde ja bedeuten, daß sie auf die Ursache ihrer Entstehung – die Steigerung des Gasdruckes – wiederum verstärkend zurückwirken würden. Der dominierende Effekt ist, auch entsprechend Le Chatelier, die Vergrößerung des Dampfvolumens.
Der Arbeit liefernde Kreisprozeß nach von Platen beginnt an dem Punkt a (im Druck-Volumen-Diagramm, p, v-Diagramm), der so gewählt wird, daß die gesamte Flüssigkeitsmenge q_x zu β-Molekülen verdampft ist. Jetzt wird der Kolben langsam in den Zylinder hineingedrückt, das Dampfraumvolumen verringert sich auf v_b, der Druck im Zylinder steigt auf p_b. Dabei gehen die β-Moleküle wieder in den flüssigen Zustand über. Sobald alle diese Wandlung vollzogen haben, das ursprüngliche Flüssigkeitsvolumen also wieder erreicht ist, werde die Kolbenbewegung gestoppt.

Die nächste Phase wird mit einem Trick – im Gedankenexperiment – eingeleitet: Eine dünne Goldfolie werde über den flüssigen Ammoniak geschoben. Gasmoleküle können nun nicht mehr in den Dampfraum eintreten. Läuft der Kolben jetzt in seine Ausgangslage zurück, sinkt der Druck entsprechend der Kurve $p_b - p_c$.
Das Entfernen der Goldfolie führt zur letzten Prozeßphase, die den Kreisprozeß schließt. Die gasförmigen β-Moleküle können wieder in den Gasraum eindringen, das Flüssigkeitsvolumen nimmt auf Null ab, der Druck im Zylinder sinkt bei gleichbleibendem Volumen von p_c auf p_a. Gewonnen wurde bei dem Gesamtprozeß eine Arbeitsmenge, die der von dem Kurvenzug a–b–c im p, v-Diagramm umschriebenen Fläche entspricht. Eine Nutzarbeit ergibt sich auch, wenn man anstelle der Drücke mit Wärmemengen rechnet: Verdampft eine Flüssigkeit, so ist die dabei aufgenommene Verdampfungswärme umso geringer, je größer der auf ihr lastende Druck ist. Da bei dem geschilderten Kreisprozeß während der Kondensation von a nach b ein höherer Druck herrscht als bei der Verdampfung entlang c–a (bei gleichbleibendem Volumen), wird bei der Verdampfung der β-Moleküle mehr Wärme aus der Umgebung aufgenommen als bei der Kondensation frei wird. Das bedeutet einen Arbeitsgewinn, erzielt mit einem offenen System aus der unbegrenzt und kostenlos verfügbaren Umgebungswärme.
Mit diesem Hinweis, daß es sich bei dem von Platenschen Kreisprozeß mit „Goldfolieneffekt" um einen „offenen Prozeß" handelt, ist im Sinne dieses Buches der wichtigste Kommentar bereits gesprochen. Auch dieser Prozeß ist ein Beispiel dafür, daß die Clausiussche Wirkungsgradformel $\eta = \frac{T_1 - T_2}{T_1}$ nicht genügt, um Aussagen über die Effizienz aller Nutzarbeit liefernder thermodynamischer Prozesse zu machen. Sie ist z. B. nicht auf Flüssigkeiten anwendbar, sie versagt, wenn die Arbeitsleistung mit Phasenübergängen, wie Kondensation und Verdampfung verbunden ist. Sie läßt die „innere Energie" der Stoffe, die stoffspezifisch und auch eine „bewegende Kraft" (in Anlehnung an Carnots Formulierung von der „bewegenden Kraft des Feuers") ist, so gut wie gänzlich außer acht.
Von Platen weiß seit Jahrzehnten, daß die „innere Energie" bei Ammoniak eine andere ist als etwa bei Wasserdampf, und wie sie sich in Nutzarbeit verwandeln läßt. Mit verschiedenen Versuchsapparaturen hat er in Hunderten von Experimenten die Richtigkeit seiner theoretischen Überlegungen bestätigt gefunden. Ein praktisch nutzbares Perpetuum mobile würde er selbstverständlich nicht mit einer Goldfolie und nicht mit so „primitiven" Maschinenelementen wie Hubkolben verwirklichen wollen, wie das die hier wiedergegebene Schilderung des Verfahrens nahelegen könnte. Neuartige konstruk-

tive Gestaltungsmöglichkeiten finden sich bereits in seiner amerikanischen Patentschrift aus dem Jahre 1978. Noch hat sich kein zweiter Wenner-Gren zu von Platen gesellt. Das Öl ist eben noch zu billig, zu reichlich vorhanden, und Harrisburg war erst eine Beinahe-Katastrophe.

Elektrische Maschinen sind ein Zusatzstudium wert

Geheimnisvolle EMK

Die Vielzahl der in jüngster Zeit bekanntgewordenen, patentierten und nicht patentierten Vorschläge zu neuartigen elektrischen Generatoren und Motoren sind ein deutlicher Hinweis darauf, daß unsere elektrischen Maschinen noch sehr entwicklungsfähig sein dürften. Als Generatoren dürften sie noch wesentlich günstiger Strom erzeugen können als heute, als Motoren den Strom bedeutend wirtschaftlicher in mechanische Arbeit umsetzen können. Wer meint, diese Vorstellungen entstammen den Hirnen unverbesserlicher Spinner, den stimmt vielleicht der amerikanische Exxon-Konzern nachdenklich. Aus diesem Hause stammt zunächst die Feststellung, daß der Asynchronmotor Amerikas größter Energieverbraucher sei. Im Mai 1979 gingen Meldungen durch die Presse, wonach die Exxon Corporation, einer der Ölmultis, einen computergesteuerten Strombedarfsregler für Elektromotoren vorgestellt habe, der deren Stromverbrauch um 20 bis 50 Prozent verringern könnte.
Erfunden wurde der „Alternating Current Synthesizer“ von Richard H. Baker, der am Massachusetts Institute of Technology (MIT) arbeitete und jetzt als ständiger Berater für Exxon tätig ist. Sollte es schon in Kürze, wie von Exxon angedeutet, zur serienmäßigen Herstellung dieses Reglers kommen, würde das die Energiesituation kolossal entschärfen. In den USA, so war zu lesen, werden 60 Prozent der elektrischen Energie von Elektromotoren konsumiert. Ließe sich deren Verbrauch um die Hälfte senken, könnte man getrost auch auf die Energielieferung des letzten Kernkraftwerkes verzichten.
Man muß sich fragen, ob die Theorie, die unseren elektrischen Maschinen zugrunde liegt, nicht mit Hilfe neuerer Erkenntnisse der Quantenmechanik wenigstens stellenweise revidiert werden müßte. Die Elektromotorische Kraft (EMK) beispielsweise wird immer noch mit Vorstellungen aus der Newtonschen Mechanik erklärt. Dort setzt bekanntlich die Trägheit einer Masse der Änderung ihres Zustandes, etwa ihrer Geschwindigkeit, einen Widerstand entgegen. Analog zu dieser Massenträgheit, so heißt es im Lehrbuch, träten eben auch bei einer Änderung des magnetischen Flusses Träg-

heitserscheinungen auf. Bei einem Generator müsse bei konstanter Umfangsgeschwindigkeit die EMK proportional zur Induktion ansteigen, beim Elektromotor verhalte es sich mit der Gegen-EMK ähnlich.
Mit dem nach ihm benannten Gesetz lieferte H. F. E. Lenz 1834 den theoretischen Unterbau zur Stützung der bis heute gültigen Vorstellung von der EMK. „Der erzeugte Strom", so heißt es im „Lexikon der Physik", Ausgabe 1969, „wirkt also mechanisch der Bewegung entgegen; man muß somit eine mechanische Arbeit aufwenden, um den Strom zu erzeugen. Würde er (der Induktionsstrom) die entgegengesetzte Richtung haben, also den Magneten anziehen, so wäre nicht nur keine Arbeit aufzuwenden, um den Strom und damit elektrische Energie zu erzeugen, es würde sogar ein einmaliger Anstoß eine dauernd beschleunigte Bewegung und einen dauernden Strom hervorrufen; es würde also dauernd mechanische und elektrische Energie erzeugt werden. Das widerspricht aber dem Satz von der Erhaltung der Energie."

Da ist es wieder, das 1842 von Robert Mayer veröffentlichte Ergebnis eines „scharfsinnigen Gedankenexperiments", das durch ihn und andere an Hand von Experimenten zum mechanischen Wärmeäquivalent verifiziert wurde. Heute schreiben wir zwar 1 Joule = 1 Wattsekunde = 1 Newtonmeter, aber sind die sich dahinter verbergenden Äquivalente zwischen thermischen, elektrischen und mechanischen Energieerscheinungen in allen Richtungen so überprüft worden, daß sie sozusagen „maschinen- und experimentneutral" sind? Nur dann dürfte man sie ja kompromißlos zur Beurteilung von Neukonstruktionen elektrischer Maschinen heranziehen.
Daß die Lenzsche Regel nicht aus dem Energieprinzip abgeleitet werden könne, legte, um nur eine Gegenstimme zu dem vorangegangenen Zitat anzuführen, H. Hermann 1936 in den Unterrichtsblättern für Mathematik und Naturwissenschaften, Frankfurt, auseinander. Indem er sich u. a. auf Max Planck berief, schrieb er, „daß das Energieprinzip in diesem Falle so wenig wie in jedem anderen imstande sei, einen physikalischen Ablaufsinn zu bestimmen, und daß ein der Lenzschen Regel widersprechender Ablauf, welcher vorhandene Energievorräte aufzehren würde, das Energieprinzip nicht verletzen würde." „Zur Ableitung der Lenzschen Regel ist daher irgendein Mehr an Voraussetzungen erforderlich; z. B. die Kenntnis der Feldgesetze und des elektrischen Aufbaus der Materie."
Mit Sicherheit werden die mit Hilfe der Quantenmechanik in jüngster Zeit erarbeiteten Vorstellungen über das Wesen des Magnetismus' von den verschiedenen Energiegleichungen nicht erfaßt. Mit den Worten „Elektronenspin", „Spintemperatur" und „negative absolute Temperatur" seien sie hier nur angedeutet. Auch auf den Vorwurf hin, aus dem Zusammenhang heraus

zu zitieren, sei nachfolgend ein Passus aus dem im November 1978 in „Spektrum der Wissenschaft“ erschienenen Artikel „Negative absolute Temperaturen“ von W. G. Proctor wiedergegeben:
„Man kann eine positive Spintemperatur in eine negative umwandeln, indem man rasch die Richtung des äußeren Magnetfeldes umkehrt. Alle Atomkerne, die parallel zum Magnetfeld ausgerichtet waren, stehen danach antiparallel. Die Energie des Spinsystems steigt, weil die Mehrzahl der Atomkerne durch die Umkehrung des äußeren Magnetfeldes in das hohe Niveau der antiparallelen Orientierung gerät, aber der Ordnungsgrad und damit die Entropie des Systems bleiben gleich.“
Also auch die „Entropie“ ist nicht mehr das, was sie einmal war und als das sie Gutachter so vielen Erfindern entgegenhalten. Schillernd war dieser Begriff ja immer, mit dem nicht zuletzt der 2. Hauptsatz der Thermodynamik zum Richtscheit über Sinn und Unsinn in Sachen Energiewandlung gemacht wurde.
Daß gerade dem Magnetismus, besonders bei den in jüngster Zeit vorgeschlagenen elektromagnetischen Maschinen (im Gegensatz zu den elektrodynamischen), eine entscheidende Rolle zukommt, ist evident. Warum sollte man ihn und seine Kraftwirkungen rein konstruktiv und unter Verwendung von neuartigen Werkstoffen hoher Permeabilität bei kleinem Erregungsaufwand und geringen Wattverlusten nicht so beeinflussen können, daß die EMK wenigstens teilweise unwirksam wird? Zahlreiche Erfinder scheinen in dieser Richtung erfolgreiche Wege beschritten zu haben. Das Deutsche Patentamt lehnt in der Regel ihre mit den anerkannten Naturgesetzen nicht übereinstimmenden Patentgesuche ab, in England, den USA oder in Japan gibt es in dieser Beziehung erfahrungsgemäß keine Schwierigkeiten. Es dürfte sich lohnen, über mögliche volkswirtschaftliche Konsequenzen nachzudenken, die so etwas zur Folge haben könnte.

Reluktanzmotor ohne passende Theorie

Der Käfigläufermotor ist der am häufigsten gebaute Elektromotor. Er arbeitet nach dem elektrodynamischen Prinzip. Neben ihm gibt es die sog. klassischen Reluktanzmotoren, die nach dem elektromagnetischen Prinzip funktionieren. Sie werden bis heute nur selten eingesetzt, weil sie ungünstige Leistungsgewichte und schlechte mechanische Wirkungsgrade zeigen. In einem Lehrbuch der Elektrizität von Becker/Sauter heißt es zum elektromagnetischen Prinzip: „Während in der Mechanik die Kräfte in solcher Richtung wirken, daß dabei die potentielle Energie abnimmt, daß also die Arbeitslei-

stung auf Kosten dieser Energie erfolgt, zeigen die hier betrachteten elektromagnetischen Kräfte das entgegengesetzte Verhalten, indem sie in solcher Richtung wirken, daß dabei die magnetische Feldenergie zunimmt."
Nach der klassischen Theorie teilt sich die einem Reluktanzmotor zugeführte elektrische Energie je zur Hälfte in mechanische und in gespeicherte elektromagnetische Energie auf. Diese läßt sich aus der Maschine zurückgewinnen und an die Stromquelle zurückleiten. Die Ford Motor Company erreichte bei derartigen Versuchsmaschinen Gesamtwirkungsgrade von über 90 Prozent.
Auf dem Pariser Automobilsalon 1968 wurde ein kleines Elektrofahrzeug vorgeführt, das von einem Motor angetrieben wurde, der nach seinem Erfinder Jarret benannt wurde. Die patentamtliche Auslegeschrift spricht von einer „elektrischen Maschine mit veränderlichem, magnetischem Widerstand." Die Wicklungen, die sich üblicherweise auf Rotor und Stator befinden, sind beim Jarret-Motor alle im Stator untergebracht. Der wicklungslose Rotor weist Zähne auf, die aus Blechlamellen mit unmagnetischen Zwischenlagen aufgebaut sind. Der Stator besteht hauptsächlich aus Material mit sehr hoher magnetischer Leitfähigkeit.
Bei Bosch und am Institut für elektrische Maschinen II der Technischen Universität Stuttgart wurde ein Reluktanzmotor von Jarret, von dem Daimler-Benz eine Lizenz erworben hat, auf dem Prüfstand gemessen. Er zeigte einen mechanischen Wirkungsgrad von rund 0,9. An der Technischen Universität Hannover hat man den Jarret-Motor theoretisch an einem Ersatzsystem untersucht. Das Ergebnis wurde am 11. Februar 1972 in der schweizer „Technischen Rundschau" veröffentlicht. Dort heißt es: „Der Vergleich einer Magnetanordnung, die (bei sonst völlig gleichen Daten) entweder mit einem Anker aus massivem Eisen oder mit einem Anker Bauart Jarret ausgerüstet wird, zeigt, daß man im Fall des Jarret-Motors das doppelte Drehmoment gegenüber dem klassischen Reluktanzmotor erwarten darf."
Dieses Ergebnis ist keinesfalls überraschend. Schon vor Jahrzehnten wies Prof. Küpfmüller darauf hin, daß sich der mechanische Wirkungsgrad elektromagnetischer Systeme durch Verwendung von Material mit hoher magnetischer Leitfähigkeit bis aufs Doppelte steigern lasse. Nach der klassischen Vorstellung darf in einem solchen Fall keine elektromagnetische Energie mehr in der Maschine gespeichert sein. Weil aber nicht sein kann, was nicht sein darf, erfand die Technische Universität Hannover eine zur klassischen Theorie passende neue Formulierung zum elektromagnetischen Prinzip. Sie lautet: „In einem Magnetfeld in Luft (gemeint ist der Arbeitsluftspalt des elektromagnetischen Kreises) wirkt auf ferromagnetische Stoffe eine mechanische Zugkraft, die den Energieinhalt des magnetischen Kreises zu verrin-

gern bestrebt ist.“ Das nun steht in krassem Widerspruch zu der Formulierung von Becker/Sauter. Es dürfte sich um eine Art letzten Versuch handeln, das „magnetische Paradoxon“ (Prof. Stumpf, Tübingen) doch noch auf klassische Weise zu erklären.

Energierückgewinnung aus dem Elektromotor

Will man aus dem Jarret-Motor die gespeicherte elektromagnetische Energie zurückgewinnen, und tritt man, wie das Erich Vogel aus Filderstadt bei Stuttgart tat, mit einer entsprechenden Erfindungsmeldung an die „Patentstelle für die deutsche Forschung“ bei der Fraunhofer-Gesellschaft heran, dann gerät man dort sofort in den Verdacht, ein Perpetuum-mobile-Erfinder zu sein. In dem Ablehnungsschreiben vom 10. Juli 1973 an Vogel kommt das klar zum Ausdruck: *„Wenn Ihr Erfindungsvorschlag realisierbar wäre, würde es sich um ein Perpetuum mobile handeln. Es dürfte unseres Erachtens erforderlich sein, die zugrunde liegenden Rechenansätze zu überprüfen.“*
Das ist der Grund, warum in der Auslegeschrift 2403126 des Deutschen Patentamtes, die am 29. Juli 1976 bekanntgemacht wurde, keine derartigen Überlegungen mehr angestellt werden. Der gleiche Anmelder ersucht mit dieser „getarnten“ Anmeldung schlicht für eine „Vorrichtung zum Gewinnen elektrischer Energie“ um Patentschutz. Vogel benutzt den Jarret-Motor als Ausführungsbeispiel, um daran seinen „speziellen Reluktanzmotor“ zu erläutern. Er möchte die in so einem Motor induktiv gespeicherte Energie rückgewinnen. Das soll jeweils dann geschehen, wenn die Läuferpole an die Ständerpole herangezogen worden sind. In diesem Moment soll der das Magnetfeld erzeugende Erregerstrom abgeschaltet werden. In einer Zusatzwicklung, die mit dem magnetischen Kreis gekoppelt ist, wird dabei eine Spannung induziert. Die Zusatzwicklung wiederum ist Bestandteil eines Sekundärstromkreises, in dem Verbraucher oder Speicher angeordnet sind.
Die auf diese Weise gewonnene elektrische Energie könnte man in einer Batterie speichern. Man könnte sie aber auch anderen Maschinen zuleiten oder bei mehrreihigen Maschinen andere Läufer- und Statorreihen damit speisen.
Daß es sich bei all dem nicht um Träumereien eines Einzelgängers handelt, beweisen mehrere Einsprüche des schwedischen ASEA-Konzerns gegen die Vogelsche Patentanmeldung. Dort hat man offenbar eine ähnliche Arbeit in der Schublade liegen. Sie dürfte als „Sperrpatent“ benutzt werden, so jedenfalls sieht es Vogel, denn das angemeldete Gerät wird von der ASEA selbst nicht serienmäßig gebaut. – Wie sagte der Leiter der Patentabteilung eines deutschen Großkonzerns? „Wir sind Hyänen.“ Hyänen fressen Aas, und dazu müssen der Erfinder und seine Idee erst einmal gemacht werden.

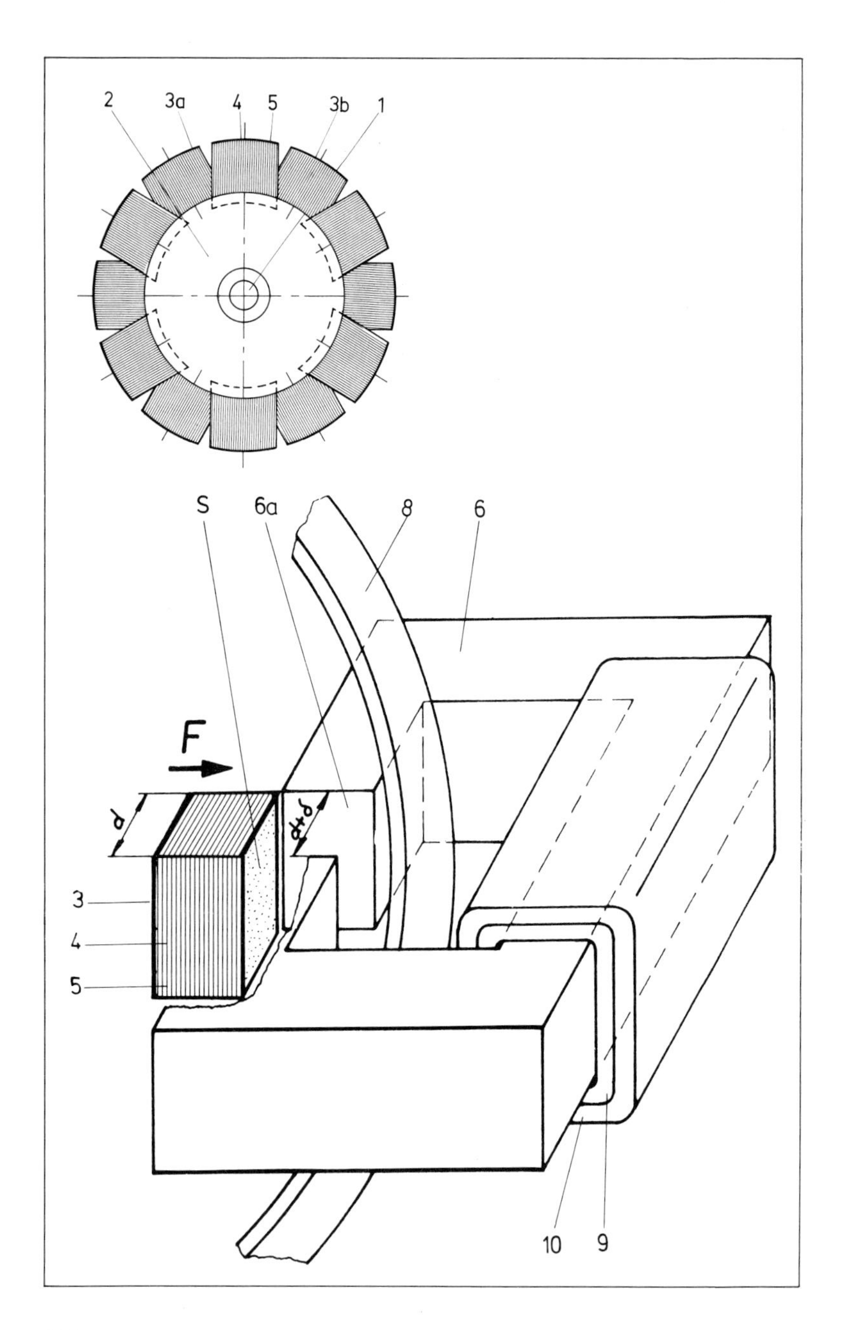
2
3a
4
5
3b
1
S
6a
8
6
F
d
d+δ
3
4
5
10
9

Vogel hat inzwischen den Kampf gegen die ASEA und gegen das Patentamt aufgegeben. Obwohl ihm wiederholt vom Patentamt bestätigt wurde, daß keine Entgegenhaltungen mehr ermittelt werden konnten und man die Patenterteilung in Aussicht stellen könne, beschloß die Patentbehörde im Oktober 1978, das nachgesuchte Patent auf Grund der ASEA-Einsprüche zu versagen. Die ASEA-Anmeldung DE-OS 2030789, die das Patentamt zuerst nicht einmal für wert befand, sie der Vogelschen Patentanmeldung entgegenzuhalten, wurde plötzlich vom gleichen Amt als unüberwindbare Hürde hingestellt. Dabei ist unschwer zu erkennen, daß die ASEA-Anmeldung, die auf dem von Jarret längst verworfenen Patent DT-PS 1240979 aufbaut, mit der Anmeldung von Vogel keineswegs identisch ist. Das Patentamt aber lehnte mit Schreiben vom 4. Dezember 1978 jede Auskunft zu seinem fragwürdigen Beschluß vom Oktober 1978 ab.
Vogel stellt klar: Weder bei dem alten noch bei dem neuen Jarret-Motor gibt es eine Energierückgewinnung. Der ASEA-Motor entspricht zwar dem ersten Jarret-Motor, kennt aber eine Energierückgewinnung; sein Läufer wird nicht erregt. Sein, Vogels Motor, sei wie der neue von Jarret eine Axialmaschine mit Läufererregung, gewinne aber im Gegensatz zu diesem Energie zurück.
Daß man in solchen Dingen als „David" gegen „Goliaths" zu kämpfen hat, bekam Vogel auch schon bei Eingaben an die angeblich nach Energiealternativen suchende Bundesregierung zu spüren. Diese verteilt zwar Steuermilliarden gleich auf mehrere zweifelhafte Kernreaktorprojekte, lehnte aber die Förderung dieses energiesparenden Elektromotors ab. Der jetzige Bundesminister für Verkehr, Volker Hauff, argumentierte gegenüber Vogel wie folgt: *„Die Bundesregierung geht bei den Forschungsvorhaben für die Entwicklung neuer Energiequellen von den gesicherten physikalischen Erkenntnissen aus. Die Realisierbarkeit des Vorschlags, dem uns umgebenden Strahlungsraum Energie zu entziehen, erscheint zweifelhaft."*
Worte des Ministers Hauff, die dieser mittlerweile für die breite Öffentlichkeit in der Schrift „Energiediskussion" vom April 1979 fand, ringen Vogel

Zeichnungen aus der Patentanmeldung von Erich Vogel, die dessen „speziellen Reluktanzmotor" betrifft. Dieser arbeitet nicht, wie die bekannten Käfigläufermotoren, nach dem elektrodynamischen, sondern nach dem elektromagnetischen Prinzip. Links eine schematisierte Darstellung des Läufers, dessen Pole (3a, 3b) aus Reineisenlamellen (4) und unmagnetischen Zwischenlagen (5) gebildet werden. Das unten dargestellte Ersatzsystem zeigt einen Ständerpol (6) mit Erregerwicklung (9) und Zusatzwicklung (10) sowie einen Läuferpol (3), der durch die für alle Läuferpole gemeinsame, im Ständer untergebrachte Wicklung (8) erregt wird. Diese direkte Erregung der Läuferpole bei einem Reluktanzmotor ist nach den Erkenntnissen von Jarret unbedingt erforderlich, will man einen vernünftigen mechanischen Wirkungsgrad erzielen.

nur noch ein müdes Lächeln ab. Weil sie so wohl gesetzt sind, seien sie hier zitiert:
„Teil der langfristigen Daseinsvorsorge ist es, die Möglichkeiten der regenerativen Energiequellen genau zu untersuchen und Technologien zu deren Nutzung schon jetzt zu entwickeln. Ein hochindustrialisiertes Land wie die Bundesrepublik Deutschland kann sich dieser Aufgabe nicht entziehen."
Die Theorie zu einer Maschine, wie sie Vogel vorschlägt, liefert die Quantenmechanik, speziell das quantenmechanische Modell zum Ferromagnetismus nach Heisenberg und Van Vleck. Die Maschine absorbiert als „offenes System" elektromagnetische Strahlung aus der Umgebung, die reichlich und unerschöpflich vorhanden ist. Daß kostenlose Energie aus der Umgebung absorbiert werden kann, zeigen alle Arten von Wärmepumpen. Deren Wirkungsgrade lägen auch über 100 Prozent, betont beispielsweise Prof. Justi.
Es wird Zeit, daß sich wissenschaftliche Institute eingehender mit der quantenmechanischen Theorie zu derartigen Maschinen befassen. Prof. Stumpf, Direktor des Instituts für Theoretische Physik an der Universität Tübingen, hat zwar ein Staatsexamen zu dem Vogelschen Wandler ausgeschrieben, doch leider meldete sich für diese zweifellos schwierige Aufgabe niemand. Aber erinnern wir uns noch einmal: Die Theorie zur Dampfmaschine fand man auch erst, nachdem sie sich bereits drehte. Aber so „rückständig" wie zu Watts Zeiten sind wir jedoch längst nicht mehr. Prof. John Van Vleck, den man den „Vater des modernen Magnetismus" nennt, erhielt 1977 den Nobelpreis für Physik. Seine Arbeiten haben nach Ansicht von Fachleuten viel dazu beigetragen, das Mysterium des Magnetismus zu erhellen. Dieser läßt sich nach Van Vleck nur durch die rigorose Anwendung der Prinzipien der Quantenmechanik verstehen.

Elektrizität aus der Atmosphäre

Einem Elektromotor, der seit 1973 in den Vereinigten Staaten läuft, testierte der Wissenschaftler Dr. Norm Chalfin vom California Institute of Technology Einmaligkeit in der Welt. Während der übliche Elektromotor, so erklärte er, beständig Strom verbrauche und Energie verschwinden lasse, gehe bei dem neuen System keine Energie verloren. Die elektrische Energie werde nur jeweils während Bruchteilen einer Millisekunde genutzt, die nicht verbrauchte fließe zur erneuten Nutzung in eine Batterie ab. Das US-Patent, das Edwin V. Gray darauf erteilt wurde, trägt den Titel „Pulsed Capacitor Discharge Electric Engine" (elektrische Maschine auf der Basis gepulster Kondensatorentladung).

22 Jahre lang hat Gray darüber gegrübelt, wie er statische Elektrizität zur Verrichtung von Nutzarbeit veranlassen könnte. Der Kondensator, der eine elektrische Ladung speichern und sie auf Befehl freigeben kann, faszinierte ihn. Ferner die Tatsache, daß man elektrische Impulse aussenden und wieder am Sendeort empfangen kann. Schließlich verhalf ihm das Studium der Blitze zu tieferer Einsicht, die ihm um so energiereicher vorkamen, je näher sie dem Erdboden waren.
Das von Gray entwickelte elektromotorische System kann einer Erläuterung zufolge einer Batterie mehr Energie entnehmen als diese speichern kann. Erklärung: Gray zapft das riesige Reservoir an statischer Elektrizität an, das die Atmosphäre festhält. Das gelingt ihm, weil er Kondensatorentladungen mit „Energiespitzen" kombiniert, die aus der statischen Elektrizität der Luft und dem Gleichstrom aus der Batterie gebildet werden.
Gray fand Freunde und Feinde. Hunderte von Anteilseignern brachten zwischen 1957 und 1972 rund 2 Millionen Dollar für seine Motorentwicklung auf. Interesse zeigten zwar auch große Firmen wie Ford, General Motors, General Dynamics und Rockwell International, aber die wollten entweder einen Anteil von 90 Prozent oder nichts. Gray gab ihnen den Laufpaß. Seitdem besteht zumindest der Verdacht, daß seine Erfindung von mächtigen Wirtschaftsinteressen unterdrückt wird. Die Staatsanwaltschaft warf ihm Betrug beim Verkauf von Anteilscheinen vor, die Käufer selbst aber bestritten das. Gray wurde zu einer Strafe von 2500 Dollar verurteilt. Darüber berichtete die „Los Angeles Times", seine Erfindung aber ignorierte sie. Gray meinte dazu abgeklärt, daß das Verschweigen des ersten Motorfluges der Gebrüder Wright durch die Presse wohl doch Schule gemacht habe. Lizenzen konnte er inzwischen sowohl in den USA als auch in Europa verkaufen. Während einer Europareise im Jahre 1978 trug er ein Vorführgerät im Koffer bei sich.
Elektrizität aus der Atmosphäre gewann auch ein Landsmann von Gray, Dr. Thomas Henry Moray aus Salt Lake City. Er lebt nicht mehr, und sein Sohn John, der alle Aufzeichnungen seines Vaters besitzt, hat es schwer, dieses Vermächtnis in eine funktionierende Maschine einmünden zu lassen. 1936 gab es bereits so eine Maschine. Sie erzeugte 50 Kilowatt und wurde von Hunderten bestaunt. Einer von ihnen war der Ingenieur Felix Frazer von der amtlichen Rural Electrification Administration. Ihm fehlte die Souveränität, um die Maschine zunächst einmal schlicht zu bestaunen. Er geriet vielmehr in Zorn ob dessen, was er da sah und zerschmetterte das ganze mit einer Axt. Später wurde Moray auch noch beschossen. Seine Maschine entstand bis heute nicht mehr neu.
20 Jahre hatte Moray an seiner Maschine gebaut, 200000 Dollar investierte

er aus eigener Tasche. Die Energie, die er sich über eine Antenne aus einer natürlichen Quelle holte, nannte er „Radiant Energy“. Nikola Tesla soll ihn dazu inspiriert haben, den Moray einmal wie folgt zitierte: „Durch den ganzen Raum schwingt Energie. Ist diese Energie statisch oder kinetisch? Wenn sie statisch ist, sind unsere Hoffnungen vergebens. Ist sie aber kinetisch, und das wissen wir mit Gewißheit, dann ist es nur noch eine Frage der Zeit, wann es dem Menschen gelingen wird, seine Maschinerie an das Räderwerk der Natur anzuschließen.“
Das Patentgesuch wurde Moray abgelehnt, weil, wie man heute zu wissen glaubt, der Prüfer noch nie etwas von einem Transistor gehört hatte. In einem Vortrag, den Moray am 23. Januar 1962 am Valley State College im kalifornischen Northridge hielt, erläuterte er seine Erkenntnisse und beschrieb seine Maschine. Einige Passagen aus dieser Beschreibung seien hier ausnahmsweise in Englisch wiedergegeben, um Verfälschungen durch die Übersetzung auszuschließen:
"Oscillations by synchronization are started in the first stage of the circuit of the device by exciting it with an external power source such as the difference of potential between two points. The circuit is then balanced through synchronization until the oscillations are sustained by harmonic coupling with the energies of the universe. The reinforcing action of the harmonic coupling increases the amplitude of the oscillations until the peak pulses 'spill' over into the next stage through special detectors or valves which then prevent the return or feedback of the energy from the preceding stage, which oscillate at a controlled frequency and which again are reinforced by harmonic coupling with the ever present energies of the cosmos. That is, the first stage drives a second stage, the second stage drives the third and so son. Additional stages are coupled on until a suitable power level at a usable frequency, voltage and amperage is obtained by means of special resonant oscillators. Once the device is in operation and delivering energy, it does not require the continuance of the original excitation induced by the difference of potential between two points to maintain the oscillations. The oscillations are sustained as long as the circuit is completed through a suitable load."

Nicht-linearen Effekten fehlt die Anerkennung

Männer wie Thomas Henry Moray, so sagt man, seien ihrer Zeit voraus. Die amerikanische Zeitschrift „The National Exchange“, die im Juli 1976 über ihn berichtete, möchte das so nicht stehenlassen. Es sei unmöglich, daß jemand seiner Zeit voraus sei, schreibt sie. Solche Genies seien vielmehr anderen voraus, die einfach nicht zuhören.

Einer, der zugehört und die Lehrbücher eines Feynman, eines Kittel, Krupička, Küpfmüller und vieler anderer sowie die Schriften der „International School of Nonlinear Mathematics and Physics“ studiert hat, ist der mit seinem „speziellen Reluktanzmotor“ hier bereits vorgestellte Mitarbeiter eines deutschen Elektrokonzerns, Erich Vogel. Besonders die Beschäftigung mit dem Gray-Motor veranlaßte ihn zur Abfassung eines Exposés über elektromagnetische Wandler. Die nachfolgenden Hinweise entstammen dieser Abhandlung. Sinngemäß heißt es darin:

Bei dem bekannten Elektromotor, der nach dem elektrodynamischen Prinzip funktioniert, liegt der technische Wirkungsgrad bei maximal 95 Prozent. Dieser Wert läßt sich auch bei gepulster Stromzuführung nicht überschreiten, weil die Kraftwirkung und somit das Drehmoment an den Stromleitern des Rotors proportional mit dem Strom zunimmt. Der Energiezuwachs je Impuls bleibt konstant, gleichgültig, ob man den Strom verdoppelt und die Zeit halbiert oder umgekehrt. Strom und Zeit verhalten sich bei einem elektrodynamischen System eben linear.

Elektromagnetische Systeme dagegen, bei denen auf ferrromagnetische Stoffe Zug- bzw. Beschleunigungskräfte ausgeübt werden, verhalten sich nicht linear. Die Zugkraft von Elektromagneten wird nach der „Maxwellschen Zugkraftformel“ berechnet; sie ist dem Quadrat des Stromes proportional. Setzt man bei Impulsbetrieb die Ladung eines Kondensators so auf einen Elektromagneten um, daß man den Strom verdoppelt und die Entladezeit halbiert, dann vervierfacht sich die gewonnene kinetische Energie.

Da beim elektromagnetischen System der Strom eine nicht-lineare, die Zeit aber eine lineare Charakteristik aufweist, läßt sich theoretisch je Impuls ein unendlich großer Energiegewinn erzielen. In der Praxis können sich, wie beim Gray-Wandler, um 500 bis 700 Prozent höhere Wirkungsgrade ergeben als beim „Siemensmotor“, setzt man dessen Wirkungsgrad gleich 100 Prozent.

Werden elektromagnetische Systeme über übliche Schalteinrichtungen aus einer Stromquelle versorgt, so muß bis zum Erreichen des Arbeitsstromes eine verhältnismäßig große Ladung entnommen werden. Wird dem Elektromagneten die elektrische Energie dagegen aus einem Kondensator zugeführt, so folgt aus der Thomson-Formel, daß sich induktiver und kapazitiver Widerstand aufheben. Wirksam bleibt nur der ohmsche Widerstand des elektromagnetischen Systems. Mit geringen Ladungsmengen lassen sich somit hohe Ströme erreichen, die eine große Kraftwirkung hervorrufen. Wegen der kurzen Stromzuführungszeiten wird die Wicklung thermisch nur schwach belastet.

Nach herkömmlicher Auffassung muß einem elektromagnetischen System mindestens so viel elektrische Energie zugeführt werden, wie an mechanischer Arbeit gewonnen werden soll. Aber wie verhalten sich Permanentmagnete am Curie-Punkt? Ein Feldaufbau ist sogar dann möglich, wenn Energie aus dem System in die Umgebung abgeführt wird! Magnetische Systeme sind „offene Systeme", bei denen zugeführte und abgeführte Energie keineswegs gleich sein müssen. Bei sog. Phasenübergängen 2. Ordnung, von einem Zustand niederer zu höherer Entropie, sind Wechselwirkungen und Energieaustausch zwischen dem atomaren Spinsystem des Magneten, seinem Gittersystem und der Umgebungsstrahlung möglich. Das elektromagnetische System kann über die Elektronenspinresonanz zum Absorber von elektromagnetischer Energie, d. h. von Mikrowellenstrahlung aus der Umgebung werden. Insbesondere bei quasi-stationären Übergängen, wenn das elektromagnetische System infolge Veränderungen der Präzession des Elektronenspins mechanische Arbeit nach außen abgibt, wird aus dem atomaren Bereich keine Energie ins Gitter eingespeist. Der Übergang in den Grundzustand beim Abschalten des Erregerstromes entspricht aber einer Entropiezunahme. Die dazu erforderliche Energie kann nur dem Gitter bzw. der Umgebung entnommen werden, keinesfalls der Stromquelle, da mit dieser zu diesem Zeitpunkt keine Verbindung mehr besteht.
Nicht-lineare Effekte verletzen den Energieerhaltungssatz. Weil aber nicht sein kann, was nicht sein darf, so Vogel, hätten die „Großmeister der Physik" die nicht-linearen Probleme einfach linearisiert. Heisenberg habe diese Manipulation 1966 beim Besuch der „Nicht-linearen Schule" am Münchner Max-Planck-Institut bestätigt. Die besonders bei der mathematischen Erfassung nicht-linearer Probleme auftretenden „divergierenden Integrale" seien bei Physikern immer unerwünscht gewesen. Die „böse Divergenz" wurde meistens mit einem „Cut-off" korrigiert, womit der Energieüberschuß verschwunden war. „Was für eine schamlose Ausbeutung divergierender Integrale", wetterte Robert Oppenheimer. Wer bei der Beschreibung quantenelektronischer Effekte die Energieerhaltungssätze, wie sie im vorigen Jahrhundert formuliert wurden, nicht ignoriere, schreibt Vogel, betreibe Götzendienst.
Wilhelm Eduard Weber (1804–1891) und James Clerk Maxwell (1831–1879), denen wir viele Grundlagen der Elektrotechnik verdanken, haben mehrmals klargestellt, daß die „Elektricität" in vielen Fällen nicht dem Gesetz von der Erhaltung der Energie folgt. Maxwell spricht von „Quellen" und „Senken" im Raum. Erich Vogel nennt Maxwell den eigentlichen Vater des „offenen Systems". Maxwells diesbezügliche Theorien sind aber nicht weiterverfolgt worden, und daran sei die gewaltige Wirkung des Ener-

gieerhaltungssatzes schuld. Man stürzte sich fast ausnahmslos auf „geschlossene Systeme“, zu denen der holländische Physiker Hendrik Antoon Lorentz (1853–1929) mit seiner Elektronentheorie die entsprechenden Grundlagen lieferte. Der elektrische Generator und der Elektromotor bestätigten die Richtigkeit dieser Theorie.
Der linearen Leistungscharakteristik dieser elektrodynamischen Systeme steht die nicht-lineare der elektromagnetischen Systeme gegenüber. Daß diese den Energieerhaltungssatz verletzen können, blieb zunächst unerkannt. Für die wenigen Maschinen, die überhaupt nach dem elektromagnetischen Prinzip gebaut wurden, verwendete man die bekannten Dynamobleche, bei denen die spezifisch magnetischen Kraftwirkungen nicht deutlich zutage treten können. Für die elektromagnetische Maschine ist aber das eingesetzte Material von ausschlaggebender Bedeutung. Den heute verfügbaren Magneten aus Reineisen oder amorphem Eisen etwa wird schon die Maxwellsche Zugkraftformel nicht mehr gerecht. Sie kann es auch nicht, denn sie wurde empirisch gefunden.
Die Magnetisierung, und damit die Zugkraft eines Magneten, ist laut Quantenmechanik abhängig von der Zahl der beteiligten Atome und deren Beweglichkeit im Kristallgitter. Vogel erinnert daran immer wieder. Elektromagnetische Systeme seien offene Systeme, deren Magnete bei Präzessionsveränderungen der Elektronenspins auf dem Wege der Resonanz elektromagnetische Energie aus der Umgebungsstrahlung absorbieren können.

Elektromotor erzeugt seinen Antriebsstrom selbst

Um die Jahreswende 1976/77 verbrannte ein deutscher Erfinder rund zwei Zentner Papier. Notizen, Berechnungen und Zeichnungen zu mehr als 500 Verfahren, Materialien, Geräten, Maschinenkonstruktionen, großen und kleinen Ideen wanderten ins Feuer. Einerseits reichten die Kräfte und das Geld des Erfinders nicht aus, um sich für vieles um eine solide Verwertung zu bemühen, andererseits wollte das meiste gar niemand. Geld brachte, wenn auch weniger als vereinbart, eine Dichtungskonstruktion, der eine ganze Firma ihren Aufstieg verdankt. Aber: Ein neuer Mann nahm das Unternehmen in Besitz, und da war der Erfinder draußen, der auch das Verfahren zur Herstellung der Dichtung und anderer Produkte geliefert hatte.
Einen neuen Werkstoff aus silikatischen Grundstoffen und billigen Erzeugnissen der chemischen Industrie ersann und entwickelte der Erfinder auch. Liest man die Beschreibung der Eigenschaften dieses Werkstoffes, so handelt es sich um ein universales Material, das in vielen Variationen alles mögliche

ersetzen könnte, vom Holz über metallische Werkstoffe bis hin zu keramischen Stoffen. Die vielen Zahlenangaben zu den Qualitäten des neuen Werkstoffes, die sein Erfinder vorlegen kann, lassen erkennen, daß dieser bereits in vieler Hinsicht getestet wurde. Der Erfinder garantiert diese Materialwerte, aber man muß ihn verstehen, wenn er erst einen sauberen Verwertungsvertrag unterschrieben haben will, bevor er das Geheimnis über Zusammensetzung und Herstellung des neuen Werkstoffes preisgibt.

Hätte sich ein deutsches Großunternehmen honorig verhalten und dem Erfinder die ihm mündlich zugesicherte „angemessene Vergütung" von 2 Millionen DM für das nachträglich in den Vertrag aufgenommene Rücktrittsrecht zugunsten des Konzerns gezahlt, wäre vielleicht längst ein neuer Universalwerkstoff auf dem Markt. Gegen die einmalige Zahlung dieses Betrages hätte der Konzern theoretisch und legal das Know-how und das Verwertungsrecht zu dem neuartigen Werkstoff erwerben können, ohne daß dem Erfinder darüber hinaus auch nur noch eine einzige Mark zu überweisen gewesen wäre. Der Erfinder andererseits hätte wenigstens 2 Millionen gehabt für den Fall, daß die ganze Sache hinter einer Stahltür verschwunden wäre. Den Vertrag hatte der Erfinder am 26. Juni 1970 unterschrieben. Am 18. Januar 1971, so notierte er sich, rief man ihn an und teilte ihm mit, daß der Vertrag „heute oder morgen" auch von dem Konzern unterschrieben würde. Als sich während dieses Telefonates herausstellte, daß man von der „angemessenen Vergütung" nichts mehr wissen wollte, zog der Erfinder spontan seine Unterschrift zurück und bestätigte das danach wiederholt schriftlich. Allein, am 20. Januar 1971 erhielt er den von seinem Gesprächspartner unterschriebenen Vertrag; Unterschriftsdatum: 15. Januar. Bei genauerem Studium des Vertragstextes stellte sich nach Darstellung des Erfinders heraus, daß sich der Konzern zu überhaupt keiner Gegenleistung verpflichtet hatte.

Weil der Erfinder sein Know-how für sich behielt, ward der Konzern zornig und drohte sinngemäß: Wenn Sie den Vertrag nicht erfüllen (und Ihr Wissen nicht herausrücken), dann werden Sie in der ganzen Welt kein Geschäft mehr machen können, weder mit diesem Material noch in irgendeiner anderen Sache.

Die Drohung hat sich bewahrheitet. Wohin der Erfinder auch kam, ob zu der einschlägigen Industrie in den USA oder in Japan, niemand wollte mit ihm etwas zu tun haben. Der deutsche Konzern hatte ihn offensichtlich als Vertragsbrüchigen bekanntgemacht und jedem mit Regressionen gedroht, der von diesem Mann eine Erfindung annimmt.

Der Erfinder, von dem hier zunächst etwas geheimnisvoll die Rede war, ist Heinrich Kunel, der im oberfränkischen Rehau lebt. Er ist dort 1919 gebo-

ren, hat Lohgerber gelernt und arbeitete in diesem Beruf im väterlichen Betrieb, der 1963 geschlossen wurde. Im Krieg erlitt er eine schwere Verletzung, unter der er noch heute leidet. Aber wie das so ist bei einem echten Erfinder, alles gereichte ihm zum schöpferischen Nachdenken: die Berufserfahrung, der Umgang mit den Maschinen in der Gerberei, die langen Lazarettaufenthalte. 1951 war das Konzept zu einer neuartigen Kraftmaschine fertig, derentwegen Kunel in dieses Buch aufgenommen wurde. Finanzieren wollte er ihre Entwicklung aus den Erträgnissen einer „Jahrhundert-Erfindung", um deren Früchte er ebenfalls betrogen wurde.
Heinrich Kunel verfügte über Rezepturen für Kunstleder. Ende September 1955 offenbarte er einer Firma, die später auf diesem Gebiet zu einem Marktführer wurde, wie sein Kunstleder herzustellen sei. Er verpflichtete sich, das Verfahren keinem anderen bekanntzugeben. Die Firma sagte zu, die Produktionsreife anzustreben und bei Erfolg Kunel 4 Prozent vom Umsatz zu bezahlen sowie Schutzrechte auf Material und Herstellungsweise zu erwerben. Nichts dergleichen geschah, außer daß Kunel vereinbarungsgemäß stillschwieg und sich damit, wie er heute weiß, auch noch selbst betrog. Zunächst ließ man ihn wissen, daß sich sein Verfahren so nicht verwirklichen lasse, ein anderes Mal war es angeblich nur ein Versehen, daß er noch kein Geld bekommen hatte. 1964 beharrte man dann auf dem Standpunkt, daß Kunels Ideen nicht die Grundlage für ein überaus erfolgreiches Kunstleder abgegeben haben. Andererseits erdreistete sich diese Firma, Kunel nach der Rezeptur für ein verbessertes künstliches Schuhoberleder zu fragen. Aber Kunel war gebrannt genug und verriet nichts.
Während er von Jahr zu Jahr auf die vereinbarte Erfindertantieme wartete, holte sich das Finanzamt wahrscheinlich einen Teil der für ihn angesammelten Vergütung. Nach einer der größten Steuerfahndungsaktionen, die man in einem bestimmten Bundesland bis dato erlebt hatte, ging es hoch her. Der Generaldirektor des Unternehmens, der inzwischen verstorben ist, geriet unter Beschuß, seine Frau wurde später gegen eine Millionenkaution aus der Haft entlassen. Von Steuerhinterziehung und Untreue war in der Zeitung zu lesen, von Schwarzgeschäften und fingierten Lizenzzahlungen.
Lizenzzahlungen, dieses Wort ließ Kunel natürlich aufhorchen. Er erinnerte sich, daß ihm ein Mitglied der Geschäftsleitung dieser Firma, die auch ihm seiner Meinung nach untreu geworden war, Einblick in die Buchhaltungsunterlagen zum ersten Halbjahresabschluß 1964 gewährte. Da waren 28 Millionen Mark als „nachzufinanzierende Entwicklungskosten" gebucht. Die Höhe dieses Betrages stimmte nach Kunels Feststellung auffällig gut mit dem bis dahin wahrscheinlich erzielten Kunstlederumsatz und den ihm dafür versprochenen 4 Prozent überein.

Ein Rechtsanwalt wollte gegen Erfolgshonorar die Erfinderlizenz eintreiben. Warum er bis heute für Kunel noch keinen Pfennig herausgeholt hat, ist zumindest mysteriös. Kunels Vertrauen genießt dieser Rechtsanwalt jedenfalls nicht mehr, seitdem er ihm unfreiwillig Einblick in eine gewisse Praxis gab. „Ehrlich“ und „Ehre“, „Gewissen“ und „Vernunft“, das sind wiederkehrende Vokabeln in Kunels Briefen. Im Grunde genommen kann er es auch heute noch nicht fassen, daß im Zusammenhang mit neuen Ideen Menschen und Unternehmen unehrenhaft handeln, ja kriminell werden. Und das, obwohl er inzwischen noch Schlimmeres erlebt hat. Damit nun sei die Vorstellung seiner neuen Kraftmaschine eingeleitet.
Monatelang erreichten Kunel im Jahre 1974 Morddrohungen per Telefon. Er solle seine Patentanmeldung zurückziehen, sonst ... Kunel beugte sich diesem Psychoterror und zog seine deutsche Patentanmeldung zurück. Der entsprechende Brief an das Patentamt sei kaum im Kasten gewesen, als sich der Unbekannte ein letztes Mal meldete: „Also geht's doch.“
Der Terror begann, nachdem Kunel auf Anraten des Patentamtes eine gewisse ursprüngliche Formulierung wieder in die Anmeldung aufgenommen hatte. Zur vorangegangenen Änderung veranlaßten ihn Wissenschaftler aus dem Bonner Forschungsministerium, die ihn auf die angeblich neuesten Erkenntnisse aufmerksam machten, die an der Kernforschungsanlage Jülich gewonnen worden waren. Nur bei Übernahme ihrer Formulierung, so sagten sie, hätte Kunel eine Chance, seine Erfindung patentiert zu erhalten. Aus Respekt vor der Würde der Wissenschaft, so Kunel heute, sei er ihrer Empfehlung gefolgt. Welche Rechnung mit diesem Streich verbunden war, dem Kunel aufsaß, wird wohl für immer verborgen bleiben.
Kunel möchte die von starken Dauermagneten ausgehenden Kräfte in nutzbare mechanische Rotationsenergie umwandeln. Die Maschine, die er dazu ersonnen hat, ist einfach, einleuchtend und vom Deutschen Patentamt offengelegt worden. Ihr Aufbau ähnelt von weitem dem einer Turbine. Als „Statorringe“ fest mit dem Gehäuse verbundene Permanentmagnete wechseln mit ebenfalls ringförmigen Packungen von Elektromagneten ab, die sich, auf einer Welle befestigt, zwischen den „Statorringen“ drehen. Für die Schließung des alle Ringe durchziehenden Magnetflusses sorgen Eisenringe, die mit den Außenseiten der außenliegenden festsitzenden Ringmagnete verbunden sind.
In Ruhestellung der Maschine liegen sich die ungleichnamigen Pole der Magnetringe gegenüber, alles ist im Gleichgewicht. Das System wird dadurch aus der Ruhelage gebracht, daß ein oder mehrere Statormagnete gewaltsam um bis zur halben Breite eines Magnetpoles gegenüber der „Nullage“ verdreht werden; die Statorringe sind so magnetisiert, daß sie auf jedem vollen

Kreisumfang jeweils zwei Süd- und zwei Nordpole tragen. Durch die Verdrehung der festsitzenden Magnetringe kommt eine „Spannung" in das System, die den Rotor zu drehen versucht. Das Drehmoment erzeugen die Magnetfelder, deren Kraftwirkungen sich nun nicht mehr neutralisieren, sondern in einer Richtung addieren. Das ist immer dann der Fall, wenn die Wirkungslinien zweier magnetischer Dipole gezwungen werden, parallel zu laufen. Hebt man den Zwang auf, der in unserem Falle durch die Verdrehung des Statorringes entstand, federt das System gewissermaßen in seine Nullage zurück. So läßt sich also noch keine kontinuierliche und regelbare Drehbewegung erzeugen. Dazu muß der Spannungszustand im System aufrechterhalten werden, müssen die Kraftlinienfelder immer so orientiert sein, daß sich ihre Wirkungen addieren und der Rotor dadurch in Bewegung gehalten wird. Bei Kunels Kraftmaschine sorgen dafür die Elektromagnete auf dem Rotor, die ständig umgepolt werden. Den Strom dazu erzeugt ein Generator, der auf der Rotorwelle sitzt und dessen Stromrichtung über einen Regler immer wieder umgekehrt wird. Da der Generator stets mehr Strom erzeugt, als für die Aufrechterhaltung der Maschinenbewegung erforderlich ist, stünde wieder einmal ein Perpetuum mobile bereit.
Über 70mal sei er damit in Bonn gewesen, erinnert sich Kunel. Natürlich trat auch diesmal wieder Prof. Pollermann von der Kernforschungsanlage Jülich als Gutachter auf. Sein Urteil formulierte er am 19. Juni 1978 in einem Brief an Kunels Rechtsanwalt; Aktenzeichen „Energiekrise Nr. 235". Dem Brief war Pollermanns Standardtext zum magnetischen Perpetuum mobile beigefügt. Nach einem kurzgefaßten Rückblick über die vielen vergeblichen Versuche, dieses zum Laufen zu bringen, finden sich dort die Sätze:
„Obwohl die praktischen Anwendungen von Permanentmagneten sich laufend erweitert haben, ging eines nicht: die Erzeugung von Energie aus dem Nichts. Sieht man zunächst davon ab, daß dies nach dem Energiesatz nicht möglich ist, so gibt es bei Magnetsystemen dafür folgende Gründe:
In einem System von Permanentmagneten und ferromagnetischen Körpern bildet sich stets ein in sich geschlossener Fluß aus, anschaulich dargestellt, z. B. mit Eisenfeilspänen, die man auf einen über das System gelegten Karton streut. Man sieht, wie sich die Feilspäne zu Kraftlinien verdichten, und man kann feststellen, daß senkrecht zu diesen Linien eine mechanische Abstoßung, in Richtung der Linien eine mechanische Anziehung erfolgt. Soweit es die mechanische Führung und die Gegenkräfte, z. B. die Schwerkraft oder eine Federkraft, erlauben, folgen die Körper den mechanischen Kräften, bewegen sich also. Dies geht aber nur so lange, bis die Gesamtenergie des Systems ein Minimum angenommen hat. Dann hat das System einen stabilen Zustand erreicht, aus dem es nur durch Zufuhr von äußerer Energie heraus-

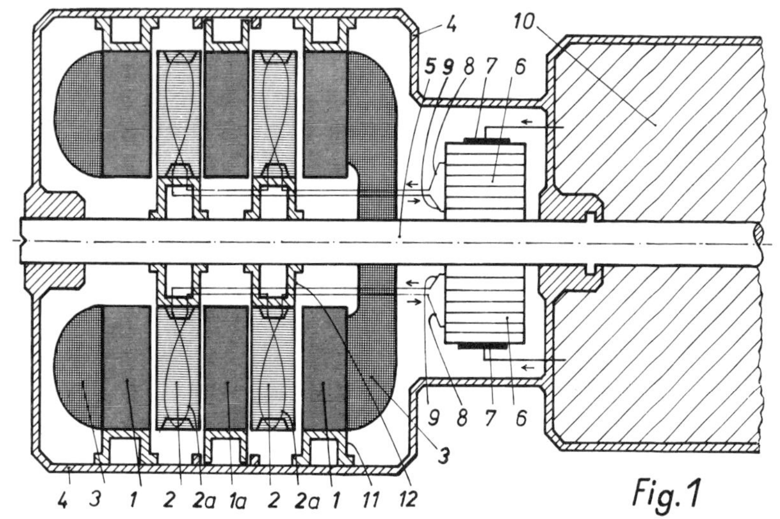

Heinrich Kunel hat eine ungewöhnliche elektrische Maschine zum Patent angemeldet; die Zeichnung entstammt der Offenlegungsschrift und macht ihren grundsätzlichen Aufbau deutlich: Fest mit dem Gehäuse verbundene „Statorringe" (1) wechseln mit ebenfalls ringförmigen Packungen von Elektromagneten (2) ab, die mit der Welle (5) verbunden sind und über Spulen (2 a) ständig elektromagnetisch umgepolt werden. Magnetbrücken (3) sind mit den ungleichnamigen Polen so miteinander verbunden, daß der innere Kraftfluß die gewünschte Richtung nimmt.

Unter größten Opfern Heinrich Kunels und eines anderen Rentners entstand mit kostenlos geleisteter Hilfe eines kleinen Handwerksbetriebes dieser Prototyp. Bei Abschluß dieses Buches hatte er seine ersten Umdrehungen hinter sich. Eine öffentliche Förderung dieses äußerst wenig Energie verbrauchenden Motors kommt schon deshalb nicht in Frage, weil er nach Gutachterurteil gar nicht funktionieren kann.

geführt werden kann. Dies ist im Prinzip genau dasselbe, wie das Verhalten einer Masse im Schwerefeld der Erde. Ein auf einer Plattform gelagerter Stein vermag Arbeit zu leisten, wenn er zur Erde abgelassen wird (Schwerkraft-Motor). Aber kein Mensch würde erwarten, daß er im Schwerefeld dauernd Arbeit leistet, ohne daß man ihn laufend wieder anhebt. Das Feld eines Magnetsystems ist zwar komplizierter, aber in bezug auf die Energie verhält es sich genauso einfach wie das Schwerefeld. Es verändert sich so lange, bis es einen ‚tiefsten' Punkt erreicht hat."

Nach diesem Elementarunterricht noch einige Zitate aus Pollermanns Brief selbst:
„Die von Ihnen eingereichte, zum Patent angemeldete Kraftmaschine, mit der die aus dem Magnetismus hervorgehenden Kräfte zur Energieerzeugung ausgenutzt werden sollen, weist nach Ihrer Beschreibung die Merkmale eines Perpetuum mobile auf. Zwar weisen Sie in Ihrer Entgegnung zum Prüfungsbescheid des Patentamtes darauf hin, daß der Kraftmaschine gemäß Erfindung Anlaufenergie zugeführt wird. Anschließend wird aber behauptet, daß das Bedarfsquantum an aufzuwendender Energie wesentlich geringer sei als der Energiegewinn, so daß eine nutzbare Differenzkraft zur Verrichtung von Arbeit zur Verfügung stehe. Das würde bedeuten, daß auch nach Abzug der Anlaufenergie noch nutzbare Energie übrigbleibt, die sozusagen aus dem Magnetismus gewonnen worden ist.

Diese Behauptung geht von der Vorstellung aus, daß der Magnetismus eine ‚Urenergie' sei, gemeint ist wohl eine Primärenergie. Mit dieser Vorstellung befindet sich der Erfinder im Irrtum, wie die beiliegenden Kurzberichte S 10 und S 23 zeigen. Magnetische Energie, wie sie in der Kraftmaschine gemäß Erfindung wirkt, ist eine potentielle Energie, d. h. die Energie der Lage eines ferromagnetischen Körpers oder eines Magneten in einem Magnetfeld, gleichgültig vom Ursprung dieses Feldes. Sie ist vergleichbar mit der potentiellen Energie, die ein schwerer Körper im Schwerefeld der Erde hat. Sie ist nicht geeignet zur laufenden Erzeugung von Energie, höchstens zur Energiespeicherung."

Weil Kunel keine Daten mitgeliefert hatte, nach denen man eine Energiebilanz für seine Maschine hätte aufstellen können, konnte ihm Pollermann, wie er schrieb, nur den Energiesatz entgegenhalten. Vom Gegenteil könne ihn nur ein funktionierendes Modell überzeugen. – Es ist mittlerweile für Kunel gebaut worden und lief erstmals Anfang April 1980. Kunels Überlegungen haben sich als richtig erwiesen. Nachprüfbare Meßergebnisse, die ein neues elektromotorisches Prinzip bestätigen, dürften längst vorliegen, wenn dieses Buch erschienen ist.

Im April 1980 beschloß das Bundespatentgericht, den Beschluß der Prüfungsstelle des Deutschen Patentamtes vom 23. Januar 1978 aufzuheben. Die Prüfungsstelle hatte u.a. ausgeführt, daß „der Gegenstand des Anspruchs 1 nicht mit einem allgemein gültigen Naturgesetz vereinbar sei und in der vom Anmelder beschriebenen Weise nicht arbeiten könne. Er sei somit nicht gewerblich verwertbar." Der Beschluß des Bundespatentgerichtes endet mit den Sätzen: „Ein Motor mit den im geltenden Anspruch 1 angegebenen Merkmalen ist in den ursprünglichen Zeichnungen dargestellt und in der ursprünglichen Beschreibung der Zeichnungen ausreichend erläutert. Er ist mithin schon ursprünglich offenbart. Der Motor gleicht den bekannten Motoren in Scheibenbauweise. Er scheint ebenso wie jene im Einklang mit dem bekannten Energieprinzip (vgl. ‚Lehrbuch der Physik' von Westphal 1948, Seiten 48/49) zu stehen und funktionsfähig zu sein." Zur Prüfung des Kunelschen Motors auf Neuheit, Technischen Fortschritt und Erfindungshöhe wurde die Anmeldung an das Deutsche Patentamt zurückverwiesen. Ein Brief, das ist klar, kann kein Physikbuch ersetzen. Trotzdem sei ein Verweis auf die im vorangegangenen Kapitel zitierten Anmerkungen von Erich Vogel zum Wesen des Magnetismus' erlaubt. Diesen mit einer Primärenergie zu vergleichen, die man wie Öl verbrennen könne, wie das Pollermann tut, ist eine Darstellung, die man nur Idioten anbieten kann. Daß auf diese Weise bei uns Entwicklungen blockiert und Patente verhindert werden, die in Japan und den USA wie selbstverständlich erteilt werden, muß, wie bereits angedeutet, zu denken geben.
Wo Magnete im Spiel sind, das dürfte heute unbestreitbar sein, haben wir es mit offenen Systemen zu tun. Die Maxwellsche Theorie ist deshalb hier, wenn überhaupt, nur bedingt gültig. Dazu Niels Bohr: „In dieser Theorie werden die Erhaltungssätze dadurch begründet, daß Energie und Impuls in dem die Körper umgebenden Raum lokalisiert gedacht werden."
Heinrich Kunel denkt seit frühester Kindheit über den Magnetismus nach. Den Anstoß dazu gab sein Großvater, der ihn bedeutungsvoll darauf aufmerksam machte, daß mit Magneten Großes anzufangen sei. Später bestätigte ihn Werner Heisenberg, der nach Kunels Erinnerung zu ihm sagte: „Ich halte es für möglich, den Magnetismus als Energiequelle zu nutzen. Aber wir Fachidioten können das nicht, das muß von außen kommen."
Als Kunel seine Kraftmaschinenidee bei Siemens in Erlangen vortragen sollte, ließ man ihn kaum zu Wort kommen. Anstatt ihm zuzuhören, redete man stundenlang auf ihn ein, um ihm klarzumachen, daß seine Maschine nie gehen könne. Aber Kunel lebt und fühlt, so etwa muß man es ausdrücken, in Magnetismus und kosmischen Energiefeldern. So fand er beispielsweise heraus, daß beim Einschalten einer großen elektrischen Maschine ein Energiestrom

von oben oder unten in sie hineinläuft und sie beim Abschalten wieder verläßt. Sind also auch unsere Elektromaschinen à la Siemens offene Systeme? In modernen Fachbüchern, etwa von dem Nobelpreisträger Feynman, finden sich Hinweise darauf.
„Sagen Sie es nicht weiter", meinte ein Professor zu Kunel, „daß ich Ihnen gesagt habe, daß Ihre Maschine läuft." „Keine Sorge", möchte man dem Ängstlichen im Gedenken an einen Schlaumeier nachrufen, „es wird schon kein Perpetuum mobile daraus, denn die Lager gehen gewiß kaputt."

„Schwerfeldgenerator": läuft, aber keiner will ihn

Laboratoire de Recherches Scientifiques Genève. Im Sommer 1977 war das kaum mehr als eine Postadresse. Die Reste des maschinentechnischen Labors, das sich einst dahinter verbarg, ruhten in einem Kellerraum der Genfer Innenstadt. Trauriges Ende einer erfinderischen Bemühung, die der wirtschaftlichen Erzeugung elektrischen Stromes galt? Undenkbar, daß die technische Entwicklung über das Lebenswerk von Prof. Raymond Kromrey hinweggeht, der in eben diesem Genfer Keller einen elektrischen Generator vorführen konnte, der gegenüber vergleichbaren konventionellen Maschinen eine um über 50 Prozent höhere Leistung erbringt. Wer aber glaubt, daß das diejenigen von den Stühlen gerissen hätte, von deren amtlichen und beruflichen Sorgen um die Energielücke wir täglich in den Zeitungen lesen, der muß abermals enttäuscht werden.
Nach mehr als 40 Jahren Arbeit an seinem „Schwerfeldgenerator" hat Kromrey, der jetzt seine französische Staatspension verzehrt, zur Gelassenheit zurückgefunden. Das Gerede von Energiesparen, Energieknappheit und den Kernkraftwerken als einziger Möglichkeit, die vermeintlich drohende Energielücke zu schließen, klingt in seinen Ohren höhnisch und unehrlich. Für ihn steht fest, daß die wirtschaftlichere Alternative gar nicht gewollt wird. Patente, die sich auf seinen Generator beziehen, wurden ihm in der Schweiz, in Frankreich, Großbritannien, Deutschland und in den USA erteilt.
Weil diese Maschine scheinbar gegen den ersten Hauptsatz verstößt, dauerte es zwei Jahre, bis ihm darauf das französische Patent erteilt wurde; 10 Jahre vergingen bis zum deutschen Patent. Es bedurfte erst der Zustimmung der französischen „Höheren Kommission für Erfindungen", die kein Fehl an Kromreys Konstruktion finden konnte.
Selbst die „hohe Auszeichnung" Frankreichs trug nicht dazu bei, Kromreys Bitten um Entwicklungshilfe zu erfüllen. Frankreichs Staatspräsident Giscard d'Estaing, der wie Sadi Carnot an der Pariser Ecole Polytechnique studiert hat, ließ ihn durch die Comtesse Mathilde de Boisquilbert, Château de

Nogent-le-Roi, sinngemäß wissen, daß die Zeit für diese zweifellos praktikable Maschine noch nicht reif sei; das Kernkraftgeschäft binde ihm die Hände. (Über die „Atom-Vetternwirtschaft" der Familie Giscard d'Estaing berichtete die Illustrierte „stern" am 15. November 1979.) Als anno 1955 Kromreys Gönner Robert Schumann Ministerpräsident war, konnte selbst er ihm als Protegé keine entscheidende Hilfe bieten. Der staatliche Konzern Electricité de France war mächtiger und dagegen. Das Conservatoire National des Arts et Métier in Paris weigerte sich Mitte der 60er Jahre sogar, eine Kromrey-Maschine als Geschenk entgegenzunehmen. Diese Hohe Schule, an der Kromrey bekannt war, belegte ihn mit Redeverbot in ihren Räumen; auf eine Bücher- und Tonbandsendung erhielt er nicht einmal eine Empfangsbestätigung. Inzwischen ist ein weiter verbesserter Generator fertiggestellt worden, den diesmal eine Hohe Schule sogar bereitwillig testen will. Das einstmals von Pierre Weiss und heute von Emile Daniel geleitete Physikalische Institut an der Louis-Pasteur-Universität Straßburg dürfte das ungewöhnliche Stück bereits in Empfang genommen haben.

Raymond Kromrey ist 1912 im lothringischen Garnisonsstädtchen Bitsche geboren. Sein Vater war Zahnarzt. An der Pariser Hochschule für Elektrotechnik erwarb Kromrey das Diplom eines Elektroingenieurs, ferner studierte er Naturwissenschaften an der Sorbonne. Nach dem letzten Weltkrieg war er außerordentlicher Professor an der Universität Paris. Während der deutschen Besetzung Lothringens richteten ihm die damaligen Machthaber ein Laboratorium für seine Forschungen ein. Eine persönliche Begegnung mit Hitler führte zu seiner Übersiedlung nach Berlin, wo er kurzfristig am Dahlemer Max-Planck-Institut unter Heisenberg weiterforschen konnte. Später wurde sein Arbeitsplatz nach Aussig ins Erzgebirge verlegt.

In der Nachkriegszeit war Kromrey u. a. Inhaber eines Restaurants und Chefredakteur der in Lausanne erscheinenden Fachzeitschrift „Industrie et Technique". Immer arbeitete er dabei auch an seinem Generator und den wissenschaftlichen Erklärungen dazu. Sein ganzes erarbeitetes Privatvermögen hat er in diese Entwicklung gesteckt. Sein Mäzen, der Genfer Industrielle Charles Stern, der über eine halbe Million Schweizer Franken dafür ausgab, starb 1977. Als treuester Mitstreiter Kromreys fungiert heute Kurt Hopfgartner als eine Art Nachlaßverwalter. Er ist Ingenieur in dem Elektrounternehmen Sécheron und lernte Kromrey 1964 kennen. Seitdem hat er ungezählte Stunden, Urlaubswochen und manchen Franken der Entwicklung des Schwerfeldgenerators geopfert.

Die berufliche Qualifikation Kromreys, seine jahrelange Arbeit an einem neuen elektromotorischen Prinzip, die zahlreichen Patente und vor allem die Tatsache, daß bereits der vorletzte einer Reihe von Generatoren lief und eine unerwartet hohe Leistung abgab, sollte Zweifler zunächst einmal verstummen und Forschungsförderer aufhorchen lassen. Daß nichts dergleichen geschieht, liegt zum einen an den Machtstrukturen in Wissenschaft, Wirtschaft und Politik. Zum anderen natürlich daran, daß Schulwissen, und sei es noch so fragwürdig geworden, die Gehirne verklebt hat. Wer der Meinung ist, wie das etwa im „Lexikon der Physik", Ausgabe 1969 (herausgegeben von Hermann Franke) unter „Grundgesetze der Mechanik" nachzulesen ist, daß die klassische Mechanik nahezu 300 Jahre nach Newtons Formulierung dieser Axiome so gut wie abgeschlossen ist, der freilich wird Kromrey nimmermehr begreifen.

Prof. Pollermann, der in diesem Buch mehrfach erwähnte Generalgutachter der Bundesregierung für alternative Energiewandlungen mit Sitz bei der Kernforschungsanlage Jülich, sei stellvertretend für die etablierte Wissenschaft zitiert. Unter dem bezeichnenden Aktenzeichen „Energiekrise Nr. 213" schrieb er am 14. April 1977 an das Genfer Institut:

„Mit Ihrem Schreiben vom 5. 7. 76 ging uns über das Bundesministerium für Forschung und Technologie eine Übersetzung Ihres umfangreichen französischen Haupt-Patentes zu, ferner die Mitteilung, daß auch eine deutsche Patentschrift vorliegt. In Ihrem Brief vom 3.12. 1976 teilen Sie uns mit, daß Sie im Begriff stehen, nach den bereits angeführten Prinzipien eine industrielle Anlage zu bauen.

Ihre Erfindung beschreiben Sie als:

Elektrische Maschine, welche die Fähigkeit hat, Elektronen durch ein statisches Magnetfeld direkt zu beschleunigen. Diese Maschine stellt demnach ein Aggregat dar, welches elektrische Arbeit auf reine magnetische Feldkosten ausschütten kann.

Außer der praktischen Anwendung soll die Maschine folgende drei Aussagen beweisen:

1. *Elektromagnetismus und Gravitation sind identische Begriffe.*
2. *Die Energie-Äquivalente im irdischen Bezugssystem sind relative Werte.*
3. *Die Ausschüttung elektrischer Energie ist ursächlich als Aufhebung (nicht zu verwechseln mit Vernichtung) der ferro-magnetischen Gravitation aufzufassen.*

Den Begriff des Wirkungsgrades lehnen Sie für Ihre Maschine ab. Da Sie aber auf Seite 4 schreiben, daß es nur einer ganz geringen Arbeit bedarf, um den Anker leicht aus dem Hauptfeld zu drehen und dabei ständig eine hohe Stromstärke zu erzeugen, wäre der Wirkungsgrad Ihrer Maschine sehr hoch. Wenn Sie diesen Begriff ablehnen, berauben Sie sich der einzigen Möglichkeit, auf einen Fortschritt hinzuweisen, den Sie gegenüber den heute üblichen Generatoren erzielen können. Der Wirkungsgrad großer Generatoren liegt bekanntlich

in der Nähe von 100%. Es ist mit der höchste Wirkungsgrad, der bei Energieumwandlungen überhaupt erzielt werden kann.
Aus Ihrer Beschreibung bekommt man den Eindruck, daß der Wirkungsgrad Ihrer Maschine weit darüber liegt. Das bedeutet, daß sie mehr Energie abgibt als sie aufnimmt. Sie erhält damit die Merkmale eines Perpetuum mobile. Ein solches kann aber nicht zum Patent angemeldet werden.
Ihr Versuch, die Wirkungsweise Ihrer Maschine theoretisch zu begründen, ist von vornherein zum Scheitern verurteilt, da er dem Energiesatz widerspricht. Um zu überzeugen, müßten Sie ein Modell Ihrer Maschine bauen, an dem Sie durch Messung nachweisen können, daß es mehr elektrische Energie abgibt, als es an mechanischer Arbeit aufnimmt."
Kromrey weiß, warum die übliche Wirkungsgradberechnung keine brauchbare Aussage zu seiner Maschine liefert. Im übrigen ist es keineswegs so, wie Pollermann behauptet, daß man nur durch Wirkungsgradangaben auf technischen Fortschritt aufmerksam machen könne. Erinnert sei nur an die Wärmepumpen, für deren Bewertung man die „Leistungsziffer" eingeführt hat und die damit einem Wirkungsgradvergleich mit anderen Wärmekraftmaschinen entzogen sind.
Kromrey hat 1962 in einem französisch-deutschen Privatdruck seine wissenschaftlichen Erkenntnisse und seinen Generator erläutert. Die Schrift trägt den Titel „Der Molekularstromrichter und die ferromagnetische Antigravitation". Es dürfte nur eine Frage der Zeit sein, bis dieses unscheinbare Büchlein zur begehrten Rarität in der wissenschaftlichen Originärliteratur geworden ist. Folgen wir seinem Text etwas, um Kromreys Lebensleistung wenigstens erahnen zu können.
Sind Elektromagnetismus und Gravitation (hier Erdanziehung) vergleichbare, vielleicht sogar identische Erscheinungen? Kromrey behauptet das und beweist es letzten Endes mit seinem Generator. Immerhin lehrt die Anschauung jeden, daß sich ein Stück Eisen auf einen Magneten in ähnlicher Weise zubewegt wie ein fallender Stein zur Erde hin. Auffälligerweise entspricht auch die Newtonsche Gravitationsgleichung dem Coulombschen Gesetz über die Anziehung zweier elektrischer Ladungen. In beiden Fällen ist die Anziehungskraft, die zwei Körper oder zwei Ladungen aufeinander ausüben, proportional dem Produkt ihrer Massen dividiert durch das Quadrat der Entfernung zwischen ihnen.
Zum Brückenschlag zwischen Gravitation und Elektromagnetismus betrachtet Kromrey den frei fallenden Körper im Erdfeld. Durch Verbindung der bekannten Gleichungen für den freien Fall, der Energiegleichung (Kraft = Masse × Beschleunigung), des Impulssatzes (Impuls = Masse × Geschwindigkeit) und der Formel, wonach Arbeit (Energie) = Kraft (Gewicht) × Weg

(Fallhöhe) ist, gelangt Kromrey zu der Feststellung, daß das Produkt von Gewicht × Fallhöhe sehr „artverwandt" sein müsse dem aus Gesamtimpuls × Fallzeit. Der Fallhöhe sei schließlich auch eine bestimmte Zeit zugeordnet.

Was bestimmt die Leistung, die in einem Gravitationsfeld möglich ist? Leistung ist Arbeit in der Zeiteinheit. Läßt man auf der Erde 1000 l Wasser 100 m tief fallen, entstehen 100000 Meterkilopond in einer Zeit von 4,472 Sekunden. Auf dem Mond wären es nur 16666 Meterkilopond in 7,11 Sekunden. Die von der Hauptmasse (Erde, Mond) ausgehende Beschleunigung ist es jeweils, die die „Leistungsausschüttung" bestimmt.

Beim freien Fall ist die Fallhöhe die entscheidende Variable in bezug auf die „Leistungsausbeute"; je größer der Fallweg, um so größer die Leistung. Ganz anders ist das bei der magnetischen Anziehung. Der Weg, über den eine Leistung entsteht, ist klein, das „Gewicht" des angezogenen Eisenstückes erhöht sich dabei aber gewaltig. Für Kromrey sind beide Feldwirkungen identisch, die magnetische Anziehung ist für ihn nur eine Abart der universellen Gravitation. Die Masse sei jeweils das Primäre, aus dem ein Schwerefeld hervorgeht. Die Schwerkraft sitzt im Atom, sagt er an anderer Stelle. Die elektrische Energie führt er auf Massenbeschleunigung zurück. Die Energieäquivalente, die ja auf Erfahrungswerten beruhen, gelten seiner Ansicht nach nur im irdischen Bezugssystem absolut. Im Universum gelte einzig und allein Newtons Massenanziehungsgesetz. Sein Generator, durch den Kromrey letzten Endes seine Thesen für bewiesen hält, ist nicht in das irdische Bezugssystem eingekoppelt.

Daß ein Magnet kein Perpetuum mobile ist, obwohl er immer wieder ein Stück Eisen anziehen kann, hat die Wissenschaft entschieden. Da man Arbeit aufwenden müsse, um die Eisenplatte wieder zu lösen, gelte der Energieerhaltungssatz auch hier. Die Magnetisierungsänderung, so steht's in Walther Gerlachs Buch „Physik des täglichen Lebens", die beendet ist, wenn die Platte angezogen ist, sei das Energieäquivalent für die Hebungsarbeit gegen die Schwerkraft. Kromrey folgt dieser Erklärung nicht. Durch ein von jedermann nachvollziehbares Gedankenexperiment widerlegt er seine Wissenschaftlerkollegen: An der Spitze eines Stativs sei ein Magnet angebracht, der nacheinander mehrere Gewichte hochziehe, deren Gesamtgewicht genau seiner Tragfähigkeit entspreche. In dem Moment, in dem sich das letzte angehängt hat, fallen alle wieder herunter. Das Spiel kann von neuem beginnen. Der Planetenumlauf spiele sich nach den gleichen Prinzipien ab wie der freie Fall, das Elektron lasse sich genauso beschleunigen wie der Stein im Erdfeld, doziert Kromrey. In seinem Generator erzeugt er Strom auf eine Weise, die den geltenden Induktionsgesetzen nicht ganz entspricht. Gängige Lehrmei-

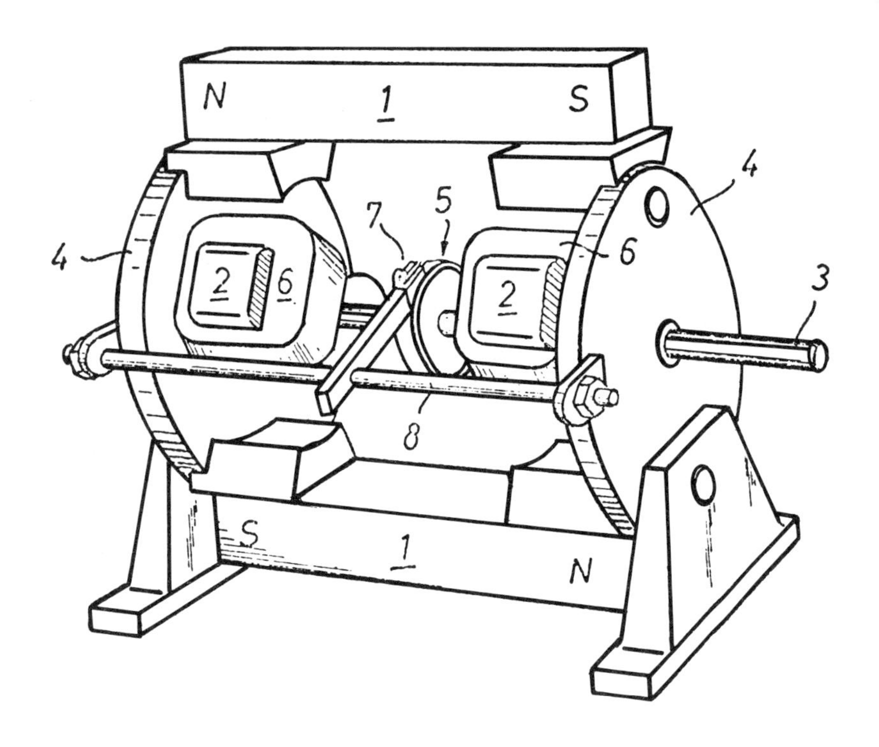

Der fachmännisch geschulte Skeptiker, den die Erklärung zu einer neuartigen Maschine nicht zu überzeugen vermag, verlangt die Vorführung zumindest eines Funktionsmodells. Liefere dieses den Beweis zum Beispiel für die Behauptung, eine elektrische Maschine leiste, verglichen mit der aufgenommenen Arbeit, mehr als 100 Prozent, so wolle er sich davon überzeugen lassen. Das klingt vernünftig, und gar mancher Erfinder meint, wenn er den Beweis im Sinne seiner Behauptung erbracht habe, stehe seiner Anerkennung und Förderung nichts mehr im Wege. Daß dem keineswegs so sein muß, erfährt Raymond Kromrey seit vielen Jahren. Sein elektrischer „Schwerfeldgenerator" läuft in mehreren Ausführungen, bei der Leistungsabgabe verbraucht er kaum mehr Antriebsenergie als im Leerlauf. Da so etwas vom Lehrbuchwissen nicht gestützt wird, das beispielsweise die Lenzsche Regel aus dem Energieerhaltungssatz ableitet, bleibt Kromrey die Anerkennung versagt. Immerhin wird sein neuester Generator derzeit am Institut für Magnetostatik der Universität Straßburg eingehend untersucht. Das Bild auf der gegenüberliegenden Seite unten zeigt ihn, gekoppelt mit einem Antriebsmotor. Darüber sind zwei weitere Maschinen in Kromrey-Bauweise abgebildet, von denen eine als Motor, die andere als Generator läuft; die rechte ist mit Permanentmagneten, die linke mit Elektromagneten ausgestattet. Alle Maschinen basieren auf Kromreys Überzeugung, daß Elektromagnetismus und Schwerkraft identische Erscheinungen sind. Die Zeichnung auf dieser Seite, die sich in dem französischen Hauptpatent Nr. 1.417.729 und in dem deutschen Patent Nr. 1 463 899 aus dem Jahre 1963 findet, deutet den grundsätzlichen Aufbau eines Schwerfeldgenerators an: die Primärenergie entstammt dem Statorfeld, das die beiden Magnete 1 erzeugen. Die Stabanker mit Wicklung (2) werden durch das Magnetfeld beschleunigt. Dabei wird in den Wicklungen Strom induziert, gleichzeitig entmagnetisieren sich aber die Weicheisenkerne des Ankers, wodurch dieser praktisch ungehemmt wieder aus dem Statorfeld „herausfallen" kann.

S
N

nung ist: Bewegt man den Nordpol eines Stabmagneten gegen eine Drahtschleife, dann wird in dieser ein Stromfluß hervorgerufen; die Drahtschleife wird als künstlicher Nordpol angesehen. Entfernt man den Stabmagneten wieder, wird erneut ein Strom induziert, der aber in entgegengesetzter Richtung fließt. Dadurch entsteht an der dem Magneten gegenüberliegenden Seite der Drahtschleife ein Südpol, demnach eine Kraft, die den Magneten zurückzieht. Für Prof. Clemens Schaefer ist dies der Beweis für die Unmöglichkeit eines Perpetuum mobile, folgt man der Argumentation in seinem Buch „Einführung in die Maxwellsche Theorie der Elektrizität und des Magnetismus". Es könne bei Annäherung eines N-Magnetpoles kein Südpol an der Vorderseite der Drahtschleife entstehen, denn dann brauchte man keine Arbeit in das System hineinzustecken, „sondern im Gegenteil würde das System die Anziehungsarbeit noch dazu leisten. Das ist unmöglich".
Gerade dieses Unmögliche ist möglich (weil die Lenzsche Regel mißverstanden werde) und wird zu einer Ursache für das Funktionieren des Schwerfeldgenerators. Im Prinzip rotiert zwischen zwei kräftigen Statormagneten ein Stabanker mit Wicklung. Die Primärenergie entstammt dem Statorfeld, das den Anker beschleunigt. Er wird von ihm angezogen, er fällt quasi in das Magnetfeld hinein. Dabei wird in der Ankerwicklung ein Strom induziert. Gleichzeitig entmagnetisiert sich der Weicheisenkern des Ankers, wodurch dieser wieder ungehemmt aus dem Statorfeld „herausfallen" kann. Während man beim üblichen Generator ein beachtliches Drehmoment aufbringen muß, um den Anker durch das die Drehbewegung hemmende Statorfeld hindurchzubewegen, verbraucht der Schwerfeldgenerator bei Leistungsabgabe kaum mehr Antriebsenergie als im Leerlauf. Der Schwerfeldgenerator hat ein eigenes, in sich abgeschlossenes Gravitationsfeld, bei dem die Erdbeschleunigung von der magnetischen Beschleunigung überlagert wird. Da die Ankerdurchflutung in weiten Grenzen von der Drehzahl unabhängig ist, ist auch die Leistungsabgabe weitgehend drehzahlunabhängig. Eine der zu besichtigenden Maschinen beispielsweise gibt zwischen 600 und 1200 Umdrehungen/Minute annähernd gleichmäßig 700 Watt ab. Während ein normaler Generator bei Kurzschluß nach kurzer Zeit durchbrennt, läuft der Schwerfeldgenerator sogar schneller!
Wenn Kromrey seinen Generator auch „Molekularstromrichter" nennt, dann deshalb, weil bei ihm die Elektronen direkt durch Gravitation in Bewegung gesetzt werden. Jede elektrische Induktion sei nur als Impulsaustausch aufzufassen. Nicht ein Kraftausgleich zwischen Erdfeld-Schwere und elektrischer Gegenleistung vollziehe sich hier, wie das beim bekannten Dynamo der Fall ist, sondern eine fortdauernde wiederholte Beschleunigung zwischen Magnet und Anker. Das Ankerfeld stelle ein Energiepotential dar, das nicht

von außerhalb des Systems aufgebaut werde. Da die Gewichtsschwankung (Schwere durch magnetischen Einfluß) im Anker über eine äußerst kleine Strecke vor sich gehe, die man letzten Endes als Zeitstrecke ansehen müsse, werde klar, daß das ferromagnetische Bezugssystem viel leistungsfähiger sein müsse als das irdische. Mehr Arbeit in kürzerer Zeit, darin liege die Wirtschaftlichkeit seines Systems, schreibt Kromrey.

Seine Aussage untermauert er durch Vorführung des Schwerfeldgenerators auf einem Prüfstand, der einen Leistungsvergleich mit einem konventionellen Generator erlaubt. In einem Schwungrad sind 8000 Meterkilopond gespeichert, die einmal vom herkömmlichen, ein anderes Mal vom Schwerfeldgenerator in 12,3 Kilokalorien umgewandelt werden. Dazu benötigt ein herkömmlicher Generator 160 Sekunden, der Kromrey-Generator unter gleichen Anfangsbedingungen nur 80 Sekunden. Für den klassischen Generator zeigt das Wattmeter bei diesem Versuch 500 Watt an, für den Schwerfeldgenerator durchwegs 700 Watt. Der bekannte Generator könne seine Arbeit nicht in kürzerer Zeit verrichten, denn er sei an das irdische Beschleunigungsfeld gebunden, erklärt der Erfinder. Bei seinem Generator dagegen werde das herkömmliche Schwerefeld durch das Magnetfeld beträchtlich verstärkt.

Das Geheimnis seines Molekularstromrichters beschreibt Kromrey in einem Bild: Ein jeweils 100 m hoch gelegener Wasserbehälter ist auf dem Mond wegen dessen geringerer Gravitation leichter zu füllen als auf der Erde. Auf der Erde strömt das Wasser allerdings schneller aus. Könnte man nun einen Behälter auf dem Mond füllen und unter irdischen Bedingungen wieder auslaufen lassen, wäre die abgegebene Leistung größer als die hineingesteckte.

Das ist bei dem Generator im Genfer Keller der Fall. Besonders deutlich würde das bei einer wesentlich größeren Maschine dieser Bauart in Erscheinung treten. Die Reibungsverluste in kleinen Maschinen zehren teilweise die zusätzlich gewonnene Leistung wieder auf. Kromrey und Hopfgartner möchten deshalb Magnete mit höherer Koerzitivkraft und Remanenz einsetzen und eine große Maschine von 100 bis 160 kW Leistung bauen.

Dazu fehlen rund 500 000 Schweizer Franken. Vielleicht kommen sie demnächst aus Kuwait, Brasilien oder einer unterentwickelten Region dieser Erde. Dort hält man nämlich Ausschau nach Energiequellen, die Strom billig erzeugen und wenn möglich die dezentrale Versorgung erleichtern. Die ersten Kontakte mit dem privaten Genfer Forschungsinstitut wurden bereits geknüpft.

Kromreys Generator ist schwer zu verstehen. Nur unbefangene wissenschaftliche Geister werden begreifen können, was in ihm vorgeht. Wäre Geld vorhanden, eröffente sich ihnen ein großes Forschungsfeld, dessen Schätze der

Menschheit nur von Nutzen sein könnten. Zitieren wir zum Schluß noch einmal den Erfinder Raymond Kromrey:
„Die Urkraft des Universums ist die Anziehungskraft. Wo sie wirkt, besteht ein Feld, ein Anziehungsfeld. Die Urkraft kann in drei verschiedenen Feldern auftreten: a) im Schwerfeld, b) im magnetischen Feld, c) im elektrostatischen Feld. Die Urkraft ist zeitlos – unzerstörbar, doch richtungsbedingt in ihrer Wirkung. Die Wirkung der Urkraft kann jedoch durch Gegenwirkung aufgehoben werden, so z. B. die Schwerkraft durch magnetische Hebekraft oder auch durch Fliehkraft. Im Grunde ist keine Kraft vernichtet worden, nur die ursprüngliche Richtung; Beispiele wären der Magnus-Effekt oder die Lorenzkraft.
Potentielle Kraft unterscheidet sich von der Urkraft dadurch, daß ihre Entfaltung zeitgebunden ist, also zu einem zeitgebundenen Kräfteausgleich führen muß. So lange ein System auf dem Prinzip Kraftausgleich beruht, ist der ewige Kreislauf unmöglich. Möglich ist er nur dann, wenn anstelle des Kraftausgleiches der Kraftaustausch tritt, aber unter Voraussetzung einer Urkraft.

Wo Kraftwirkung ist, besteht auch positive Arbeit, und so definieren wir schließlich Energie als „Arbeitsfähigkeit“. Kraft kann letzten Endes nur von der Arbeit abgeleitet werden. Arbeit ist somit gleichbedeutend wie Geschehen und Kraft, schließlich die Ursache des Geschehens. Das Geschehen ist dem menschlichen Empfinden faßbarer, weil es sich hauptsächlich an seine Sinne richtet. Es ist vordergründig. Die Ursache jedoch ist hintergründig und läßt sich nur durch kombinatorische Geisteskräfte erkennen.“

Physikergedanken zum Phänomen „Licht“

Peter Ferger, Jahrgang 1936, ist Diplomingenieur. An der Technischen Universität München studierte er Technische Physik. Die Diplomarbeit, die er 1960 abgab, trägt den Titel „Relaxation an polykristallinem Silber“. Schon bald nach dem Studium ging er zur Luft- und Raumfahrtindustrie, wo er bis dato mit der bedeutenden Aufgabe der „Qualitätssicherung“ betraut ist. Heute gehört er der Projektleitung für das Magnetschwebefahrzeug „Transrapid“ an.
Mit Lehrbuchwissen eine funktionierende Technik zu gestalten, gehört für Ferger seit vielen Jahren zum beruflichen Alltag. Sein Metier ist die Spitzentechnologie der Gegenwart, wie man so zu sagen pflegt. Er ist mit ihr vertraut und hat mit dazu beigetragen, daß Satelliten brauchbare Daten zur Erde funken und Flugzeuge zuverlässig die in sie gesetzten Erwartungen erfüllen. Ein

Berufsleben also, wie es sich viele wünschen und das auch ihn erfüllt. Trotzdem ist Ferger anders als die anderen. Er kann sich durchaus eine völlig anders geartete Technik vorstellen, und wenn er auf Energiewandlungen zu sprechen kommt, so ärgert und beunruhigt ihn vieles. Schon seit seiner Schulzeit zum Beispiel, daß wir mit unseren Maschinen viel Sauerstoff verbrauchen. Diese Tatsache, so erinnert er sich, gab für ihn sogar den Anstoß zum Studium der Physik.

Ferger fühlt, daß er aus Berufung Physiker wurde. Schon vor seinem Studium ließen ihn viele Erklärungsversuche zu physikalischen Erscheinungen und Prozessen unbefriedigt. Zu denjenigen, die ihn nach dem Abitur zu vertieftem Nachdenken anregten, gehörten auch Viktor und Walter Schauberger, denen in diesem Buch ein eigenes Kapitel gewidmet ist (Seite 168).Wenn Viktor Schauberger beispielsweise darauf hinwies, daß die Forelle entgegen allen Gesetzen der Dynamik hohe Wasserfälle überwindet, dann nahm er das nicht einfach erstaunt und amüsiert zur Kenntnis. Es stimmte ihn nachdenklich. Im Elektronenspin, in den Planetenbewegungen und der Eigenrotation der Himmelskörper kann er entgegen der gängigen Lehrmeinung quasi Perpetua mobilia sehen. Für ihn ist dieser Begriff, wie er sich im Zeitalter der Dampfmaschine verfestigt hat, in vieler Hinsicht unangemessen. Wie geht die „energetische Speisung“ im Kosmos vor sich? Auch Ferger hat darauf keine schlüssige Antwort parat, wohl aber kann er bedenkenswerte Anstöße zu einem besseren Verständnis der Natur geben, deren Bestandteil wir sind.

Das Physikstudium hat Fergers Fragenkatalog nur noch umfangreicher werden lassen. Die Raumfahrt, so schrieb er einmal, bringe nicht nur neues Wissen, sie verlange auch die Überprüfung des bisherigen. Über das Wesen der Gravitation beispielsweise habe sie noch keinen Aufschluß gebracht. Die Tatsache, daß wir uns mit der „Doppelnatur der Wellenbewegung“ zufrieden geben, läßt ihn die Frage stellen, wie man extraterrestrische Ergebnisse interpretieren könne, wenn man das Werkzeug, mit dem man die Daten erhält, selbst nicht genau kennt. Folgen wir, kurzgefaßt, seinen Überlegungen zur Phänomenologie der Lichtstrahlung. Es sind Gedanken, zu denen ihn auch Dr. Wilhelm Martin über jedem zugängliche Quellen beeinflußt hat:
Newton, daran erinnert Ferger zunächst, baute auf den Gedanken von Plato auf und sah im Licht kleine, nicht näher erklärte elastische Geschosse. Bei den Interferenzerscheinungen, also auch bei den nach ihm benannten Newtonschen Ringen, versagte diese Vorstellung bereits.

Es folgte Huygens, der das Licht, analog dem Schall, als longitudinale Ätherwelle ansah. Damit wurden zwar Interferenz und Beugung erklärbar, nicht aber die Erscheinung der Polarisation.

Fresnel mit seiner Theorie der transversalen Ätherwellen, die sich ähnlich den Wasserwellen verhalten, half weiter. Interferenz, Beugung, Brechung und Polarisation ließen sich veranschaulichen. Elektro- und magneto-optische Effekte blieben damit aber weiter unerklärt. Sie zu enträtseln, blieb Maxwell und Hertz vorbehalten. Maxwell stellte eine formale, mathematische Theorie auf, und Hertz vollzog die entsprechenden Versuche. Eine befriedigende Deutung des Phänomens „Licht" stand aber auch jetzt noch aus. Der sog. lichtelektrische Effekt, der Compton- und der Ramaneffekt, die Schärfe der Spektrallinien, die Korpuskularstrahlung und überhaupt die quantenmäßige Lichtemission und -absorbtion blieben im Dunkeln.
Eine neue Wissenschaft bildete sich heraus, die der Wellenmechanik, an der de Broglie, Schrödinger und Heisenberg, Einstein und Bohr wesentlichen Anteil haben. Die Wellenmechanik ist ein Konglomerat aus Gedanken, die der Geschoßteilchen-Korpuskulartheorie, der Ätherwellenvorstellung und der elektromagnetischen Wellenauffassung entstammen.
Nun kommt Einstein, der nach Fergers ironischer Formulierung der Physik auch „ein Stein" in den Weg gelegt hat. Mit seiner Formel $E = mc^2$ machte dieser den Weg frei für eine fortgesetzte und beliebige, reibungslose Energie-Masse-Umwandlung. Das sei doch wohl bedenklich, da nach dem 2. Hauptsatz hier Entropiefunktionen dazugehörten; Energie und Masse unterschieden sich durch Freiheitsgrade. Außerdem könnten Naturvorgänge, ebenfalls nach dem 2. Hauptsatz, niemals vollkommen reversibel ablaufen. Ferger erinnert im übrigen daran, daß Licht vollkommen „ermüdungsfrei" und verlustlos – bis auf direkte Absorbtion – durch unendliche Räume eilt. Wie könnten wir sonst einen Stern sehen? Das Licht bringt also bei der Absorbtion den bei seiner Emission erhaltenen Energiebetrag $E = h\nu$ unangebrochen mit. Das stehe im krassen Widerspruch zu einer Welle, die sich in dem Medium, in dem sie sich ausbreitet, verzehrt und Wärme zurückläßt. Ferner versage die Wellentheorie bei der Interferenz:
Am Ort der dunklen Interferenzstreifen tritt im Gegensatz zu echten Wellenvorgängen kein Energieäquivalent auf. Der Erklärung der Wellenmechanik, aus statistischen Gründen kämen hier keine Photonen hin, könne nicht stattgegeben werden, da die Dunkelstellen gesetzmäßig hyperbelförmig angeordnet und noch unmittelbar vor der Auslöschungsstelle sämtliche Photonen vorhanden seien.
Nach der „Abschaffung" des Äthers durch Einstein sei ein Wellenmodell, wie es heute gepflegt werde, unhaltbar geworden. Die Wellenvorstellung bedingt als Substrat ein übertragendes Medium mit ganz spezifischen Eigenschaften. Rhythmik ohne Medium sei unverständlich, auch wenn man heute

von einer elektromagnetischen Welle rede. Dem widerspreche schon die völlige Unbeeinflußbarkeit fertig emittierten Lichtes durch noch so starke elektrische und magnetische Felder. Auch Gedanken einer wandernden, gequantelten Energie seien wirklichkeitsfremd, da es nach dem 2. Hauptsatz nirgends bloß abgeteilte Energie geben könne, die gesetzmäßige, gerichtete Wirkungen hervorbringe.
Nach allem, was wir heute über das Licht wissen, so Ferger, kann es nur korpuskularer Natur sein. Allerdings nicht in der Art, wie es der Geschoßteilchentheorie entspräche. Man erinnere sich nur etwa des folgenden Phänomens: In Vakuum oder Luft bewegt sich Licht mit konstanter, bekannter Geschwindigkeit. Trifft es auf ein Medium, so läuft es in diesem mit geringerer, aber ebenfalls konstanter Geschwindigkeit weiter. Tritt es aus dem Medium wieder aus, nimmt es schlagartig seine frühere Geschwindigkeit wieder auf, ein Geschwindigkeitsverlust ist nicht festzustellen. Aus der Tatsache, daß sich beim Übergang Vakuum-Medium-Vakuum zwar die Geschwindigkeit der Korpuskeln ändert, die Frequenz aber erhalten bleibt, folgert Ferger, daß beim Licht auch die Frequenz und nicht die Wellenlänge die primäre und charakteristische Größe ist.
Daß man das Lichtkorpuskel nicht als ein bloßes Geschoßteilchen auffassen darf, habe schon der Michelson-Versuch gezeigt. Bei der Lichtemission lassen sich nämlich keine Geschwindigkeitskomponenten zum Lauf des Lichtes hinzuaddieren oder von ihm subtrahieren. Schließlich müsse es doch auch verwundern, daß Einstein $E = m c^2$ schreibt, wo doch die bekannte Formel für die kinetische Energie $E = \frac{1}{2} m c^2$ laute. Emissions- und Absorbtionsmessungen bestätigen trotzdem Einsteins Formel, denn dabei ergibt sich der Energiewert zu $E = h\nu = m c^2$. Für die Lichtdruckformel dagegen mußte Einstein wieder einen neuen Ansatz finden. Analog zur Gaskinetik wäre der Strahlungsdruck $P_s = 2 m c^2$, also viermal so hoch wie die kinetische Energie. Der Lichtdruckvorgang zeigt aber nur die halbe Größe, was man an dem halben Phasenverlust bei Reflexion am dichteren Medium erkennen kann. Für Ferger zeigt die historische Entwicklung des Atommodells deutlich, daß die Annahme eines undefinierten, nicht mehr teilbaren Bruchstückes nicht ausreicht, die Vielzahl aller Erscheinungen zu beschreiben und neue Effekte vorausschauend zu erkennen. Die Hauptsätze der Physik erforderten für jede gesetzmäßig reproduzierbare Wirkung einen zweckvollen Wirkungsmechanismus. Der Makrokosmos sei nur aus kleinsten Bausteinen zusammengesetzt denkbar, die sinnvollst strukturiert und vollendet konstruiert seien. Anders wäre das makrokosmische Geschehen gar nicht möglich.
Die Annahme, daß das Lichtkorpuskel eine „wohlbestimmte Zweckstruktur" hat, führt für Ferger zu dem Schluß, daß es mit hoher Wahrscheinlichkeit

einen eigenen Vorwärtstrieb besitzt. Damit werde der doppelte Energiewert bei Emission bzw. Absorbtion und der nur halbe Strahlungsdruck bei Reflexion am dichteren Medium verständlich.

Der Energieaufwand $E = m c^2$ setzt sich bei der Emission zur einen Hälfte aus der kinetischen Abschleuderungsenergie $E_{kin} = 1/2\, m c^2$ und zur anderen aus der genau so großen Energie für den Vortrieb zusammen. Während des Lichtlaufes arbeitet der Vortrieb im konstanten Frequenztakt und treibt das Korpuskel immer mit optimaler Geschwindigkeit – unabhängig von der Schnelligkeit des emittierten Atoms – geradlinig, völlig unbeeinflußbar, ermüdungsfrei und verlustlos voran. Damit werde auch die Ionisationsspur eines Gammaquantes auf einer Nebelkammeraufnahme verständlich: Die einzelnen Ionisations- bzw. Kondensationsakte erscheinen darauf bis zum abrupten Verschwinden bei Absorbtion in gleicher Intensität. – Ein nur geschleudertes Partikel müßte eine sukzessiv schwächer werdende Spur hinterlassen.

Für die Absorbtion gilt die gleiche Energiebilanz. Sie ergibt sich wieder aus der kinetischen Energie und dem letzten Arbeitstakt des Vortriebes zu $m c^2$. Dagegen hat beim Lichtdruckvorgang die Reflexion am dichteren Medium, ersichtlich auch am halben Phasenverlust, ein momentanes Aussetzen des Vortriebs zur Folge, so daß in der Energiebetrachtung genau die Hälfte (in Übereinstimmung mit dem Experiment) fehlt.

Die Annahme eines eigenen Vortriebes beim Licht werde auch durch Versuche bestätigt, die Prof. Ehrenhaft am 1. Physikalischen Institut der Universität Wien durchführte. Hier handelt es sich um Effekte, die unter dem Namen der positiven und negativen Photophorese zwar bekannt wurden, aber noch keine Erklärung fanden. Diese Versuche zeigen reproduzierbare, gesetzmäßige Erscheinungen, die Kraftreaktionen des Lichtes von einem Vielfachen der Erdgravitation erkennen lassen. Nach Ansicht des verstorbenen Prof. Ehrenhaft wären diese Phänomene geeignet gewesen, die gesamte Strahlentheorie neu zu gestalten, aber auch Nachbargebiete, wie etwa Betrachtungen zur Brownschen Molekularbewegung, neu zu orientieren.

Diese zunächst ungewohnten Strukturvorstellungen würden es nach Fergers Meinung gestatten, ungeheuer viel Beobachtungsmaterial zu ordnen. Sogar das Interferenzphänomen fände seine Lösung. Die zur Auslöschung bestimmten Strahlungspartner bringen nur dann den Effekt zustande, daß Licht plus Licht Dunkelheit ergibt, wenn sie streng kohärent, gleich polarisiert und im Gangunterschied genau um eine halbe Phase verschoben sind. Nur dann kommen die Korpuskeln in eine Lage zueinander, daß ihre Vortriebe aussetzen und die Strahlung aufhört, Licht zu sein.

Freilich könnte man nach dieser Hypothese kein Energieäquivalent mehr messen, denn die „Korpuskeldemontage" geht irreversibel vor sich. Möglicherweise habe man es mit einer „Lichtkondensation" zu tun, die einem natürlichen Materialisationsvorgang gleichkomme, wenn sich Weltraumstrahlungen in ausgezeichneten Strahlungsknoten treffen. In astronomischen Zeiträumen könnten auf diese Weise erste Materiestufen entstanden sein.
Nach diesem Ausflug mit Peter Ferger ins Reich profunder Physiker-Phantasie, die fast immer den naturwissenschaftlichen Fortschritt gebracht hat, seien jetzt noch zwei seiner maschinentechnischen Pläne vorgestellt, die zu „unkonventioneller Energiewandlung", der dieses Buch gewidmet ist, direkten Bezug haben. Über sie denkt Ferger in seiner Freizeit nach, stellt er Berechnungen an und experimentiert er.
Am 23. Februar 1970 meldete Ferger eine „Antriebsvorrichtung" zur Patentierung an, die am 9. September 1971 offengelegt wurde. Was sich hinter der im Patentwesen üblichen lapidaren Bezeichnung „Antriebsvorrichtung" verbirgt, könnte von weitreichender Bedeutung für aller Art „Fähren" zu Lande, Luft und Wasser sein. Bei diesem avantgardistischen Antrieb wirkt die treibende Kraft, die elektrischer Art sein könnte, unsichtbar im Innern. Antriebsräder oder -schrauben, Rotoren oder Düsen entfallen. Welche Vorteile allein dadurch für die verschiedensten Verkehrsmittel verbunden wären, kann sich jeder ausmalen. Antriebe der von Ferger vorgeschlagenen Art würden nahezu lautlos arbeiten und wären äußerst umweltfreundlich.
Ausgehend von einer mathematischen Betrachtung der „Dynamik des Massenpunktes" fand Ferger heraus, wie Zwangsführungen für Massen beschaffen und konstruiert sein müssen, die einen Antriebsimpuls nach außen in nur einer Richtung an ein Medium abgeben. Zur Lenkung der Fahrzeuge läßt sich dieser „Impulsstrahl" auf einfache Weise schwenken. Ferger hat Konstruktionen vorgeschlagen, bei denen die impulserzeugenden Masseströme innerhalb des Antriebs immer wieder an den Ort ihrer Arbeitsleistung zurückgeführt werden. Bei diesen Antrieben kann man also nicht nur auf Hilfsmechanismen wie Rad und Propeller verzichten, es brauchten auch keine Arbeit leistenden Massen nach außen abgeschleudert zu werden.
Man geht gewiß nicht fehl, in Fergers grundsätzlichen Überlegungen zu einer völlig neuen Antriebsart einen Schatz zu erblicken, den zu heben es sich lohnen würde. Wahrscheinlich wird das eines Tages jemand tun, ohne daß Ferger davon profitiert. Seine Patentanmeldung hat er jedenfalls aus Kostengründen nicht weiterverfolgt.
Inzwischen hat Ferger eine andere Kraftmaschine erdacht, deren ihr zugrundeliegende Idee zumindest an einem Funktionsmodell als richtig beweisbar ist. Eine entsprechende Patentanmeldung von Ende 1978 hat das Patentamt

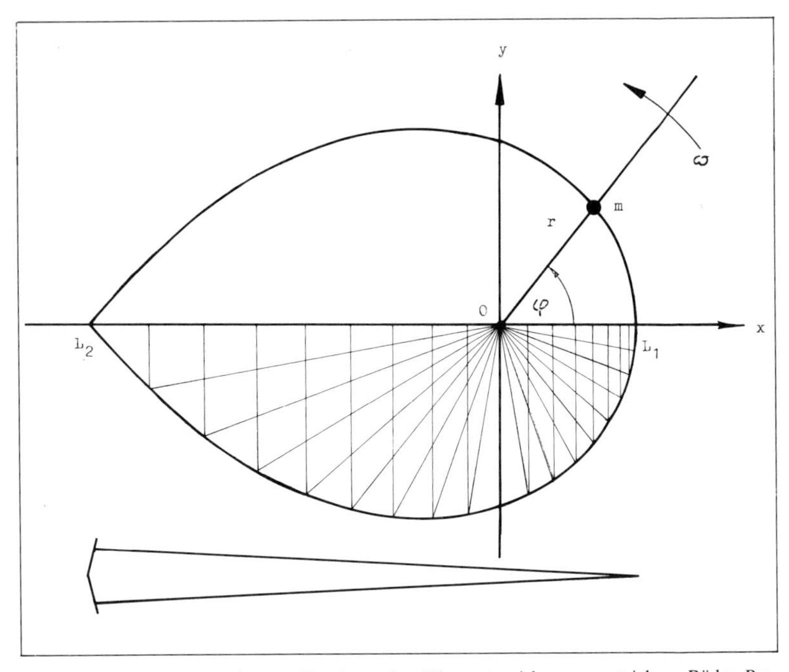

Alle Fahrzeugmotoren werden erst über besondere Elemente wirksam: angetriebene Räder, Propeller, Schubdüsen, Schiffsschrauben. Ein Wägelchen beispielsweise kann man aber auch dadurch in Fahrt bringen, daß man, auf ihm sitzend, ruckartige Körperbewegungen in Fahrtrichtung ausführt. Die dabei erzeugten Antriebsimpulse bedürfen keines Getriebes, um als Vortriebskraft zu wirken. Von diesem bekannten Phänomen ausgehend, hat Peter Ferger eine Bahnkurve mathematisch ermittelt, auf der Massen optimal so beschleunigt werden können, daß nach außen auf ein Stützmedium (Erdboden, Wasser, Luft) ein gerichteter Antriebsimpuls wirkt, die Massenkräfte im Inneren der Apparatur sich aber zu jeder Zeit gegenseitig aufheben. Die Zeichnungen auf diesen beiden Seiten und die auf der nächsten entstammen einer entsprechenden Patentanmeldung, die 1971 offengelegt wurde. Das Bild oben zeigt die Kurve, auf der die „Antriebsmassen" mit konstanter Winkelgeschwindigkeit umlaufen. Gleich, ob sich der Massenpunkt m in Pfeilrichtung oder in der Gegenrichtung bewegt, immer weist ein konstant großer Beschleunigungsvektor in x-Richtung. Von L_1 nach L_2 nimmt der Geschwindigkeitsanteil in x-Richtung gleichförmig beschleunigt zu, von L_2 nach L_1 verzögert er sich wieder gleichförmig. Sowohl bei der Beschleunigung als auch bei der Verzögerung entsteht eine nach $+x$ gerichtete Kraftwirkung, weil ω im Quadrat auftritt. Das Bahngesetz lautet

$$r = \pm \frac{1}{2} \cdot \frac{b_x}{\omega^2} \cdot \frac{\left(\frac{\pi}{2}\right)^2 - \varphi^2}{\cos \varphi}$$

wobei b_x der Beschleunigungsvektor in x-Richtung ist. Im Prinzip würden auf so einer Bahn bis L_2 und zurück beschleunigte Massen zur Antriebserzeugung bereits ausreichen. Eine größere Wirkung ist jedoch zu erzielen, wenn man – nach dem gleichen Bahngesetz – die Massen über L_2 hinaus auf zwei kongruenten Bahnen, die in eine Ebene senkrecht zur Beschleunigungsbahn gedreht werden, wieder auf diese zurückführt. Das Bild rechts deutet in der Ebene der Beschleunigungsbahn diese Weiterführung der Massen an; auf der nächsten Seite ist diese Darstellung in der dritten Dimension ergänzt. Die Umlenkeffekte in y-Richtung kompensieren sich.

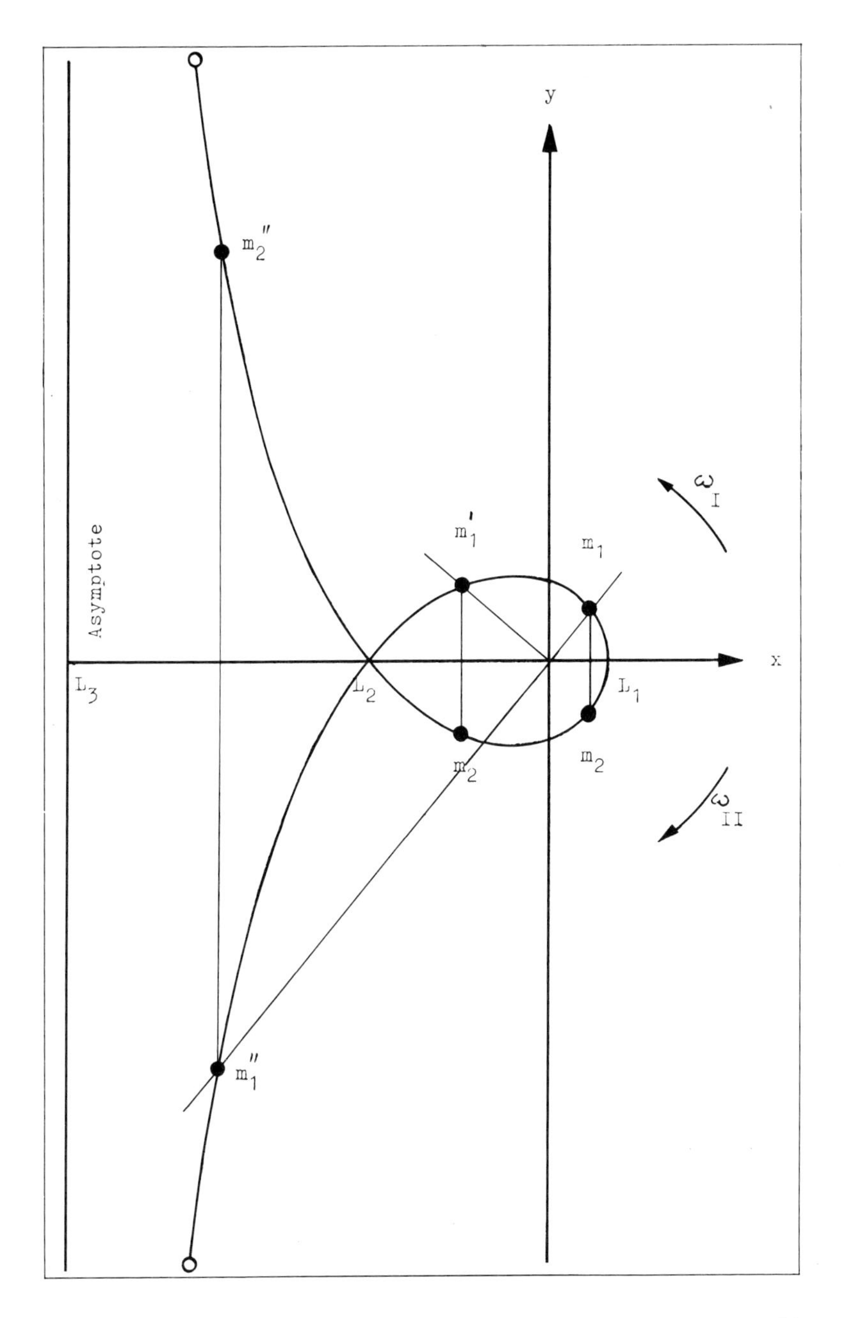
y
x
Asymptote
m_2''
m_1'
m_1
m_2
m_2
m_1''
L_1
L_2
L_3
ω_I
ω_{II}

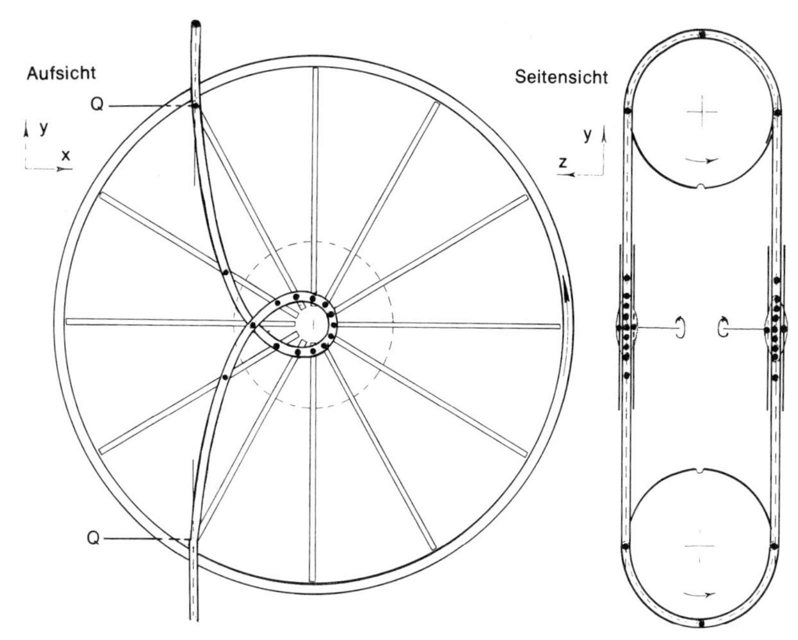

Dreidimensionale Darstellung der auf den Seiten zuvor erläuterten Bahnen des „Massenbeschleunigers" nach Ferger. Die Massen bewegen sich auf einer geschlossenen Bahn und erzeugen einen in x-Richtung wirkenden Vortriebsimpuls. Alle im Inneren der Apparatur auftretenden Massenkräfte kompensieren sich aus Gründen der Symmetrie, die kennzeichnend ist für diese Konstruktion.

vorerst wegen „Perpetuum-mobile-Verdachts" zurückgewiesen. Und in der Tat, diese über den Flüssigkeitsauftrieb die Schwerkraft nutzende Maschine funktioniert beinahe wie ein Perpetuum mobile. Die damit verbundenen Urteile und Vorurteile stören aber die Darlegungen in diesem Buche nicht. Denn, um noch einmal an Max Thürkauf zu erinnern, noch jede Maschinenkonstruktion bedurfte der geistgelenkten Hand des Menschen. Eines Menschen freilich, der die entsprechenden physikalischen Gesetzmäßigkeiten beherrscht.

Ferger gehört zu ihnen. So fiel es ihm denn auch nicht schwer, die etwa in der Zeitschrift „Prometheus" aus dem Jahre 1903 vorgestellten hydraulischen Maschinen wie das Patentamt, das sie ihm entgegenhielt, ebenfalls als nicht funktionsfähig zu erkennen. Alle Maschinen, die man bisher mit Hilfe von Auftriebskörpern zu einem Dauerlauf bewegen wollte, mußten schon daran scheitern, daß diese diskontinuierlich in das Auftriebsmedium eintauchten.

Das war immer mit einer Verdrängungsarbeit verbunden, bei der die Oberfläche des Auftriebsmediums ständig angehoben und wieder gesenkt wurde.

Durch einen raffiniert gestalteten Auftriebskörper, der kontinuierlich ein Gefäß mit dem Auftriebsmedium von unten nach oben durchläuft, umgeht Ferger den Schwachpunkt dieser Konstruktionen, die eine gewisse Ähnlichkeit mit seiner aufweisen. Dadurch, daß er einen flexiblen flachen Auftriebskörper korkenzieherartig verdreht und ihn durch einen Schlitz von minimalstem Querschnitt von unten in das Gefäß eindringen läßt, gelingt es, die Auftriebskraft stets größer zu halten als den ihr entgegenwirkenden hydrostatischen Druck, den das Auftriebsmedium erzeugt. Die Abdichtung am Boden des Gefäßes, dort, wo der Auftriebskörper eintritt, stellt kein Problem dar. Für derartige Aufgaben sind reibungsarme „fluidmagnetische" Dichtungen im Handel.
Große Leistungen sind mit einem einzigen Auftriebsgerät nicht zu erzielen. Aber auch eine einzelne Solarzelle, daran erinnert Ferger, liefert nur einen bescheidenen Stromfluß. Schaltet man aber Hunderte von ihnen zusammen, so ergeben sie sehr wohl eine leistungsfähige Energiequelle. Fergers den Auftrieb und die Schwerkraft nutzende Maschine könnte man vervielfältigen und auf ähnliche Weise zu einem kraftvollen Energieerzeuger „paketieren". Aber: Solange nicht sein kann, was nicht sein darf, solange dürfte uns auch dieser denkbare umweltfreundliche Energiewandler, der lediglich die Primärenergie „Gravitation" anzapft, vorenthalten bleiben.
Einer der Gralshüter eherner physikalischer Gesetzmäßigkeiten ist Ministerialrat Dr.-Ing. Lentroth im Bayerischen Staatsministerium für Wirtschaft und Verkehr. Gewiß hat er weniger als Ferger über unser physikalisches Weltbild nachgedacht, denn sonst hätte er sich wohl kaum erdreistet, Fergers Beschreibung seines Auftriebsgerätes wie folgt zu bescheiden:
„Soweit Ihrem Aufsatz zu entnehmen ist, soll Ihre Apparatur durch die Schwerkraft eine beständige Bewegung erzeugen. Ohne die von Ihnen aufgestellten Gleichungen näher zu diskutieren, ist jedoch anzumerken, daß bereits im 17. Jahrhundert Newton seine epochemachende „Principia mathematica" veröffentlichte, in deren ersten und zweiten Teil – „Tractatus de motu" – er die Gesetze der Bewegung aufgestellt und die Grundlagen der klassischen Mechanik gelegt hatte. Eingegangen in Newtons Gleichungen war die Erkenntnis, daß es unmöglich sei, aus einem System, das nur mit beweglichen Massen und der Schwerkraft arbeite, ununterbrochen Energie zu gewinnen. Daraus ist zu folgern, daß auch Ihre Vorrichtung nicht zu dem von Ihnen erwarteten Effekt führt.
Ich bedauere, Ihnen keine günstigere Antwort geben zu können."

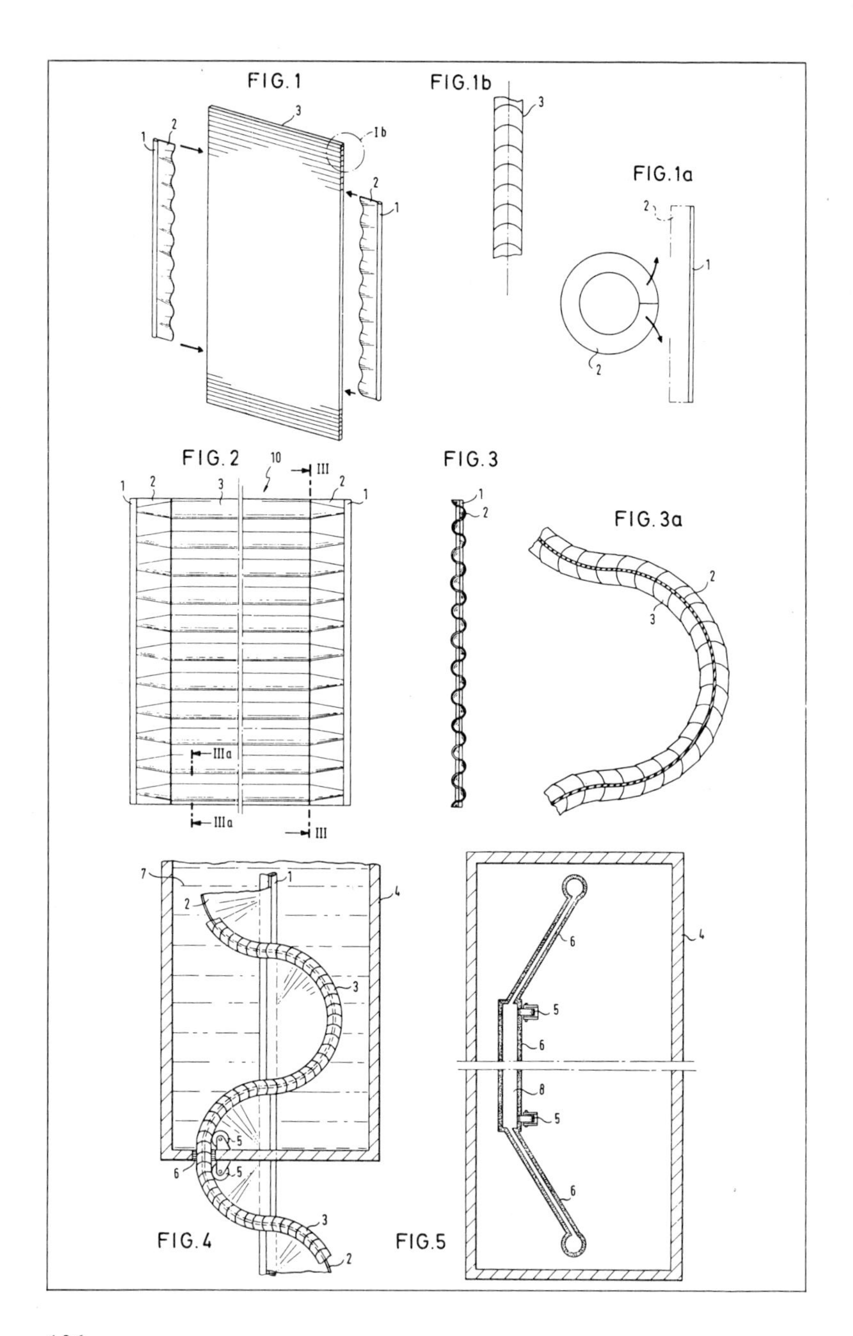
FIG.1
FIG.1b
FIG.1a
Ib
FIG.2
FIG.3
FIG.3a
III
IIIa
FIG.4
FIG.5

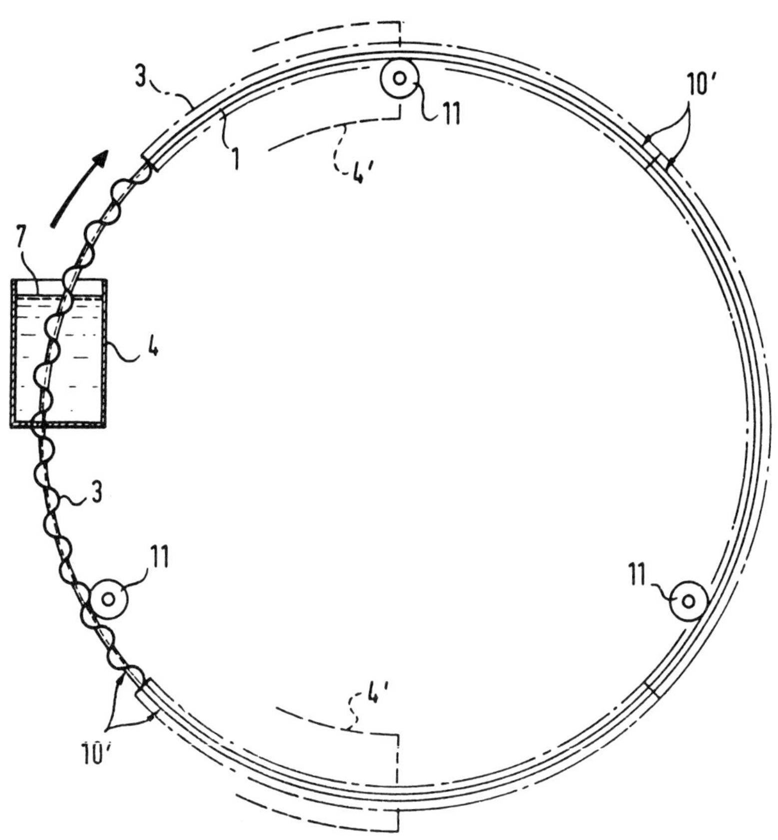

Zeichnungen aus einer Patentanmeldung von Peter Ferger, die wegen „Perpetuum-mobile-Verdachts“ zurückgewiesen wurde. Die Bilder beschreiben das Prinzip eines Apparates, der über den Flüssigkeitsauftrieb die Schwerkraftwirkung zur Erzeugung einer „perpetuierlichen Bewegung“ nutzt. Kernstück ist ein flexibler Auftriebskörper, der nach dem Ausführungsbeispiel oben als geschlossener Ring kontinuierlich durch einen Flüssigkeitsbehälter hindurchgeführt wird, in dem die Auftriebskraft entsteht. Die Bilder 1 bis 3 auf der linken Seite veranschaulichen die Gestalt des Verdrängungskörpers und wie sie zustande kommt. Der eigentliche Auftriebskörper 3 aus einem inkompressiblen, aber lamellenartig verformbaren Material ist zunächst eine planparallele Platte. Sie wird durch die beiden starren Gerüstleisten 1 und die beiden „Reduzierkörper“ 2 in die charakteristische Form (Fig. 2, 3 und 3 a) des Auftriebskörpers wie folgt gezwungen: Ein Reduzierkörper entsteht aus einem aufgeschnittenen Ring von extrem geringer Dicke, dessen innerer Umfang der Länge einer Gerüstleiste und dessen Außenumfang der Länge des Auftriebskörpers 3 entspricht. Werden alle drei Bauelemente fest miteinander verbunden, entsteht die gewellte Form des flexiblen, lamellenartigen Verdrängungskörpers. Dieser wird von unten durch ein mit dem Auftriebsmedium gefülltes Gefäß hindurchgeführt. Das „fluid-magnetisch“ (6) abgedichtete Durchtrittsfenster (8) im Boden des Gefäßes zeigt Fig. 5. Die Auftriebskraft hält den Mechanismus ständig in Bewegung, weil sie, bedingt durch den erzwungenen senkrechten Durchtritt des voluminösen Verdrängungskörpers durch das abgedichtete Fenster (8), stets viel größer ist als der ihr entgegengerichtete hydrostatische Druck, dem sich nur das Durchtrittsfenster als wirksame Angriffsfläche bietet. Viele solcher Auftriebsapparaturen, zu einem „Paket“ vereinigt, könnten einen sehr leistungsfähigen Energiewandler ergeben.

Einen anderen, Dr. Reinhardt von der Sulzer-Escher Wyss GmbH in Lindau, amüsierten Fergers Ausführungen offenbar köstlich. Er schrieb am 14. Februar 1978:
„Mit Vergnügen haben wir Ihre Ausführungen studiert, die wie eine gut verschlüsselte Denksportaufgabe zu lesen sind. Wir danken Ihnen nochmals für Ihre Aufmerksamkeit und verbleiben...“

Weil sie eine neue Erkenntnis zum Verständnis der Innovationsförderung liefert, sei auch noch die Antwort von Dr. Waschke aus dem Bundesministerium für Wirtschaft zitiert. Er schrieb am 21. März 1978 an Peter Ferger:
„Mit Interesse habe ich Ihren Artikel über die Nutzung der Schwerkraft gelesen. Leider muß ich Ihnen jedoch mitteilen, daß mein Haus es nicht als seine Aufgabe ansieht, die kommerzielle Auswertung von Erfindungen, Patenten oder ähnlichem zu übernehmen. Ich bin der Meinung, daß dies eine ureigene Angelegenheit der Wirtschaft ist. Abgesehen hiervon, bin ich der Auffassung, daß Ihr Aufsatz interessante Gedanken enthält, die, sollten sie sich verwirklichen lassen, zu ansehnlichen Energieeinsparungen führen könnten. Angesichts der Begrenztheit der Energierohstoffe begrüße ich deshalb alle Anstrengungen, die dazu führen, Energie rationell und sparsam zu verwenden.“

Hydraulische Energiereserven sind auch anders nutzbar

„Hydraulischer Widder“ und „Creedon-Pumpe“

Der Effekt des Wasserhammers, den der Amerikaner Karl Schaeffer irgendwie nutzt bei seiner grandiosen Methode der Dampferzeugung (siehe Seite 69), fand bereits 1796 Eingang in eine Gerätekonstruktion, die des „Hydraulischen Widders“. Von den Gebrüdern Montgolfier und A. Argand in Frankreich erfunden, geriet dieser Apparat im Zuge der Industrialisierung in Vergessenheit. Im Juni 1977 berichtete „Bild der Wissenschaft“, daß ihn der Japaner Dr. Hideaki Mayazawa sozusagen neu entdeckt und entwickelt habe. Das Deutsche Museum sah sich daraufhin zu der Bemerkung veranlaßt, daß offenbar weder der Japaner noch die deutsche Zeitschrift um die Tradition dieses Gerätes wußten. Im Deutschen Museum stehe nämlich ein Original des Moltgolfier-Gerätes, und auf einigen Almen des Berchtesgadener Landes seien noch heute Hydraulische Widder in Betrieb.
Was nicht in unsere hochindustrialisierte Landschaft paßt, davon erfährt man nichts. Die japanische Wiederentdeckung des im Deutschen Museum ausgestellten Hydraulischen Widders gedeiht gerade noch zur Nachricht. Daß in Nürnberg seit über 50 Jahren solche Geräte in Serie gebaut werden, wissen nur der Hersteller, die Firma Pfister + Langhanss, und ihre zufriedenen Kunden in aller Welt. Eine Maschine, die Wasser pumpt und ohne einen elektrischen Anschluß auskommt, kann eigentlich nur ein Spielzeug sein.
Der Hydraulische Widder ist die einfachste und billigste Wasserhebemaschine, die man sich denken kann. Zu ihrem Antrieb genügt die kinetische Energie, die in einem Wasserlauf mit etwas Gefälle steckt. Ein „Sano-Widder“ von Pfister + Langhanss vermag beispielsweise bei 5 m Gefällehöhe Wasser auf 100 m Höhe zu heben; bei 20 bis 30 m Gefälle sind auch Förderhöhen bis 300 m möglich. Den Namen haben diese Maschinen von ihrer selbsttätig pulsierenden und stoßenden Arbeitsweise, zu der sie eine besondere Ventilanordnung veranlaßt, die den Wasserhammereffekt erzeugt.
Bei einer entsprechenden Strömungsgeschwindigkeit sperrt ein Stoßventil immer wieder schlagartig den Wasserabfluß. Die Energie, die in der bewegten Wassersäule der Zuführung steckt, wird dadurch ebenfalls schlagartig in

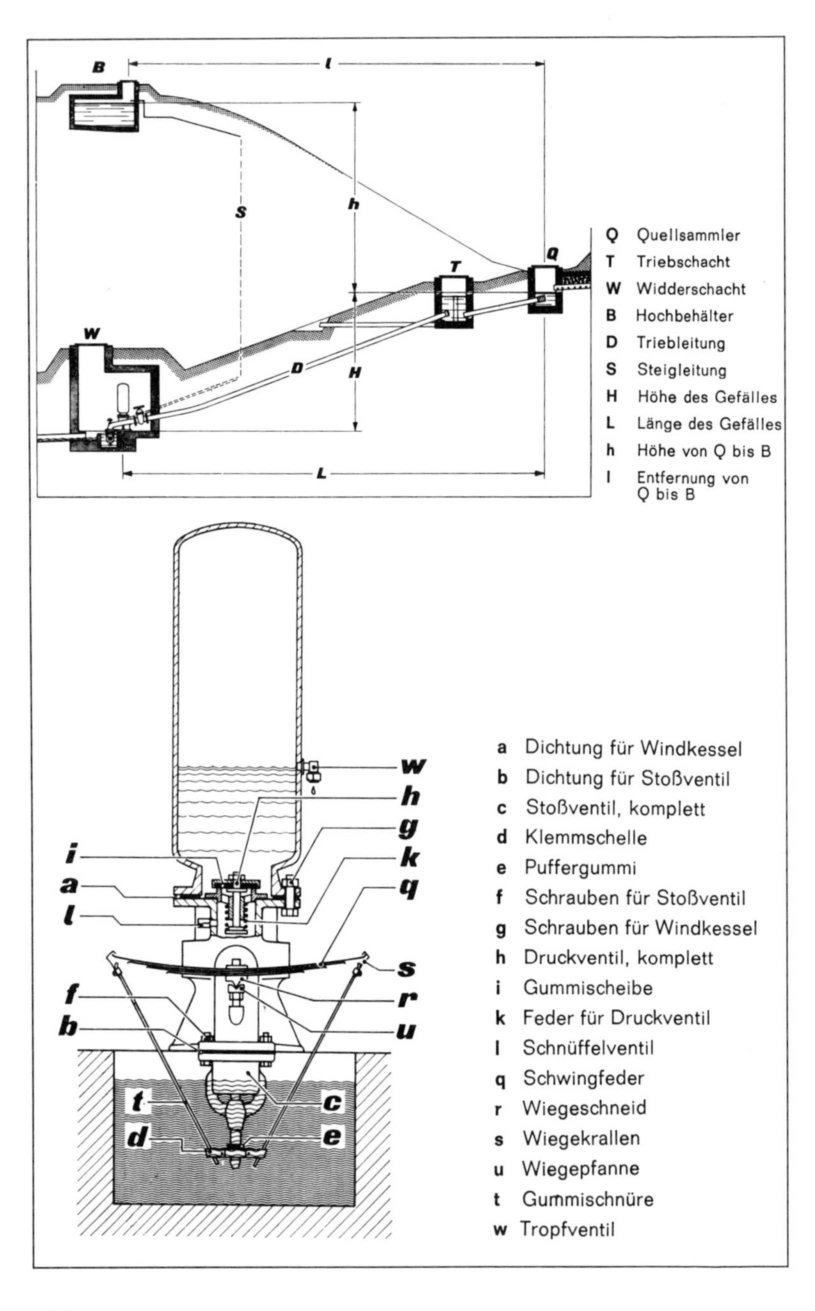
B
l
S
h
Q
T
W
D
H
L
Q Quellsammler
T Triebschacht
W Widderschacht
B Hochbehälter
D Triebleitung
S Steigleitung
H Höhe des Gefälles
L Länge des Gefälles
h Höhe von Q bis B
l Entfernung von Q bis B
w
h
g
i
k
a
q
l
s
f
r
b
u
t
c
d
e
a Dichtung für Windkessel
b Dichtung für Stoßventil
c Stoßventil, komplett
d Klemmschelle
e Puffergummi
f Schrauben für Stoßventil
g Schrauben für Windkessel
h Druckventil, komplett
i Gummischeibe
k Feder für Druckventil
l Schnüffelventil
q Schwingfeder
r Wiegeschneid
s Wiegekrallen
u Wiegepfanne
t Gummischnüre
w Tropfventil

Druckenergie verwandelt. Der Druckstoß öffnet ein zweites Ventil, das die Öffnung eines Windkessels freigibt, in den das Wasser jetzt entweicht. Der Druck im Windkessel veranlaßt es zum Steigen in einen hochgelegenen Behälter. Sobald der Druckstoß in der Zuführleitung abgeklungen ist, öffnet das Stoßventil wieder, und das Arbeitsspiel beginnt von neuem. Jedesmal strömt eine bestimmte Wassermenge in den Windkessel, jedesmal geht aber auch Wasser über das Abflußrohr verloren.

Der verstärkte Einsatz solcher Pumpen, die keine „künstliche" Energie verbrauchen, kann die Energiebilanz eines Industriestaates natürlich nicht beeindrucken. Hydraulische Widder sind etwas für abgelegene Bauernhöfe, aber auch zur Wasserversorgung ländlicher Regionen in Entwicklungsländern. Ob sie dennoch in Gebieten größerer Siedlungsdichte oder gar im industriellen Bereich eine Rolle spielen könnten, wäre eine Untersuchung ihres technischen Entwicklungspotentials wert. Was einst die Wasserfontänen am Tadj Mahal im indischen Agra in Bewegung hielt, so meint eine Studiengruppe, deren Bericht 1976 von der amerikanischen National Academy of Sciences veröffentlicht wurde, verdiene eine öffentliche Forschungsförderung. Dabei denkt man an den Einsatz des Hydraulischen Widders als Luftkompressor.

Die erwähnte Publikation trägt den Titel „Energy for Rural Development" – „Energie zur Entwicklung ländlicher Gebiete". Es ist der verdienstvolle Versuch, Energiequellen und Energietransformationen zusammengefaßt darzustellen, die als Alternativen zur Praxis der Energieversorgung in Industrieländern in Frage kommen könnten. Dabei nehmen verständlicherweise die auch bei uns diskutierten Alternativen den größten Raum ein: Sonnen- und Windenergie, Wasserkraft, Geothermie, Photosynthese und Biogas. Die Verfasser scheuen sich aber eben auch nicht, auf so vergessene Maschinen wie den Hydraulischen Widder hinzuweisen.

Eine andere bedenkenswerte Maschine sei der „Hydraulische Luftkompressor", den man schon im Mittelalter kannte und der zu Beginn unseres Jahrhunderts in den USA zu kurzem neuem Leben erweckt wurde. Diese Maschine hat überhaupt keine beweglichen Teile. Ein fallender Wasserstrom reißt Luft mit sich, die durch dessen kinetische Energie am Ende der Fallstrecke als Druckluft wiedergewonnen wird. Es wird von einer Anlage be-

Aus Wasserläufen mit Gefälle fördert der „Hydraulische Widder" kostenlos, ohne eine künstliche Antriebskraft, Wasser auf beachtliche Höhen. In Industrieländern ist das Gerät so gut wie unbekannt, aber dort, wo kein Strom verfügbar und jegliche technisch zubereitete Energie von vielen kaum bezahlt werden kann, leistet es wertvolle Dienste. Diese Wasserpumpe bietet ein kleines Beispiel dafür, wie ein kaum beachtetes Gerät interessant wird, wenn man sich die „hohe Technologie" nicht leisten kann. Die Zeichnungen stammen von der Nürnberger Firma Pfister + Langhanss, die seit über 50 Jahren Hydraulische Widder in Serie herstellt.

richtet, die bei 21,6 m Fallhöhe und einem Fallrohrdurchmesser von 1,53 m Druckluft von rund 8 bar erzeugte, was einer Leistung von etwa 750 kW entsprach.

Daß die alte Hubkolbenpumpe mehr zu leisten vermag, als sie eigentlich dürfte, sei nur am Rande vermerkt. Ihr volumetrischer Wirkungsgrad, das ist das Verhältnis von tatsächlicher zu theoretischer Wasserlieferung, erreicht im allgemeinen 98 %. Folgt man dagegen der Fachzeitschrift „Konstruktion" 26 (1974) Heft 9, dann ist es dem Erfinder Creedon und seinem Team gelungen, eine Hubkolbenpumpe mit einem Wirkungsgrad von über 200 % zu bauen. Sie taten genau das nicht, was der traditionelle Pumpenbau tut: Pumpendrehzahl, Windkessel und Rohrleitungen so aufeinander abzustimmen, daß Schwingungen der Wassersäule vermieden werden. Die Creedon-Pumpe hat eine nicht näher beschriebene „induktive Strömungskomponente", die zu der außergewöhnlich hohen Pumpleistung führt. Das heißt Energieeinsparung auf der anderen Seite.

Die genannte Schrift der amerikanischen Akademie der Wissenschaften ist vor allem auf die Bedürfnisse der Entwicklungsländer abgestellt, in denen die zentrale Energieversorgung noch sehr unterentwickelt ist und denen es an Devisen für Erdöl und Uran mangelt. Nicht nur die Lektüre dieser Studie läßt den Verdacht aufkommen, daß die Ergebnisse der technisch-wissenschaftlichen Kreativität derjenigen, die sich in den Industrieländern um echte Energiealternativen bemühen, zunächst in Entwicklungsländer exportiert werden. Das wäre eine gute Sache. Viele der in diesem Buch vorgestellten Erfinder und unkonventionellen Denker spekulieren darauf. Ihnen sind die Bretter zu dick, die von Lehrbuchweisheiten erfüllte Wissenschaftler, eine monopolisierte Elektrizitätsversorgung und eine von ihr lebende Atomlobby um sich herum aufgebaut haben.

„Differenzkraft" aus Flügelzellen

Versucht im niederrheinischen Erkelenz-Kückhoven ein Unverbesserlicher ein Perpetuum mobile zu bauen? Lassen wir diese Frage offen und versuchen wir statt dessen, die Gedankengänge des Damenschneiders Josef Bertrams nachzuvollziehen. Sie sind nicht schwer, zahlreiche Hydraulikfachleute fanden keinen Fehler daran. Das Ergebnis jedoch, das bisher erst teilweise durch praktische Versuche erhärtet werden konnte, können sie dennoch nicht fassen. Und wenn ihm ein Fachmann zustimmt, dann wagt er keine Fürsprache für Bertrams. Sagte ein Ingenieur zum anderen, nachdem er die Berechnungen und die Versuchseinrichtung meßtechnisch überprüft hatte: „Der Ber-

trams hat ja recht, aber wenn wir seine Maschine bauen würden und sie funktionierte nicht gleich einwandfrei, dann können wir unsere Papiere nehmen."
Seit mehr als 20 Jahren arbeitet Josef Bertrams schon an seinem hydrostatischen „Differenzkraftmotor". Er hat viel gelernt in dieser Zeit. Von den rund 50 Aggregaten, die bisher im Keller unter seiner Schneiderwerkstatt entstanden sind, liefen mehrere. Theoretisch hätten sie das nicht gedurft. Ein neutrales und skeptisches Ingenieurteam, das einen der noch immer funktionierenden Flügelzellenmotoren (das ist die wichtigste Komponente des Differenzkraftmotors) durchgerechnet und die Verhältnisse am Hydraulikprüfstand in Bertrams Keller überprüft hatte, sagte beispielsweise voraus, daß sich dieser Motor, wenn überhaupt, mit höchstens 153,4 Umdrehungen je Minute bewegen würde; es waren 329 U/min.
Die Theorie zum Flügelzellenmotor findet sich in jedem einschlägigen Fachbuch. In die Berechnung seiner Leistung, die wie bei jedem Motor mit der Drehzahl zunimmt, gehen der Flüssigkeitsdruck und die Flüssigkeitsmenge ein, die er bei einer Umdrehung „schluckt"; die Flüssigkeit verrichtet Arbeit, während sie den Flügelzellenmotor passiert. Danach hätte unter den gegebenen Versuchsbedingungen der Experimentalmotor nur mit höchstens 153,4 U/min rotieren dürfen. Auch unter günstigsten Annahmen ließ das von den Experten ermittelte Schluckvolumen keine höhere Drehzahl zu.
Ein Flügelzellenmotor ist vom Prinzip her eine einfache Maschine. In einem kreisrunden Gehäuse bewegt sich, exzentrisch gelagert, ein Rotor. Er ist mit Flügeln besetzt, die an der Gehäusewand entlangstreichen und den Raum zwischen Rotor und Gehäuse in Kammern oder Zellen einteilen. Deren Größe verändert sich bei einem Rotorumlauf ständig und kontinuierlich auf Grund der exzentrischen Anordnung des Läufers. Dieser dreht sich, an seiner Welle Arbeit abgebend, weil die unter Druck einströmende Flüssigkeit seitlich gegen die Flügel am Rotor drückt. Die Arbeitsleistung einer Kammer ist jeweils dann beendet, wenn der sie vorn abschließende Flügel die Auslaßöffnung im Gehäuse überstrichen hat. Kurz vor Auslaßbeginn ist die Kraft übertragende Flügelfläche am größten. Das erzeugte Drehmoment ist, abgesehen von den geometrischen Abmessungen des Motors, abhängig von der Größe dieses „Wirkungsquerschnittes" und dem Druck der einströmenden Flüssigkeit. Bei einem gegebenen Druck läßt sich die Drehzahl, und damit die Leistung eines Flügelzellenmotors nur erhöhen, wenn man sein Schluckvolumen vergrößert.
Die Funktion eines Flügelzellenmotors ist an eine Randbedingung geknüpft: Sein Schluckvolumen muß selbstverständlich immer mit Hydraulikflüssigkeit ausgefüllt sein. Das ist einfach konstruktiv bedingt. Die Arbeitsflüssigkeit wird normalerweise von einer Pumpe gefördert. Je mehr Flüssigkeit ein Flü-

In über zwei Jahrzehnten ist Josef Bertrams, der seinen Lebensunterhalt als schneidernder Zuliefe-rant eines Bekleidungsherstellers verdient, zum Hydraulikfachmann herangereift. Praktisch seinen gesamten Verdienst hat er in dieser Zeit in die Entwicklung eines „Differenzkraftmotors" gesteckt. Dessen entscheidende Komponente, der von Bertrams erdachte Flüssigkeitsmotor, hat sich längst als funktions- und leistungsfähig erwiesen, obwohl ihm das Fachleute nicht zugestehen mochten. Bertrams hat den bekannten Flügelzellenmotor verändert. Das Bild links zeigt einen der herkömmlichen Motoren, die dann einwandfrei arbeiten, wenn die von den Flügeln gebildeten Zellen mit Hydraulikflüssigkeit gefüllt sind. Diese Bedingung muß auch bei Bertrams' Motor erfüllt sein, aber der Flüssigkeit steht hier wesentlich weniger Raum zur Verfügung. Bertrams hat die ursprünglichen Flügel enorm verbreitert, wie das rechte Bild zeigt. Damit wurde, wie er sich ausdrückt, Schluckvolumen fest eingebaut. Auf die Leistungsfähigkeit eines Motors in Flügelzellenbauweise ist das, bezogen auf seine Abmessungen, kaum von negativem Einfluß, denn diese wird bestimmt durch den Flüssigkeitsdruck und die wirksame Flügelfläche, an der das Drehmoment erzeugt wird. Bertrams' Motor benötigt zu einer bestimmten Leistungsabgabe dank des „eingebauten Schluckvolumens" aber wesentlich weniger Hydraulikflüssigkeit je Zeiteinheit. Damit kann bei gleicher Motorleistung die Pumpenleistung erheblich reduziert werden. Der Leistungsüberschuß in Bertrams' Differenzkraftmotor entsteht dadurch, daß der Motor eine höhere Leistung abgibt, als zu seinem Antrieb aufgenommen werden muß.

gelzellenmotor benötigt, um so größer muß die Antriebsleistung für die Pumpe sein. Das vom Flügelzellenmotor abgegebene Drehmoment hängt allerdings nicht direkt vom Flüssigkeitsdurchsatz ab, sondern nur von seinen Abmessungen, der Größe des Wirkungsquerschnittes am Flügel und vom Flüssigkeitsdruck. Ein Flügelzellenmotor müßte bei gleicher Nutzleistung folglich dann mit einer geringen Pumpenleistung auskommen, wenn er weniger Flüssigkeit benötigt.
An dieser Stelle setzt Bertrams Geniestreich an. Er verringert das Schluckvolumen eines Flügelzellenmotors gegebener Abmessungen dadurch drastisch, daß er die normalerweise nur wenige Millimeter dicken Flügel, durch die die Flüssigkeitskammern entstehen, beträchtlich verbreitert. Der für die Flüssigkeit noch verbleibende Raum wird dadurch erheblich reduziert. Diese „su-

perbreiten" Flügel bewegen sich wie die üblichen entsprechend der Exzenterkurve radial hin und her. Bertrams kann aber behaupten, daß er, wie im Falle eines Versuchsmotors, rund 80 Prozent des Schluckvolumens durch das Material seiner superbreiten Flügel ersetzt und ausgefüllt hat. Nicht eigentlich das Schluckvolumen sei dadurch verändert worden, wohl aber komme man mit einer wesentlich geringeren Flüssigkeitsmenge aus.
Die Versuchsmotoren, die sich gegenwärtig drehen oder bisher gelaufen sind, beweisen die grundsätzliche Richtigkeit der Überlegungen ihres Erfinders. Wenn sie keine großartigen Leistungen abgeben, dann liegt das an der völlig unzureichenden Genauigkeit, mit der sie Bertrams bisher lediglich herstellen konnte. Ihre Einzelteile fertigte Bertrams auf ausrangierten Werkzeugmaschinen; seit Anfang 1980 stehen ihm bessere zur Verfügung, bezahlt aus dem schmalen Geldbeutel eines Konfektionsschneiders! Die jetzt mögliche Fertigungsgenauigkeit wird eine Reduzierung der bisher hohen Reibungs- und Schlupfverluste in seinen Maschinen zur Folge haben, wodurch sich der Effekt seiner Überlegungen noch deutlicher zeigen wird. Konstruktiv unter-

Josef Bertrams neben seinem Hydraulikprüfstand; ein Flüssigkeitsmotor ist angeschlossen, ein anderer steht im Vordergrund links. Das Bild täuscht. Der Prüfstand steht im Keller des kleinen Wohnhauses, der mit Werkzeugmaschinen und Materialien vollgestopft ist. Der Prüfstand setzt sich im wesentlichen aus Teilen zusammen, die Bertrams bei Schrotthändlern aufgelesen hat.
Photos: Foto Töpfer, Erkelenz

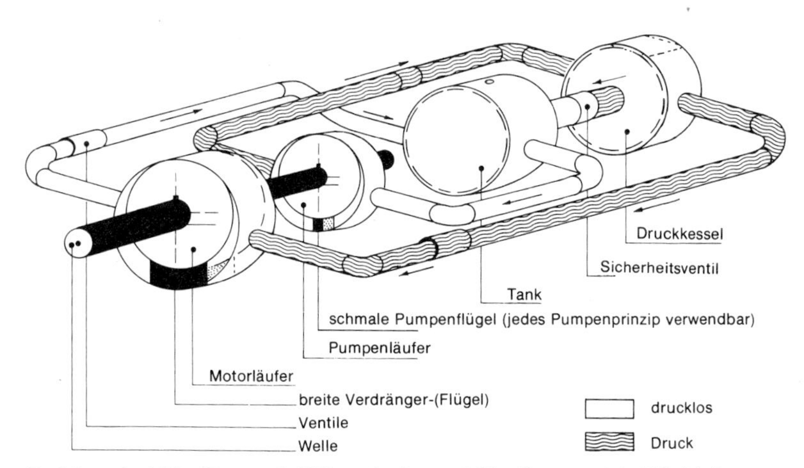

Funktionsschaubild zu Bertrams' „Differenzkraftmotor". Eine Pumpe und der Flüssigkeitsmotor, Bauart Bertrams, sitzen auf einer gemeinsamen Welle. Die Pumpe fördert in einen Druckkessel, aus dem der Motor seine Antriebsflüssigkeit bezieht. Nach der Arbeitsleistung im Motor fließt die Flüssigkeit in einen Tank ab, aus dem sie die Pumpe wieder ansaugt. Einen Differenzkraftmotor könnte man per Handkurbel anlassen. Nach einer gewissen Anzahl von Umdrehungen wäre im Kessel ein Druck erreicht, der im Motor ein Drehmoment erzeugt, das ausreicht, das notwendige Antriebsmoment der Pumpe einschließlich aller Reibungsverluste zu überwinden; der Differenzkraftmotor liefe von selbst weiter. Wird wenigstens der minimale Betriebsdruck im Kessel gehalten, braucht man nur einige Ventile zu öffnen, um das Aggregat zum Anlaufen zu bringen.

scheidet sich sein Flügelzellenmotor, wie gesagt, vor allem durch die gewaltig verbreiterten Flügel oder „Verdrängungskörper" von den handelsüblichen Motoren. Die Verdrängungskörper verhalten sich in ihrem Arbeitsraum „wie die Flüssigkeit", die sie verdrängen.
Soweit der Flügelzellenmotor à la Bertrams. In dem von ihm zum Patent angemeldeten „Differenzkraftmotor" ist er nur ein Teil des Ganzen, wenn auch der wichtigste. Zu diesem gehören noch eine Hydraulikpumpe sowie ein Druckbehälter und ein Tank. Für die Funktion des Flügelzellenmotors ist das aber alles ohne Belang, denn grundsätzlich ist es gleichgültig, von wo er sein Drucköl bezieht. Da Bertrams jedoch einen kompakten Energieerzeuger anstrebt, der sich, einmal in Gang gesetzt, selbst am Laufen hält, verbindet er die Hydraulikpumpe direkt mit dem Flügelzellenmotor und läßt sie von diesem antreiben. Zum Verständnis dessen, was in dem Differenzkraftmotor vor sich geht, sei die Pumpe zunächst separat betrachtet.
Zulässig ist das, denn sie soll ja nur den Flügelzellenmotor mit einer ausreichenden Flüssigkeitsmenge versorgen, die unter einem bestimmten Druck steht. Würde sie einen konventionellen Flügelzellenmotor zu versorgen haben, müßte sie, einmal ungeachtet aller Verluste, so viel Flüssigkeit fördern,

wie es dessen Schluckvolumen entspricht. Da in dem Flügelzellenmotor von Bertrams bei gleicher Leistung aber nur 20 Prozent seines Schluckvolumens für das Hydrauliköl zur Verfügung stehen, kann die Förderleistung der Pumpe (und damit ihre Antriebsleistung) um rund 80 Prozent geringer sein. Oder anders herum: Leistet die Pumpe 100 Prozent, steht am Motor theoretisch eine nutzbare Überschußleistung von rund 80 Prozent zur Verfügung. Sie entspricht dem Anteil des Schluckvolumens, der in Form der superbreiten Verdrängungskörper (Flügel) in den Hydraulikmotor eingebaut ist.
Der Differenzkraftmotor nach Bertrams, und entsprechend lautet die Patentanmeldung, soll nun wie folgt funktionieren:
Flügelzellenmotor und (zum Beispiel) Flügelzellenpumpe (in konventioneller Bauweise mit dünnen Flügeln) sitzen auf einer gemeinsamen Welle. Der Motor bezieht sein Drucköl aus einem Hochdruckbehälter. Hat die Flüssigkeit ihre Arbeit im Motor geleistet, fließt sie in einen Tank ab. Aus diesem saugt die über die Motorwelle angetriebene Pumpe das Öl wieder an, um es in den Hochdruckbehälter zu fördern. Zwischen Hochdruckbehälter und Tank sorgt ein Ventil dafür, daß der Druck im Hochdruckbehälter auf dem Sollwert gehalten und Flüssigkeit in den Tank abfließen kann.
Wer Schritt für Schritt die Funktionsweise des von Bertrams vorgeschlagenen Differenzkraftmotors nachzuvollziehen versucht, wozu dieser Bericht anleiten mag, dürfte keinen Gedankenfehler entdecken. Den Ingenieuren, die das bisher taten, ist jedenfalls noch kein Denkfehler aufgefallen. Der Differenzkraftmotor müßte sich, nachdem der benötigte hydraulische Betriebsdruck mit Hilfe eines Anlassers aufgebaut ist, beständig drehen und dabei eine Nutzleistung abgeben. Er ließe sich nur über mehrere Ventile wieder anhalten.
Ein hydraulisches Perpetuum mobile also. Dagegen sträubt sich verständlicherweise jeder technisch-wissenschaftliche Sachverstand. Was macht man aber, wenn Theorie und Berechnungen keinen Fehler erkennen lassen? Wie müßte der nächste Schritt aussehen, wenn sich das Kernstück so eines Aggregates, der neuartige Flügelzellenmotor, entgegen der Expertenmeinung schon „kraftvoll" dreht und ein wesentlich höheres Drehmoment liefert, als es nach Schulmeinung auf Grund des geringen Druckölverbrauches je Umdrehung zu erwarten ist? Die nächste Entwicklungsstufe wäre der Bau eines Prototyps des angestrebten Differenzkraftmotors. Sofort würde sich zeigen, ob seine Weiterentwicklung erfolgversprechend oder welchem Trugschluß man zum Opfer gefallen ist. Bertrams fehlten dazu bisher die Möglichkeiten, aber mit jedem Monat kommt er dieser entscheidenden Entwicklungsstufe näher. Bemühungen, materielle und ideelle Unterstützung zu erhalten, scheiterten entweder an Desinteresse, am Unvermögen, seinen Gedanken zu fol-

gen, oder daran, daß das Endergebnis aller Theorie und praktischen Erfahrung widerspricht.
Der Briefwechsel, der sich um diese Erfindung zwischen Bertrams und den verschiedensten Institutionen entwickelt hat, enthüllt Mißverständnisse und Selbstverständnisse derjenigen, die um Begutachtung und Unterstützung gebeten wurden. Daß Bertrams bei seiner Doppelbelastung durch Schneiderei und technische Entwicklungsarbeit nicht immer die Zeit findet, „geschickt" zu formulieren, sei der Korrektheit willen angemerkt. Aber schließlich hat er das Schneiderhandwerk und das Denken gelernt, nicht die kunstvolle Sprache streitender Gelehrter.
Das Deutsche Patentamt lehnte 1959 eine Patentanmeldung, die das Gesamtsystem „Differenzkraftmotor" betraf, mit der folgenden Begründung ab:
Da der Druck für den Flügelzellenmotor aus dem System (dem Differenzkraftmotor) komme, könne dieser nicht funktionieren. Auf die Erwiderung von Bertrams, daß es unwichtig sei, woher der Druck komme, daß er lediglich in einer bestimmten Höhe an den Druckflächen der Verdrängungskörper wirken müsse, betonte das Patentamt in einem weiteren Brief, daß es aber gerade darauf ankomme, wo der Druck herstamme. Wörtlich steht da: *„Sie schreiben, daß dieser Druck von einer Pumpe erzeugt werden soll, die von diesem Motor angetrieben werden soll. Dies ist jedoch unmöglich, denn es kann sich nicht eine Maschine mit der Kraft antreiben, die sie selbst erzeugen soll, weil keine Arbeit verlustlos geleistet werden kann ... Ihre Maschine soll erst mit Druckwasser gefüllt werden. Dann soll kein Wasser mehr zu- und auch keines mehr ablaufen. Das Wasser soll also im geschlossenen Kreislauf innerhalb der Maschine umgewälzt werden (Anspruch 8). In diesem geschlossenen Kreislauf soll der Wassermotor durch Druckwasser aus einem Druckbehälter angetrieben werden, in den das Druckwasser durch eine Wasserpumpe ‚gepreßt' werden soll. Die Pumpe soll von demselben Motor angetrieben werden, dem sie das Druckwasser zuleitet. Das widerspricht dem Energieprinzip. Ihre Maschine ist also tatsächlich nicht betriebsfähig, denn ihre Arbeitsweise verstößt gegen die Naturgesetze. Die Anmeldung wird infolgedessen nunmehr zurückgewiesen werden."*
1973 nahm das Patentamt denn doch drei Anmeldungen von Bertrams an: sie betrafen den Motor, die Pumpe und den Differenzkraftmotor, der Motor und Pumpe vereinigt.
Die Patentfähigkeit einer Erfindung könne nur vom Deutschen Patentamt erklärt werden. Darauf machte im November 1959 Dr. Gr (Unterschrift nicht zu entziffern) von der „Patentstelle für die Deutsche Forschung" bei der Fraunhofer-Gesellschaft den Erfinder Bertrams in einem Brief aufmerk-

sam. Ein paar Zeilen weiter zitiert Dr. Gr dann einige Richtlinien seines Hauses. Danach ist es Aufgabe der Patentstelle, „je nach Art der eingereichten Unterlagen die Anmelde-, Patentier- oder Verwertungsfähigkeit einer Erfindung“ zu klären zu versuchen. Sollte Bertrams, so schrieb der gütige Herr, an die Ausnutzung von Druckwasser aus Talsperren usw. denken, so stünden dafür hochentwickelte, kaum noch Wünsche offenlassende Turbinen zur Verfügung. Der Brief schließt sodann mit einer wohlwollenden Empfehlung:
„Sie haben sich offenkundig in ein Gebiet gewagt, mit dessen Grundgesetzen Sie nicht vertraut sind. Falls Sie Freude an derlei Dingen haben, empfehlen wir Ihnen die Lektüre von Fachbüchern. Man wird dadurch zwar nicht unbedingt zum erfolgreichen Erfinder, gewinnt aber Verständnis für wenigstens etliche der technischen Einrichtungen.“
Freundlich und klar ist auch der Hinweis, der sich in einem Brief des Frankfurter Battelle-Instituts, den „Gemeinnützigen Laboratorien für industrielle Vertragsforschung“, an Bertrams findet. Dr. K. von Hanffstengel schreibt da unter dem Datum vom 10. August 1962: *„Wie sich verschiedentlich bestätigt hat, ist das Urteil des Deutschen Patentamtes richtig. Wir nehmen deshalb an, daß es auch in Ihrem Falle zutrifft. Aus der Literatur und den vorliegenden Patenten ist uns außerdem bekannt, in welchem Umfang und wie systematisch das ganze Gebiet der hydrostatischen Antriebe erforscht ist, so daß von Außenseitern keine überraschenden Lösungen mehr zu erwarten sind.“*
Den Verein Deutscher Ingenieure (VDI), Deutschlands vornehmste und größte Standesorganisation für Ingenieure, fragte Bertrams erst im Mai 1977 um Rat. Es antwortete prompt P. Selbmann, Geschäftsführer der VDI-Gesellschaft „Konstruktion und Entwicklung“:
„Wir sehen uns leider außerstande, Ihrem Wunsche nach Benennung von Ingenieuren nachzukommen, die sich mit der Berechnung des von Ihnen so hoch geschätzten Flügelzellenmotors befassen könnten. Es liegt außerhalb unseres Aufgabengebietes, hier eine Vermittlerrolle zu spielen; als neutraler technisch-wissenschaftlicher Verein befassen wir uns im wesentlichen mit der Erarbeitung von VDI-Richtlinien und der Organisation von VDI-Fachtagungen, mit denen neuester wissenschaftlicher Stand vermittelt wird.“
Es folgen Hinweise auf zwei dieser Richtlinien und wo man sie kaufen könne sowie der Tip, sich wegen einer Kontaktaufnahme mit Berechnungsingenieuren doch an den „Verband Beratender Ingenieure“ zu wenden. (Anmerkung: Der VDI nennt sich selbst „Wegbereiter der Technik“.)
Für die Landesregierung Nordrhein-Westfalen stellte ein Mensch namens Cirkel (Vorname ist nicht angegeben) aus dem Ministerium für Wirtschaft, Mittelstand und Verkehr mit Schreiben vom 26. Juli 1977 die Förderungsmöglichkeiten in diesem Bundeslande klar. Er schreibt:

„Mir liegen Ihre Schreiben vom 12.7. und 16.7.1977 vor. Ich darf Sie nochmals darum bitten, sich um die Mitarbeit eines Unternehmens zu bemühen, das bereit und fachlich in der Lage ist, Ihre Ideen zu verwirklichen. Sollte sich herausstellen, daß dann noch weitere Entwicklungsarbeit notwendig ist, so wäre ein entsprechender Antrag auf Förderung dieser Entwicklungsarbeit möglich. Leider ist nur dieser Weg möglich, da nur dann die Verwirklichung Ihrer Idee, ihre technische und kommerzielle Realisierung und Einführung am Markt einigermaßen gesichert ist."

Die Herren Dr. Wirtz und Huttenlocher vom Volkswagenwerk hatten im Mai 1977 dankend abgelehnt und schrieben:

„Wir haben nicht die Absicht, einen Motor gemäß Ihren Vorstellungen in unser Entwicklungsprogramm aufzunehmen. Daher sehen wir für Ihren Vorschlag keine Verwendungsmöglichkeit und sind an einer wirtschaftlichen Verwertung Ihrer Erfindung nicht interessiert. Dennoch vielen Dank für Ihr Angebot. Die uns übersandten Erläuterungsunterlagen erhalten Sie zu unserer Entlastung beigefügt zurück."

Für die hohe Wissenschaft sei aus dem Brief zitiert, den Dipl.-Ing. H. Weltens am Lehrstuhl für angewandte Thermodynamik der Rheinisch-Westfälischen Technischen Hochschule Aachen am 1. September 1975 an Bertrams schrieb. Er beginnt:

„Als Sachbearbeiter habe ich die Begutachtung des von Ihnen erfundenen Flüssigkeitsmotors übernommen. Ich bedaure es, Ihnen mitteilen zu müssen, daß der von Ihnen vorgeschlagene Flüssigkeitsmotor nicht funktionsfähig ist. Flüssigkeiten sind bekanntlich inkompressible Medien und können somit nicht verdichtet werden, sondern lediglich verdrängt. Deswegen ist das Fördern von Flüssigkeiten mittels Aggregaten, bei denen der Verdränger zwar eine weitergehende, aber durch die exzentrische Lagerung gegebene ungleichförmige Bewegung ausführt, technisch nicht möglich. Die Bauteile würden sofort infolge der auftretenden Kräfte mechanisch zerstört. Das von Ihnen vorgeschlagene Prinzip zur Gewinnung technischer Arbeit ist auch unter der Annahme einer zentrischen Lagerung des Läufers im Gehäuse und somit einer Verdrängung und äußeren Kompression des Mediums nicht wirksam."

Es folgt eine mathematische Ableitung dazu, die beweist, daß Bertrams das unmögliche Perpetuum mobile erfunden hat.

Mit dem Bundesminister für Forschung und Technologie rang Bertrams lange. Im Februar 1974 bat ihn Dr. Klein um detaillierte Unterlagen, die er dann zur Begutachtung an die Kernforschungsanlage Jülich weiterleiten werde. Nachdem Bertrams im Laufe der Jahre danach immer neue Beschreibungen und Bilder nach Bonn geschickt hatte, zog Dr. Bandel vom BMFT im November 1976 einen Schlußstrich, indem er ihm mitteilte, daß er das vorge-

schlagene Prinzip in der erläuterten Form für nicht funktionsfähig halte und er (Bertrams) von weiteren Zuschriften absehen möge.
Derselbe Dr. Bandel ließ sich in einem Brief vom Januar 1976 an Bertrams über die Aufgaben der „Patentstelle für die Deutsche Forschung" aus. Das sei zum Schluß doch noch zitiert, weil der Zitatenschatz zum „Fall Bertrams" bereits schon einen Brief dieser Institution enthält und Bandels Hinweise manchem Erfinder eine Hilfe sein könnten. Sie lauten:
„Um Einzelerfindern die Möglichkeit einer sachgerechten Prüfung Ihrer Ideen zu gewährleisten, habe ich mit der Fraunhofer-Gesellschaft – Patentstelle für die Deutsche Forschung –, 8 München 19, Romanstraße 22, eine generelle Übereinkunft getroffen, der zufolge Sie – unter strenger Einhaltung der Vertraulichkeit – unentgeltlich Rat erhalten. Im einzelnen sorgt die Patentstelle für die Erwirkung, Aufrechterhaltung und Verwertung von Schutzrechten für 1. Forscher und fremde Institute mit dem Ziel, den Innovationsfluß vom Forscher zur Wirtschaft und damit die Lizenzbilanz für die Bundesrepublik Deutschland zu verbessern; 2. freie Erfinder sowie freigegebene Erfindungen von Arbeitnehmern, um so auch diesem Personenkreis Förderungsmaßnahmen zukommen zu lassen, sofern die wirtschaftliche Verwertung der Erfindung aussichtsreich erscheint."
Der Brief schließt folglich mit der Bitte, sich unter Beifügung der vollständigen Unterlagen an die oben genannte Stelle zu wenden. – Fortsetzung siehe oben.

Mechanische Perpetua mobilia absolut aussichtslos?

Über „dogmatischen Realismus" und verschollene Perpetua mobilia

Die Unmöglichkeit des Perpetuum mobile ist am plausibelsten immer an mechanischen Apparaturen nachgewiesen worden. Ungezählte sind im Laufe der Jahrhunderte gebaut worden, oft waren es die größten Geister ihrer Zeit, die sich daran versuchten. Die Bücher, in denen diese Ideen zusammengetragen wurden, die Museen, in denen man einige von ihnen noch heute an Hand von originalen Geräten, von Modellen und Zeichnungen studieren kann, vermitteln alle nur eine und eindeutige Antwort auf dieses menschliche Bemühen: So geht's nicht. Eine perpetuierliche Maschine, die aus sich selbst heraus ewig läuft, kann es nicht geben. Ihre Leistungsbilanz müßte immer einen Energieüberschuß ausweisen, mit dem sie sich selbst in Bewegung hält.

Jeder Pfennig, der in die Entwicklung eines Perpetuum mobile gesteckt wird, ist zum Fenster hinausgeworfen. Jeder Schüler weiß das, vielmehr, er plappert es nach. Die Milliarden, die wir in die Entwicklung des Schnellen Brüters stecken, sind hoffentlich nicht schon deshalb verloren, weil wir damit sogar von Staats wegen das größte Perpetuum mobile aller Zeiten finanzieren. Gewiß wird sich jemand finden, der wissenschaftlich exakt nachweist, daß der Schnelle Brüter selbstverständlich kein Perpetuum mobile ist. Wir sollten ihm diesen Beweis aber nur abnehmen, wenn er sich dabei der Weisheiten der klassischen Mechanik einschließlich der Thermodynamik bedient, denn diese allein werden bis heute als Waffen im Kampf gegen Perpetuum-mobile-Bauer eingesetzt.

Vielleicht gelingt mit Newtons weiterentwickelter Mechanik auch eine Erklärung des Lasers (Light Amplification by Stimulated Emission of Radiation). Die Energie, die einen Lichtstrahl befähigt, in Bruchteilen von Sekunden eine Stahlplatte zu durchbohren, ist in das System „Laser" nicht hineingesteckt worden, sie wurde in ihm geweckt. Mit der Lichtenergie von nur 3,4 Joule (das entspricht dem Verbrauch einer Taschenlampenbirne in einer Sekunde), so berichtete die „Technische Rundschau" am 2. Oktober 1979, sei es gelungen, einen Laser während $0{,}2 \cdot 10^{-15}$ Sekunden zur Abgabe einer

Leistung von 17 · 10^{15} Watt zu veranlassen. Was gibt dem Laserlicht seine ungeheure Kraft? Mit kaum verhohlenem Grinsen, so scheint es, setzte der Redakteur diese Frage über seinen Bericht von der Laser-Leistung.
Keine Frage, der Begriff des „Perpetuum mobile" ist ein Kind der klassischen Mechanik. Mit dieser allein unsere physikalische Welt erklären zu wollen, ist lächerlich. Sie reicht nicht einmal hin, die Verdunstung des Wassers zu beschreiben. Wasser verdampft bekanntlich bei 100 Grad Celsius, weil erst bei dieser Temperatur die Eigenbewegungen der Wassermoleküle so heftig geworden sind, daß sie die Kräfte, die sie aneinanderbinden, überwinden können. Wie nun können dieselben Moleküle bei Umgebungstemperatur nach und nach „in die Luft springen"? Die Quantenmechanik, die in diesem Jahrhundert unser physikalisches Weltbild revolutioniert hat, kann dieses Phänomen erklären. Sie erweist sich als unerläßlich, um tiefer einzudringen in das, „was die Welt im Innersten zusammenhält". Wer forsch und ohne nachgedacht zu haben den Begriff des „Perpetuum mobile" als Schutzschild gegen Irrlehren benutzt, ignoriert einen großen Teil des Erkenntnisfortschritts, den unser Jahrhundert gebracht hat. Er hängt einem dogmatischen Realismus an, um Werner Heisenberg zu zitieren, der behauptet, daß es keine sinnvollen Aussagen über die materielle Welt gibt, die nicht objektiviert werden können.
In seinem Essay über „Die philosophische Entwicklung seit Descartes und die neue Lage in der Quantentheorie" schreibt Heisenberg dazu u.a.:
„Der dogmatische Realismus ist aber, wie wir jetzt sehen, nicht eine notwendige Voraussetzung für die Naturwissenschaft. Er hat in der Vergangenheit zweifellos bei der Entwicklung der Naturwissenschaft eine sehr wichtige Rolle gespielt. Tatsächlich ist wohl die Auffassung der klassischen Physik die des dogmatischen Realismus. Man hat wohl erst durch die Quantentheorie gelernt, daß exakte Naturwissenschaft ohne die Grundlage des dogmatischen Realismus möglich ist."
Dem dogmatischen Realismus stellt Heisenberg den praktischen Realismus gegenüber. Von ihm sagt er: „Der praktische Realismus nimmt an, daß es Feststellungen gibt, die objektiviert werden können, und daß tatsächlich der größte Teil unserer Erfahrungen im täglichen Leben aus solchen Feststellungen besteht." Eine Aussage werde dann objektiviert, wenn wir behaupten, daß ihr Inhalt nicht von den Bedingungen abhänge, unter denen sie verifiziert werden kann.
Es ist ein goldener Satz, den Werner Heisenberg 1958 zum 100. Geburtstag Max Plancks formulierte: „Insbesondere würde es dem Geist der Naturwissenschaft in jeder Weise zuwiderlaufen, wenn man versuchen wollte, irgendwelche bestimmte Antworten zum Dogma zu erheben." Genau das aber wird

täglich gemacht, wenn Gutachter aller Couleur Neues beurteilen. Das ist verständlich, und man könnte es hinnehmen, würde ihr Verhalten als Gralshüter naturwissenschaftlichen Geistes nicht so ernst genommen und wäre es nicht so folgenschwer.

Nach diesem kurzen Höhenflug ins naturwissenschaftlich-philosophische Denken Werner Heisenbergs wollen wir wieder herabsteigen, diesmal zu den Konstrukteuren mechanischer Perpetua mobilia. Haben sie stets nur funktionsuntüchtige Spielzeuge zustande gebracht? Ist zumindest das mechanische Perpetuum mobile absolut undenkbar? Nicht alles, was in der Vergangenheit vorgeführt wurde, muß das Ergebnis vergeblicher Bemühungen gewesen sein. Nachprüfungen sind in vielen Fällen nicht mehr möglich, aber Spekulationen sind erlaubt. Zum Beispiel diese:

Könnte es nicht sein, daß besonders die Zeugnisse von Maschinen, die funktionierten, gezielt vernichtet wurden? So findet sich in dem 1914 erschienenen und von Frida Ichak verfaßten Buch „Das Perpetuum mobile" eine bemerkenswerte Fußnote. Auf ihre Frage an den Konservator des Pariser Musée des Arts et des Métiers, wo denn die Perpetuum-mobile-Modelle hingekommen seien, die dort noch vor einigen Jahren zu bestaunen waren, bekam sie zur Antwort, daß diese vernichtet wurden, weil sie „dem Publikum böse Inspirationen einflößten".

In dem erstmals 1861 in London erschienenen Buch von Dircks über das Perpetuum mobile veröffentlicht dieser einen Ausschnitt aus dem 1843 publizierten Katalog über Ausstellungsstücke in The Royal Polytechnic Institution. Von sechs Exponaten eines Herrn Moinau de Montauban waren ein paar Jahre später nur noch zwei zu sehen. „Removed" – entfernt, hieß es zu dessen „Volant Moteur Perpétuel". Als sich der Dresdner Oberlehrer Dr. Hoyer um die Jahrhundertwende mit dem Leben des „sächsischen Archimedes", mit Andreas Gärtner, befassen wollte, der 1654 in Quatitz bei Bautzen geboren wurde, studierte er die „Modellkammer" im Dresdner Zwinger, die laut Inventarium von 1827 auch drei Perpetua mobilia von Gärtner, die dieser im Auftrage seines Königs (August des Starken) gebaut hatte, enthalten sollte. Ausgerechnet diese waren verschwunden. Wohin, darüber gaben die Akten keinen Aufschluß.

Gärtner war der prominenteste Gegner von Karl Elias Bessler, der sich Orffyreus nannte und bis heute der rätselhafteste Perpetuum-mobile-Bauer geblieben ist. 1715 soll er ein großes stoffbespanntes Rad vorgeführt haben, das sich pausenlos mit 50 Umdrehungen/Minute drehte und dabei „40 Pfund 5 Fuß" hochgehoben haben soll. Nach einer Empfehlung von Leibniz stellte Landgraf Karl von Hessen-Kassel auf Schloß Weißenstein ein Zimmer zur Aufstellung des „Kasseler Rades", wie man die Orffyreus-Maschine später

nannte, zur Verfügung. Am 12. November 1717 wurde das Rad im Beisein von Architekt Joseph Samuel Fischer von Erlach und des angesehenen Leidener Physikers Willem Jacobus 's Gravesande in Gang gebracht, der Raum versiegelt und 14 Tage lang bewacht. Am 26. November drehte es sich noch immer mit „unverminderter Geschwindigkeit". Ein zweiter und dritter „Probelauf", die 40 Tage und dann zwei Monate dauerten, führten zu demselben Ergebnis.
Angeblich verriet die Magd des Orffyreus den faulen Zauber, der hinter dem „Kasseler Rad" steckte. Sein Erfinder gilt seither als einer der gerissensten Betrüger auf diesem Gebiet, dessen sich viele Perpetuum-mobile-Enttarner erinnern. Was aber gab der unverdächtige Zeuge, der Physiker 's Gravesande zu Protokoll? „Ich weiß wohl, daß Orffyreus verrückt, aber ich glaube nicht, daß er ein Betrüger ist. Ich habe mich niemals dafür entschieden, ob seine Maschine ein Betrug ist, aber eins weiß ich, wie nur irgendetwas in der Welt: wenn die Dienstmagd das obige sagt, dann lügt sie."
Wir können diese Geschichte nicht mehr aufklären. Lassen wir's bewenden mit dem Kommentar von Prof. David E. H. Jones vom Londoner Imperial College, der in dem 1976 von Hoimar von Ditfurth herausgegebenen Buch „Physik" schreibt: „Angesichts der Tatsache, daß dieses rätselhafte Meisterstück allen Untersuchungen triumphal standhielt, kann es nicht leichthin als offensichtlicher Betrug abgetan werden, wenn auch einige zeitgenössische Kommentatoren Verdacht geäußert haben."
Ob die beiden nachfolgend beschriebenen Apparaturen von Zeitgenossen den Energiesatz verletzen oder nicht, darüber mögen Experten befinden. Ich halte sie jedenfalls für wert, sie hier vorzustellen.

„Spielschaukel" speichert ihre abgegebene Energie

Michael Beikert ist Rentner und lebt in Neu-Ulm. Um die alten Perpetuum-mobile-Bauer und darum, warum ihre Konstruktionen nicht funktionierten oder doch hätten laufen können, hat er sich nie gekümmert. Ende 1979 verkündete er per Kleinanzeige in einer technisch-wissenschaftlichen Zeitung einen „neuen Energiesatz": Energie könne mit Energie dadurch erzeugt werden, so schrieb er sinngemäß, daß man diese zur Veränderung eines Systems einsetze und gleichzeitig speichere.
Über den hohen Anspruch, einen neuen Energiesatz gefunden zu haben, braucht hier nicht geurteilt zu werden. Die nachfolgende Schilderung der Überlegungen, die Beikert glauben machen, einer neuen Gesetzmäßigkeit auf die Spur gekommen zu sein, sprechen für sich. Sie dürfte ausreichen zum

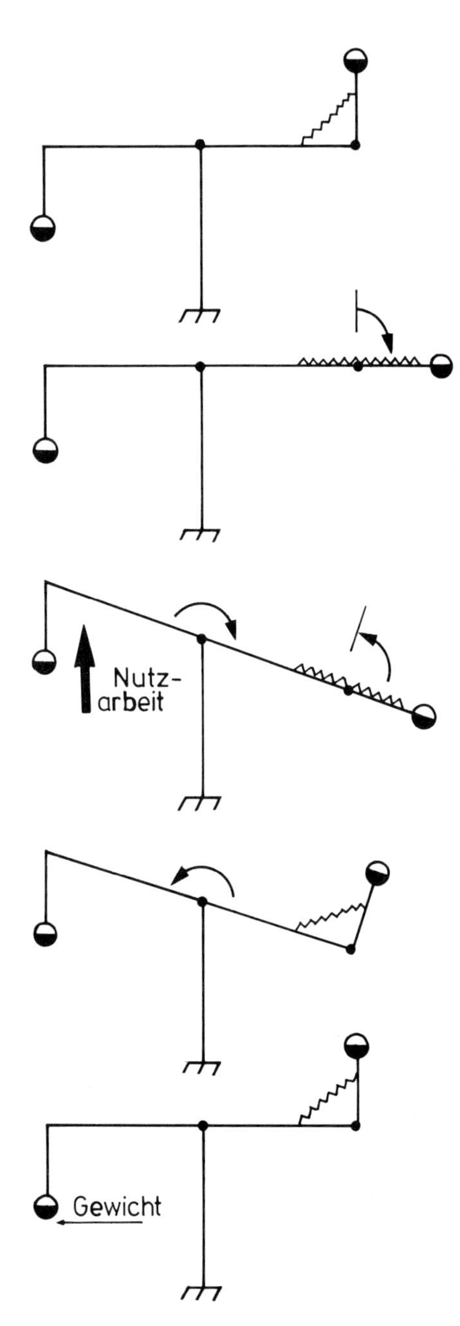

Der Autor dieses Buches ist nicht gekränkt, wenn der Leser das von Michael Beikert vorgelegte Modell zu einem mechanischen Perpetuum mobile lediglich als Denksportaufgabe anzunehmen bereit ist. Die Bildchen sollen von oben nach unten den folgenden Bewegungszyklus verdeutlichen: ein Hebel befindet sich im Gleichgewicht, links und rechts gleich lange Hebelarme und gleiche Gewichte. Das rechte Gewicht bewegt sich um ein Gelenk nach unten; dabei verlängert sich sein wirksamer Hebelarm, gleichzeitig wird seine Fallenergie in einer sich dehnenden Feder gespeichert. Das herabfallende Gewicht vermag nach dem Hebelgesetz am linken Hebelarm ein Gewicht zu heben, also Nutzarbeit zu leisten. Danach zieht die in der Feder gespeicherte Energie das Gewicht wieder in seine alte Lage, der Hebel gerät wieder ins Gleichgewicht. Das System ist in seine Ausgangslage zurückgekehrt und kann erneut Hubarbeit leisten.

Nach-Denken. Zur Veranschaulichung hat Beikert ein Modell gebaut, mit dem sich einerseits das Neue auf einfachste Weise demonstrieren läßt, das andererseits so „primitiv“ ist, daß sein Erfinder geradezu Hemmungen hat, es vorzuführen.
Man stelle sich einen einfachen Waagebalken vor, der durch gleich große Gewichte links und rechts in einem labilen Gleichgewicht gehalten wird. Nach dem Hebelgesetz herrscht auch Momentengleichgewicht. Die Gewichte liegen oder hängen nicht einfach an den Enden ihrer Hebelarme, sie sind vielmehr an „Stielen“ befestigt, die unter 90 Grad vom Waagebalken abgehen; der linke weist nach unten, der rechte nach oben. Das Hebelgleichgewicht ist dadurch nicht beeinträchtigt. Durch einen genialen, systemimmanenten Trick kann es aber gestört werden: der rechte, nach oben weisende Stiel ist gelenkig mit dem Ende des Waagebalkens verbunden. Zusätzlich verbindet ihn mit diesem eine ungespannte Feder, die wie eine Dreieckseite dem rechten Winkel zwischen rechtem Hebelarm und dem nach oben zeigenden Stiel gegenüberliegt. Das System wird nun dadurch aus dem Gleichgewicht gebracht, daß man das rechte Gewicht an seinem „gelenkigen Stiel“ herunterfallen läßt. Dabei laufen zwei Vorgänge gleichzeitig ab:
1. Der rechte Waagearm verlängert sich um den Teil der Länge des Stiels, der der Fallhöhe des Gewichtes entspricht. Die Feder begrenzt die Fallhöhe so, daß das Gewicht wieder zur Ruhe kommt, bevor sein Stiel eine Gerade mit dem Waagebalken bildet.
2. Die Lageenergie des Gewichtes, die bei seinem Herabfallen frei wird, geht nicht verloren, sie wird vielmehr in der sich dabei spannenden Feder gespeichert. Der Effekt dieses Arbeitsspiels ist einleuchtend: Das rechte Gewicht leistet an dem während seines Falls sich verlängernden Hebelarm Arbeit, die z. B. am linken Hebelarm zum Heben eines Gewichtes genutzt werden kann. Die dabei abgebaute potentielle Energie des rechten Gewichtes ist damit aber nicht verloren. Sie steckt gespeichert in der ausgezogenen Feder, die das Gewicht wieder nach oben in seine alte Lage zieht. Es bedarf keiner Phantasie, sich vorzustellen, daß das gesamte System so austariert und möglicherweise durch kleine Steuerimpulse so beeinflußt werden kann, daß es aus sich heraus unterbrechungsfrei schwingt und dabei Nutzenergie zur Verfügung stellt.
Michael Beikert ist Statiker. Er wollte Physiker werden, aber dem stand die bittere Armut seines Elternhauses entgegen. Der Vater, Stukkateur, Handwerker und Künstler zugleich, fiel gleich in den ersten Wochen des Ersten Weltkrieges. Die Mutter überlebte ihn nur um einige Jahre. Als Hilfsarbeiter schleppte sich Beikert durch, absolvierte einen Fernlehrgang über „Statik“ und ließ sich in der Abendschule zum Bautechniker ausbilden. Nach dem

Krieg begann er in Mannheim als Bauführer, danach arbeitete er als Statiker für Architekturbüros und im Baubüro von Magirus-Deutz in Ulm.
Die Statik, so meint er, habe ihn nicht zu dem hier vorgestellten Energiewandler geführt, obwohl die Verwandtschaft damit offensichtlich ist. Seine Erfindung hänge vielmehr mit seinem jahrelangen Nachdenken darüber zusammen, was Energie eigentlich sei. Sie ist nach seiner Erkenntnis das Bestreben nach Ausgleich und setze Bewegungsmöglichkeit voraus. Diese wiederum könne nur dann gegeben sein, wenn Materie nicht gleich verteilt sei. Und Leben, so sagt er fast schon philosophisch überhöht, bedeute Bewegung. Der Ursprung aller Bewegungsmöglichkeiten liegt nach seiner Deutung im Unendlichen, gegenüber dem das Universum nicht nur per definitionem kleiner sein müsse.
Der Autor dieses Buches ist mit Michael Beikert gespannt, ob sich jemand findet, der sein Energiewandlermodell eindeutig ad absurdum führen kann. Gegenwärtig bemüht sich Beikert unter dem Titel „Waage-Spielschaukel" um den Patent- oder Gebrauchsmusterschutz für das Modell eines Energiewandlers, dem man die Nutzanwendung im Großen nicht ohne weiteres wird absprechen können.

Trinität, Grundlage eines Schwingungssystems

Unsere natur- und ingenieurwissenschaftlichen Lehrbücher vermitteln fast immer nur das objektivierte Endergebnis eines Erkenntnisprozesses. Der schöpferische Mensch, der dazugehörte und dahinterstand, wird zur Vervollständigung des Bildungsangebotes höchstens noch mit Namen und Lebenszeit angemerkt. Auf diese Weise entsteht der Eindruck, daß nur der richtige Mann zu kommen und sich zu bücken brauchte, um ein Naturgesetz in die Hand zu bekommen. Daß jeder Erkenntnisfortschritt unabdingbar mit der Biographie des Genius, mit seinem subjektiven Erfahrungsschatz und möglicherweise mit einer Fülle von Nicht-Objektivierbarem und Nicht-Realisierbarem verwoben ist, bleibt unerkannt. Und da wir auf die Naturgesetze zurückgreifen wie auf Gebrauchsanweisungen für Küchengeräte, entwickeln wir auch nicht das „positive Bewußtsein für die Beschränkungen, die die Naturgesetze jedem Versuch einer Problemlösung entgegensetzen". Hans Albert, ein Schüler Karl Poppers, forderte zu Recht dieses Bewußtsein.
Funktionären in Sachen Naturwissenschaft und Technik muß es schwerfallen, die Genesis einer neuen Erkenntnis gedanklich nachzuvollziehen. Basiert das Neue gar auf einer Vision, einer Eingebung, einer Offenbarung, die zu einem neuartigen oder modifizierten Weltbild geführt hat, dann ist dieses

an „Experten“ so gut wie nicht vermittelbar. Die Grenzen gutachterlicher Beurteilung sind erreicht. Selbst das funktionierende Experiment vermag nicht zu überzeugen, denn hinter Ursachen, die im Lehrbuch nicht vorkommen, können nur faule Tricks stecken.
Mit diesen Bemerkungen sei die Vorstellung Richard Bürkles und eines von ihm entdeckten Schwingungsphänomens eingeleitet, zu dem der verstorbene Physikprofessor Ferdinand Trendelenburg, Siemens und Universität Erlangen-Nürnberg, meinte: „Die Bedeutung dieser Erscheinung im Weltbild der Physik wird sich eines Tages erweisen. Man wird gezwungen sein, dieselbe als Tatsache und als Novum hinzunehmen.“
Für Richard Bürkle, 1894 in Köln geboren und bald danach in Wiesbaden lebend, offenbart dieses Schwingungsphänomen, das ihm selbst auf visionäre Weise offenbart wurde, ein fundamentales Naturgesetz der Ursachen von Bewegungsvorgängen. 1910, dem Jahr, in dem er das Reformgymnasium in Wiesbaden verließ, sah er ein Gerät vor seinem geistigen Auge, das er 1952 vorführen konnte und das wie ein mechanisches Perpetuum mobile lief. 1909 war Bürkle während der Flugvorführungen der Gebrüder Wright in Frankfurt ein Mann begegnet, der in einem Gerät Kugeln auf und ab laufen ließ und dem angeblich nur Geld fehlte, um den Apparat so zu vervollkommnen, daß die Kugeln immer in Bewegung bleiben. Bürkle erkannte, daß ihm das nie gelingen werde und fing selbst an, über das Problem der fortgesetzten Bewegung nachzudenken.
Mit den untauglichen Mitteln, die in vergangenen Jahrzehnten und Jahrhunderten die ewig laufende Maschine bringen sollten, hat das von Bürkle schließlich gefundene außergewöhnliche Schwingungsphänomen allerdings wenig gemein. Zwar werden auch bei ihm Gewichte gehoben und gesenkt, aber das macht nicht prinzipiell dessen Funktion aus. Diese beruht vielmehr darauf, daß es Bürkle gelang, die vertikal wirkende Schwerkraft in überwiegend horizontal wirkende Kraftäußerungen umzulenken. Die Apparatur, die derzeit zerlegt in einem Depot liegt, könnte man als mechanisches Ebenbild eines kosmischen Bewegungsgesetzes ansehen.
Der Kosmos und die Bewegung der Gestirne hatten es Bürkle schon als Schüler angetan. Die Himmelsmechanik gab ihm viele Fragen auf, und der Satz von der Erhaltung der Energie löste bei ihm eine Art geistiges Unbehagen aus. Im Laufe seines Lebens vermochte er seine offenen Fragen immer deutlicher zu formulieren. Energie, so lernte er, gehe nicht verloren, und Masse und Energie ließen sich ineinander umwandeln. Verstehe man unter Masse korpuskular aufgebaute Materie, so müßte sich die aus Energie entstandene Masse ohne weiteres wieder in Energie zurückverwandeln lassen. Das aber sei bis jetzt nicht bekannt. In den Teilchenbeschleunigern der physikalischen

Institute etwa seien dazu Kräfte erforderlich, die von irgendwoher kommen müßten. Im Grunde genommen, so Bürkle, betrachten wir die Energie als einen Vorrat an Arbeitsvermögen. In einem unveränderlichen Kosmos könne dieser zu Ende gehen, und dann sei man auch mit dem Energieerhaltungssatz am Ende.

Das Weltall, wie immer man sich das vorstellen mag, hat für Bürkle einen sich ständig verändernden Inhalt. Es sei räumlich, nicht aber zeitlich eingegrenzt und stehe mit anderen „Welten" in Wechselwirkung. Die Vorstellung, daß auch der Kosmos „atmet", schwingt, daß sich Expansion und Kontraktion in einem rhythmisch-harmonischen Wechselspiel immer wieder ablösen, gehört zum „intuitiv Gewußten und Gefühlten", seitdem Menschen über sich und ihren Lebensraum nachdenken. Bei Bürkle hat sich dieses Bewußtsein schon vor Jahrzehnten derart ausgeprägt, daß er nach dem „Satz von der Erhaltung der Bewegung" suchte, dem der von der Erhaltung der Energie nachgeordnet sein müsse. „Nichts ist vielleicht älter in der Natur als die Bewegung", sinnierte Galileo Galilei. Bürkle bejaht diese Vermutung aus tiefster Überzeugung. Ist er einem noch unbekannten allgemeinen Bewegungsgesetz auf der Spur? Betrachten wir das von ihm gebaute mechanische Schwingungssystem.

Richard Bürkle war noch ein Kind, als er sich verbotenerweise im väterlichen „Installationswerk für Licht und Wasser" ein Gefäß bauen ließ, in dem er durch Kippen eine Kugel auf elliptischer Bahn in Bewegung halten konnte. Sein Interesse an der Astronomie, die lehrt, daß die Planeten auf Ellipsenbahnen laufen, mag mit dazu beigetragen haben, daß er dieses „Spielzeug" haben wollte. Auslöser war aber die bereits angedeutete Vision, die ihn zeitlebens nicht mehr losließ. Sie offenbarte ihm auch noch eine über der Ellipse liegende Gerade, auf der ebenfalls eine Kugel hin- und herlaufen sollte. Die umlaufende Kugel, so wurde ihm eingegeben, sollte 2,5 kg wiegen, die andere 3,5 kg. Ließen sich beide Bahnen so miteinander kombinieren, daß die Kugeln stets in Bewegung bleiben?

Seine Experimente zu dieser Frage unterbrach das Gebot des Vaters, sich statt dessen als Praktikant um die Sanitärtechnik zu kümmern. Das Nachdenken darüber konnte ihm aber niemand verbieten. Es hatte ihn schon bald zu der Erkenntnis gebracht, daß mit einer Ellipse und einer Geraden allein keine fortlaufende Bewegung darzustellen sei. Die nächsten Jahrzehnte waren der Suche nach einem dritten Element, der „dritten Kraft" gewidmet. Daß er andererseits an der Ellipse und der Geraden als unverzichtbaren Elementen festhalten mußte, war für ihn immer zweifelsfrei. Ein Satz von Johannes Kepler bestärkte ihn darüber hinaus in dieser Ansicht. Kepler sagte einmal über Nikolaus von Kues: „Der Cusaner und andere erschienen mir

aus dem einen Grunde so göttlich groß, weil sie das Verhalten des Geraden und Krummen so hoch eingeschätzt haben."
Bürkle fand heraus, daß drei energetische Elemente zusammenwirken müssen, um die Bewegung in einem System selbsttätig aufrechterhalten zu können. Im Makrokosmos entsprächen dem die Sonne, der Planet und sein Satellit, im Mikrokosmos die Nukleonen, das Elektron und das Meson. Die gesuchte und gefundene „dritte Kraft" nennt Bürkle denn auch gern Meson, denn sie „vermittelt" zwischen den beiden Teilsystemen und sorgt dafür, daß alles in Bewegung bleibt. In seinem Schwingungssystem bilden Kugeln von je 1,5 kg Gewicht diese dritte Kraft. Die Gewichte der insgesamt beteiligten Kugeln verhalten sich also wie 3,5 : 2,5 : 1,5; ein Verhältnis, das Bürkle als konstruktiv unabdingbar bezeichnet.
Das von Bürkle gefundene und gebaute Schwingungssystem vollführt Schwingungen, die stark von der Sinusform abweichen, weil stets gewisse Zeiten vergehen, bis die labilen Teilsysteme wieder in Lagen zurückkehren, die man als Normallagen bezeichnen könnte. Eine Schwingungsperiode hängt hier nicht in erster Linie von den Eigenschwingungen der Konstruktion ab, sondern von gewissen systemimmanenten Zeitkonstanten, die für eine sog. Relaxationsschwingung sorgen.
Bürkles offenes System besteht aus drei Elementen: 1. einer um ihre Y-Achse kippbar gelagerten Ellipsenbahn; 2. einer über der X-Achse der Ellipse liegenden geraden Bahn, die über der Drehachse der Ellipse getrennt, aber ebenfalls so gelagert ist, daß sie kippen kann; 3. einer links und rechts in den Bereichen der verlängerten X-Achse angeordneten Schale, auf die in einem bestimmten Rhythmus die kleinen Kugeln (1,5 kg) als „dritte Kraft" darauf- und wieder herunterrollen. Das Ganze ist über Hebel, „Kontaktstellen" und „Kommandodrähte" so untereinander „verschaltet", daß die Kugeln das Gesamtsystem mit einer Schwingung von 15 Hertz/Minute ständig in Bewegung halten.
Die schwerste Kugel mit 3,5 kg rollt in Richtung X-Achse der Ellipse auf einer muldenartig vertieften Bahn geradlinig hin und her. Darunter rollt die 2,5 kg schwere Kugel auf der Ellipsenbahn. Beide Kugeln erreichen durch Kippen ihrer Bahnen etwa gleichzeitig ihre Umkehrpunkte – wobei die 3,5-kg-Kugel die Ellipse zum Kippen veranlaßt –, an denen jeweils kurz vorher eine der kleinen 1,5 kg schweren Kugeln in die Schale gerollt ist. Über einen Hebel bewirkt das Gewicht von 2,5 + 1,5 kg, daß die gerade Wippe mit der 3,5 kg schweren Kugel kippt, die dann in die andere Richtung läuft. Auf der anderen Seite der Apparatur spielt sich das gleiche ab. Während des Kugellaufs auf der geraden und der elliptischen Bahn kommt es ständig zur Umwandlung potentieller in kinetische Energie und umgekehrt. Dabei ließe sich

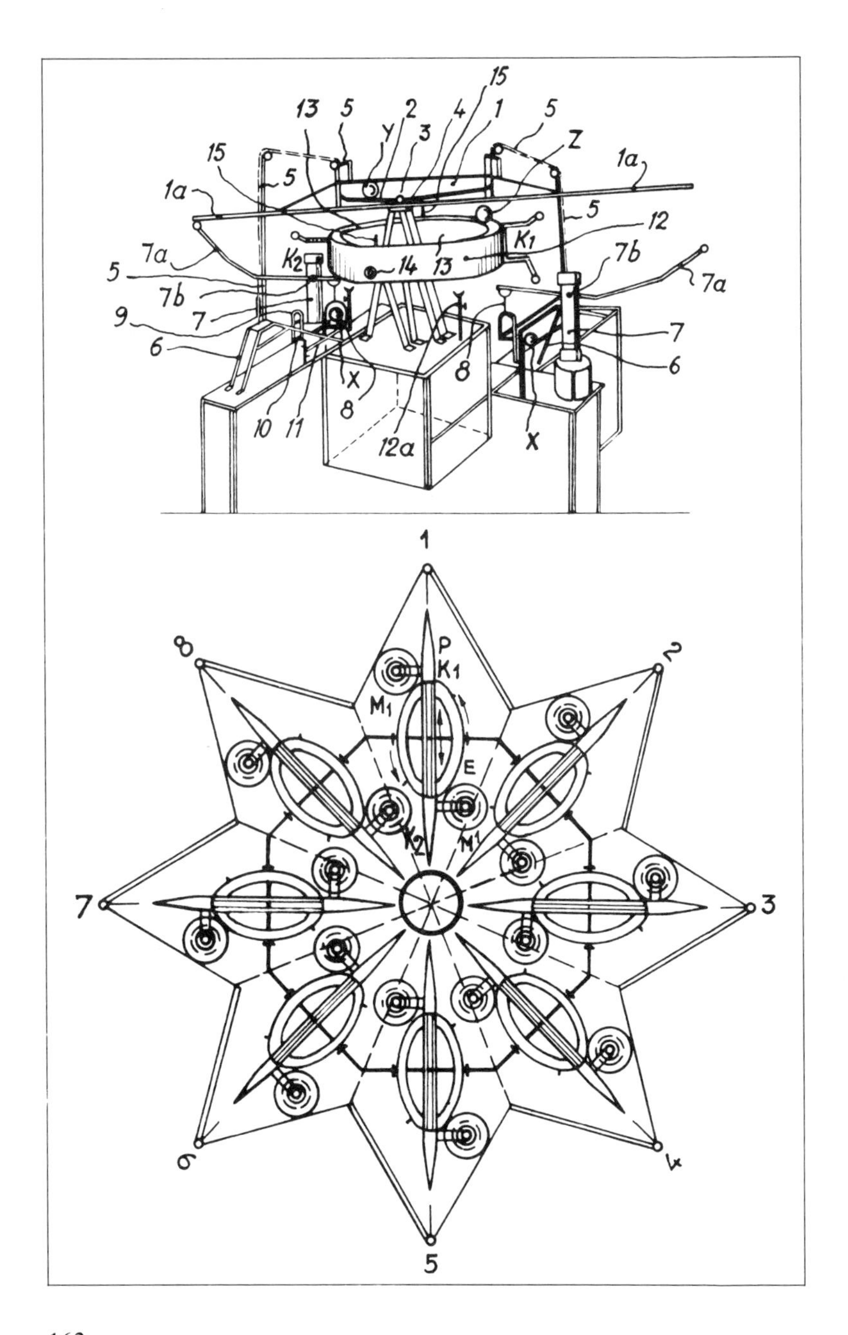

15
13
5
2
4
1
5
Y
3
Z
1a
15
1a
5
5
12
7a
K1
K2
14
13
7b
5
7a
7b
9
7
7
6
6
X
8
8
10
11
12a
X
1
P
K1
8
2
M1
E
K2
M1
7
3
6
4
5

auf bestimmten Strecken Nutzenergie abnehmen. Da das aber bei dem beschriebenen Modell nur alle 4 Sekunden möglich ist, müßten zur Erzeugung elektrischen Stroms etwa stets mehrere Einheiten dieses Schwingungssystems „phasenverschoben" hintereinandergeschaltet werden. Die Bewegungen des Gesamtsystems laufen rhythmisch, harmonisch und kontinuierlich, nicht ruckartig ab. Beim Beobachter kann das Zusammen- und wieder

Richard Bürkle, den der gestirnte Himmel schon als Kind faszinierte, hat viel über kosmische Bewegungsgesetze nachgedacht. Einer Vision folgend, baute er ein mechanisches Schwingungssystem, für das ihm 1959 das belgische Patent Nr. 577.807 erteilt wurde. Die im Bild oben zu sehende Versuchsapparatur funktioniert. Sie setzt sich von selbst in Bewegung und vollführt unablässig harmonische Schwingungen, Schwerkraft und Reibung mühelos überwindend. Dabei kommt es auf das Zusammenspiel von drei Kräften an, die von drei verschieden großen Kugeln ausgeübt werden. Das Verhältnis der Kugelgewichte zueinander hat Bürkle zuerst empirisch, später mathematisch ermittelt. Die schwerste Kugel, im Bild links oben mit Y bezeichnet, rollt auf einer muldenartig vertieften Bahn geradlinig hin und her, wobei sich die Bahn entsprechend neigt. An den Umkehrpunkten der Bewegung kommt es an K_1 und K_2 zur Berührung der geraden „Wippe" mit der darunterliegenden Ellipsenbahn, die um ihre Y-Achse kippbar gelagert ist. Eine auf ihr rollende, leichtere Kugel (Z) läßt die Ellipse entsprechend dem Kugellauf hin- und herkippen. Das System wird funktionsfähig durch die Wirkung einer „dritten Kraft", die in Form kleinerer Kugeln (X), von denen jeweils eine aktiv ist, in das Bewegungsspiel eingreift. Die im Bild gezeigte Apparatur ist ein Funktionsmodell, das ein studierenswertes Bewegungsphänomen offenbart. Übertragen in die Dimensionen größerer Maschinen, könnte es sich beispielsweise zur Erzeugung von elektrischem Strom nutzen lassen, wenn man mehrere dieser Schwingungsgeneratoren zusammenschaltet und phasenverschoben arbeiten läßt. Das Bild links unten veranschaulicht eine der denkbaren Maschinenkonstruktionen.

Auseinanderlaufen der Kugeln den Eindruck erwecken, als „atme" das System.
Eine raffinierte mechanische Spielerei, werden jetzt viele Leser denken, und Offenbarung als Konstruktionsanleitung hin oder her, hier rollen Kugeln und schwingen Hebel, alles ordinärer Maschinenbau. Trotzdem ist es schwer von der Hand zu weisen, daß dieses Schwingungssystem ein grundlegendes und neues Bewegungsprinzip zu erkennen gibt. Immerhin kommt es nicht von selbst zum Stillstand, überwindet es die ihm innewohnenden Reibungen „spielend". Diese werden mit jedem neuen Schwingungszyklus wieder „gelöscht", denn die schwingenden Elemente des Systems berühren sich nur immer wieder, sie sind nicht fest miteinander verbunden. Wo das der Fall ist, meint Bürkle, da könne auch der 2. Hauptsatz mit seinem Entropiebegriff nicht gelten. Hier läuft ein reversibler Prozeß ab, dessen Antriebskraft aus der Gravitation kommt, und damit nach Bürkle als Strahlungsenergie aus dem Kosmos.
Ein schräg geschnittener Kegel, dessen Schnittfläche bekanntlich eine Ellipse zeigt, vermittelte Bürkle später die gesuchte Vorstellung von dem dreidimensionalen Raum, in dem er auf bestimmten Bahnen seine Kugeln laufen läßt. In ihrem Bewegungsverhalten repräsentieren sie in gewisser Weise die vierte Dimension, die Zeit. Erst die besondere Beziehung von Raum und Zeit, die in das Schwingungssystem von Bürkle „eingebaut" ist, läßt dieses anhaltend in Bewegung bleiben. Damit, so jedenfalls sieht es Bürkle, hat er Gedanken von Hermann von Helmholtz Realität werden lassen, der (1894) im Geburtsjahr von Bürkle starb.
v. Helmholtz sah es als ein Ziel der physikalischen Wissenschaften an, die Naturerscheinungen auf Bewegungen einzelner materieller Punkte zurückzuführen, die mit anziehenden oder abstoßenden, in bestimmter Weise von ihren Entfernungen abhängigen Kräften aufeinander wirken. „Denken wir uns ein System von Naturkörpern", so schrieb v. Helmholtz, „welche in gewissen räumlichen Verhältnissen zueinander stehen und unter Einfluß ihrer gegenseitigen Kräfte in Bewegung geraten, bis sie in eine bestimmte andere Lage gekommen sind, so können wir ihre gewonnenen Geschwindigkeiten als eine gewisse mechanische Arbeit betrachten und in solche verwandeln. Wollen wir nun dieselben Kräfte zum zweiten Mal wirksam werden lassen, um dieselbe Arbeit noch einmal zu gewinnen, und so eine periodisch arbeitende Maschine erhalten, so müssen wir die Körper auf irgendeine Weise in die anfänglichen Bedingungen durch Anwendung anderer uns zu Gebote stehender Kräfte zurückversetzen."
Ersetzt man v. Helmholtz' „Bewegung materieller Punkte" durch „Kugeln, die Schwingungen ausführen", dann wird die Verbindung zwischen Bürkles

Modell und den Helmholtzschen Überlegungen deutlich. Bürkle fand einen reversiblen Bewegungsablauf, den sich v. Helmholtz theoretisch vorstellen konnte.
Wenn dieses Buch im Handel ist, ist der Schwingungsreaktor von Bürkle hoffentlich wieder vorführbar. Die Tatsache, daß er zur Zeit eingemottet in einem Versteck ruht, ist eng mit seinem Erfinderschicksal verknüpft, das reich an dramatischen Höhepunkten und Verwicklungen ist. Vieles ist auch für Bürkle im dunkeln geblieben, zum Beispiel die Auswirkungen seiner erzwungenen Bekanntschaft mit Hitler. Drei Monate lang teilte Bürkle im Ersten Weltkrieg mit ihm die gleiche Befehlsstelle an der Westfront; beide malten. Als Hitler die Macht übernommen hatte, erinnerte er sich seines Kriegskameraden und bat ihn auf den Obersalzberg. Später bemühte sich Bürkle bei Hitler mit Erfolg um Unterstützung für den Deutschen Luftsportverband. 1938 kam er als Ingenieur in Zivil zur Luftwaffe, bei der er zu den Verantwortlichen für den Bau von Fliegerhorsten in Norddeutschland gehörte. Die Clique um Hitler, so vermutet Bürkle, sorgte aber bald dafür, daß er mit ähnlichem Auftrag nach Norwegen versetzt wurde. Nach Intervention eines einflußreichen Mannes, der Bürkles Arbeiten zur Energiewandlung kannte, kam es zur Versetzung ins Luftfahrtministerium, das ihm 1944 in Baden bei Wien zusammen mit Prof. Bernhard Endrucks ein Institut für die Grundlagenforschung auf dem Gebiet der Gravitation und Schwingungstechnik einrichten wollte.
Viel wurde daraus nicht mehr, das Kriegsende war nahe. Die Gefangenschaft gab Bürkle Zeit, noch tiefer über die Weiterentwicklung seines Energiewandlers nachzudenken und immer neue Entwürfe zu zeichnen. Danach begann er sehr bald mit öffentlichen Vorträgen vorwiegend physikalischen Inhalts, in denen er auch sein persönliches physikalisch-kosmisches Weltbild durchscheinen ließ. Aber daran allein dürfte es nicht gelegen haben, daß er und seine Erkenntnisse auch über Deutschlands Grenzen hinaus bekannt wurden. Bürkle wurde auch zu einer Art Kriegsbeute, um die sich geheimnisvolle Fäden schlangen.
1950 holten ihn schweizer Beamte bei Nacht und Nebel nach Zürich und Bern, um ihn zunächst vor Gelehrten der Eidgenössischen Technischen Hochschule, dann vor dem Generalstab referieren zu lassen. Wenige Monate danach lud ihn der französische Verteidigungsminister zu Vorträgen in sein Atomtechnisches Institut in Paris ein. Bürkle folgte. Später tauchten Emissäre des Schahs von Persien auf. Ein britischer Agent wurde durch einen Sprung aus dem fahrenden Auto in München wieder unsichtbar. Verhandlungen mit dem Iran, den USA und Großbritannien scheiterten, die zu einer systematischen Weiterführung der 1951 in Freiburg im Breisgau begonnenen

und 1970 in Belgien wiederaufgegriffenen Arbeiten hätten beitragen können.
Damals, 1951, und das war ein Ergebnis der „Entführung" in die Schweiz, wurde Bürkle von einem schweizer Geldgeber eine Werkstatt in Freiburg eingerichtet. In siebenmonatiger Arbeit entstand dort der Schwingungsreaktor, von dem bisher die Rede war. Er lief. Aber so schnell, wie das Geld zu seinem Bau floß, so plötzlich versiegte der Geldstrom wieder. Bürkle zerlegte die Apparatur und versteckte sie.
Mittlerweile war in seinem Kopf die Idee zu einem sog. Gravitationsrotor-Generator herangereift, der im Gegensatz zum Schwingungsreaktor, der in Freiburg entstanden war, schon eher als Kraftmaschine angesprochen werden könnte. Die hier bei der Rotation frei werdenden Kräfte lassen eine.hohe Energieausbeute erwarten. Zwischen dem neuen und dem beschriebenen Schwingungssystem gibt es zwar gewisse „geistige Verwandtschaften", zum Verständnis der nachfolgend skizzierten Maschine sind sie aber nicht relevant. Mit ihrem Bau wurde 1970/71 in Belgien begonnen, aber dem frei finanzierten Forschungsinstitut in Genk, das auch andere Erfindungen voranbringen sollte, ging das Geld aus. 1975 meldete Bürkle den neuartigen Ener-

Ein anderer von Richard Bürkle konzipierter Energiewandler ist der sog. Gravitationsrotor-Generator, dessen prinzipielle Funktionstüchtigkeit mit dem hier abgebildeten Versuchsmodell demonstriert wurde. Über einen Motor auf Solldrehzahl gebracht, halten ihn „Karussell fahrende" Massen, die, elektronisch gesteuert, sowohl in Drehrichtung als auch vertikal schwingen, in Bewegung. Die Weiterentwicklung des Gerätes, das zur Stromerzeugung direkt mit einem Generator gekoppelt werden sollte, unterblieb aus Geldmangel.

giewandler beim Deutschen Patentamt an, am 2. Dezember 1976 wurde die Idee offengelegt. Später zog er die Anmeldung wieder zurück, um den inzwischen weiterentwickelten Gravitationsrotor-Generator für das europäische Patent anzumelden. Bürkle war mittlerweile 85 Jahre alt geworden.
Seine Überlegungen zu dem Gravitationsrotor, der direkt mit einem elektrischen Generator gekoppelt ist, sind schwer wiederzugeben. Mehr als eine stark vereinfachte Beschreibung seiner Funktionsweise kann hier nicht geboten werden:
Der Rotor läuft wie ein Karussell an einer vertikal stehenden Hohlwelle. Über sie gibt er das von ihm erzeugte Drehmoment an einen elektrischen Generator ab. Angelassen und auf Solldrehzahl gebracht wird das Ganze über eine zweite Welle, die in der ersten steckt. Auf dem Rotor sind drei gleich große Massen segmentartig und gleichmäßig (120 Grad) angeordnet. Während sie rotieren, sind sie zwei verschiedenen Schwingungen hoher Frequenz unterworfen: einer in Drehrichtung wirkenden und einer vertikal verlaufenden. Beide Schwingbewegungen sind mechanisch miteinander gekoppelt. Eingeleitet werden sie über eine Art hydraulischen Impulsgeber, der an einer Stirnseite einer der drei Massen angreift; alle drei Massen sind untereinander verbunden. Der Impulsgeber stößt die Massen gewissermaßen auf ihrer Kreisbahn voran, ohne daß allerdings der Kontakt zwischen ihm und der rotierenden Masse unterbrochen wird. Gelenkig gelagerte Stäbe, über die die Massen auf der darunterliegenden „Karussellscheibe" umlaufen, sorgen zwangsweise dafür, daß sie auch vertikal schwingen müssen. Während sie rotieren, bewegen sich die Massen also zusätzlich auf bogenförmigen Bahnen mit hoher Frequenz auf und ab. Die während des Betriebs aufzubringende Antriebsenergie ist gering. Sie braucht nur so groß zu sein, um die Schwingungen immer neu zu erzeugen.
Nach überschlägigen Berechnungen schätzt Bürkle, daß nur etwa 5 bis 10 Prozent der vom Rotor abgegebenen Energie benötigt werden, um ihn in Bewegung zu halten. Die Kalkulation für ein Aggregat mit einem wirksamen Radius für die Umfangskraft von rund 200 mm ergab bei sechs Läufergewichten von je etwa 1,5 kg und einer Drehzahl von 800 U/min eine abgegebene Leistung von 10 kW. Würde man die sechs Rotorsektoren mit je 25 kg belasten, so ergäbe das eine Leistung von 1700 kW. Exakt vorausberechnen lassen sich die Verhältnisse nicht, genaue Daten müßten an einem Prototyp des Gravitationsrotor-Generators ermittelt werden. Woher das Geld für dessen Fertigstellung kommen soll, ist vorerst ungewiß.

Die Natur bewegt anders als die Maschinenbauer

Energie aus kontrollierten Wirbelstürmen

Die verheerenden Wirkungen von Wirbelstürmen sind jedes Jahr Inhalt erschütternder Zeitungsberichte. Die Energie, die aus diesen rasenden Luftwirbeln hervorbricht, mißt man an der Zerstörungskraft von Wasserstoffbomben. Ist ein Wirbelsturm erst einmal in Gang gekommen, beschleunigt er sich selbst. Ein „reifer" Taifun erzeugt täglich etwa 420 Milliarden Kilowattstunden; damit könnte der Stadtstaat Hongkong seinen gesamten Energiebedarf 90 Jahre lang decken. Ein Wirbelsturm hat einen inneren Antrieb. In den Tropen hat er in der Regel Hagelschlag zur Folge, was auf eine starke Abkühlung der Luft schließen läßt.
Das Ganze ist ein energetisches Geschehen in der Natur. Verstanden wird das Phänomen „Wirbelsturm" noch kaum, und mit der herkömmlichen Energie- und Wärmelehre läßt es sich überhaupt nicht begreifen. Ein Wirbelsturm gewinnt an Energie und kühlt gleichzeitig die Luft ab! Mit dem Satz von der Erhaltung der Energie wäre das noch in Einklang zu bringen, nicht jedoch mit dem 2. Hauptsatz der Thermodynamik. „Eine Maschine", so steht es im Lehrbuch, „die aus der Wärme der Umgebung Arbeit gewinnt, ist unmöglich." Genau das tut aber offenbar die „natürliche Maschine Wirbelsturm". Es muß hier noch einmal Max Plancks gedacht werden, der sagte: „Bei jeder etwa entdeckten Abweichung einer Naturerscheinung vom 2. Hauptsatz kann man sogleich eine praktisch höchst bedeutungsvolle Nutzanwendung aus ihr ziehen."
Einer, der davon überzeugt ist, weil er „Wirbelstürme en miniature" im Experiment studiert, ist Bernhard Schaeffer in Berlin. Nach 12 Semestern Physikstudium, zum Teil bei Professor Justi in Braunschweig, brach er an der Technischen Universität Berlin seine begonnene Akademikerkarriere ab, weil ihm, wie er sagt, niemand abnahm, daß der 2. Hauptsatz nicht stimmt. Heute finanziert er seinen Lebensunterhalt und seine physikalischen Studien durch den Bau von Kirmesautomaten. Schaeffer hat einen Preis von 1000,– DM ausgesetzt für denjenigen, der beweist, daß Wirbelvorgänge unter keinen Umständen dem 2. Hauptsatz zuwiderlaufen. Der Preisträger müßte bei-

spielsweise den Salzburger Diplomphysiker Wilhelm Bauer widerlegen, der in seiner theoretischen Arbeit über die „Physikalischen Grundlagen der Wirbeltheorie“ behauptet, daß bei Wirbeln unter bestimmten Voraussetzungen der 2. Hauptsatz nicht gilt. Schaeffers eigene Experimente lassen zumindest vermuten, daß er seine 1000 Mark behalten wird.
Wer ist schon bereit, über eine Theorie nachzudenken, die einen millionenfach bestätigten Lehrsatz der Physik in Frage stellt? Dennoch: Folgen wir zunächst Schaeffers theoretischer Verunsicherungskampagne. Er verweist darauf, daß der 2. Hauptsatz nach Boltzmann, der wesentlich zur Ausformung seiner Grundlagen beigetragen hat, ein statistisches Gesetz ist. Dieses aber sei stets an Randbedingungen gebunden und dürfe deshalb auch dann nicht als immer geltend angesehen werden, wenn es millionenfach durch das Experiment bestätigt sei.
Um diese Aussage zu verdeutlichen, führt Schaeffer ein triviales Experiment vor. In einem durchsichtigen Gefäß liegen gleich große Messing- und Eisenkugeln in zwei Schichten geordnet übereinander. Schüttelt man das Gefäß, verschwindet dic Ordnung, die Kugeln vermischen sich total. Das ist ein Analogon zur „Kinetischen Gastheorie“, wonach zur Wärme eines Körpers oder Gases die ungeregelte Bewegung seiner Atome oder Moleküle gehört. Daß sich aus dieser größtmöglichen Unordnung wieder die ursprüngliche Ordnung herstellen läßt, ist höchst „unwahrscheinlich“. Genau so hat Boltzmann die Irreversibilität aller thermodynamischen Vorgänge nach dem 2. Hauptsatz begründet.
Bei seinem Experiment mit den Kugeln läßt Schaeffer einen Trick folgen. Er streicht mit einem Magneten über das Gefäß, und die ursprüngliche Ordnung ist wiederhergestellt. Mit Eisenkugeln ging das unter einer durch den Magneten veränderten Randbedingung. Bei zwei Gasen, die unter unterschiedlichem Druck stehen und vereinigt werden, ginge das nicht. Unter Ausgleich des Druckunterschiedes vermischen sie sich vollständig und sind in der Gasphase nicht mehr voneinander zu trennen.
Aber auch für Gase kann man Randbedingungen schaffen, nach denen sich ihre Moleküle ordnen lassen. Zu jeder Temperatur, das besagt die Gastheorie, gehört eine bestimmte Molekularbewegungung, die mit deren Steigerung ebenfalls zunimmt. Nur, nicht alle Moleküle bewegen sich gleich schnell. Ein gleichmäßig temperiertes Gas ist ein Gemisch aus schnellen „heißen“ und langsamen „kalten“ Molekülen. Die Geschwindigkeitsverteilung folgt nach Maxwell einer Gaußschen Kurve, die mittlere Molekülgeschwindigkeit kann man jeweils einer bestimmten Temperatur zuordnen.
Zeigen die langsamen und schnellen Moleküle in einem Wirbel möglicherweise ein unterschiedliches ballistisches Verhalten? Sie tun es. Den Beweis

dafür liefert das Wirbelrohr von Ranque und Hilsch, das beispielsweise Karl Elser 1951 in der „Zeitschrift für Naturforschung“ beschrieb: Am Ende eines zylindrischen Rohres wird tangential Luft eingeblasen, die folglich zu rotieren beginnt und einen Wirbel bildet. Diesen läßt man am anderen Ende des Rohres nicht voll, sondern nur ringförmig austreten, so daß ein Rückstau entsteht. Die Luft, die nicht ausströmen kann, entweicht an dem Ende des Rohres, an dem die Luft tangential einströmt, in ein dünneres Rohr, das an das große zentral anschließt.
Mißt man die Temperatur der einströmenden Luft und der aus dem großen Rohr ringförmig austretenden sowie der aus dem kleinen Rohr ausströmenden, so kann man erhebliche Temperaturunterschiede feststellen. An der großen Austrittsöffnung ist die Luft wärmer als beim Eintritt, an dem kleinen Rohr kälter als ursprünglich. Da aus dem kleinen Rohr die Luft austritt, die in dem Wirbel entgegen der Fliehkraft nach innen gedrückt wird, muß man für diesen „Rohrwirbel“ ein Temperaturgefälle von außen nach innen konstatieren. Eine komplizierte theoretische Betrachtung mit Hilfe der Vektorrechnung erklärt die Vorgänge im Wirbelrohr. Danach steht fest, daß ein laufender Wirbel auf die ungeordnete Molekularbewegung insofern ordnend wirkt, als er sich verstärkt, zusammenzieht und abkühlt.
Angeregt durch diese Erkenntnis, baute Schaeffer einen Versuchsapparat, mit dem sich sichtbare Wirbelringe erzeugen lassen. Sie treten aus dem Boden einer horizontal liegenden Trommel aus, in dessen Mitte sich ein Loch befindet mit einem Durchmesser, der etwa einem Viertel des Trommeldurchmessers entspricht. Der gegenüberliegende Trommelboden ist durch eine Membran verschlossen, gegen die von außen eine gleich große Klappe schlägt. Bei einem Schlag gegen die Membran gibt diese etwas nach, wodurch eine geringe Menge Luft schlagartig durch die gegenüberliegende Öffnung gedrückt wird. An deren Rand entsteht dabei ein Wirbelring, der sich ablöst und geradlinig von der Trommel fortbewegt, sofern die Umgebungsluft in Ruhe ist. Damit man den Wirbel sehen und auf seinem Weg durch den Raum verfolgen kann, wird Rauch in der Tonne erzeugt.
Wer den Versuch das erste Mal sieht, traut seinen Augen nicht. Über 30 bis 40 m bewegt sich der Wirbelring durch den Raum, wobei seine innere Dynamik offenbar zunimmt. Eine in den Ring gehaltene brennende Kerze dient der Veranschaulichung. Unmittelbar nach dem Ursprung des Ringes vermag die durch ihn entstehende und von ihm in seinem Zentrum mitgerissene Strömung die Kerzenflamme nicht auszublasen. In 30 m Entfernung aber verfügt der wirbelnde Ring über die nötige Energie dazu, obwohl ihn nach klassischer Vorstellung die zähflüssige Umgebungsluft längst hätte abgebremst haben müssen.

Zwei Erklärungen sind für das unerwartete Wirbelverhalten denkbar, beide widersprächen sie dem 2. Hauptsatz: 1. In dem Wirbelring entsteht eine innere Motorik. 2. Die Zähflüssigkeit (Viskosität) der Luft in der Umgebung des Ringes nimmt durch dessen Einfluß ab, der Reibungswiderstand wird sozusagen geringer. Träfe letzteres zu, läge ein Verstoß gegen den klassischen Fall eines „irreversiblen Prozesses", die Reibung, vor. Die erste Annahme kollidiert ebenfalls mit dem 2. Hauptsatz, denn danach kann mechanische Energie nur aus Druck-, Temperatur- oder sonstigen Gefällen gewonnen werden, nicht aber aus einer homogenen Luftmasse (in der die größtmögliche Unordnung herrscht). Der Energieerhaltungssatz läßt im Zusammenhang mit der ersten Annahme nur den Schluß zu, daß die Wirbelringe durch Selbstabkühlung energiereicher werden, und das verstößt gegen den 2. Hauptsatz.
Jede Hypothese über Vorgänge in und an einem Wirbelring ließe sich heute mit Hilfe der Meßtechnik erhärten oder entkräften. Schaeffer fehlen dazu noch die Mittel. Würde man mit dem heute möglichen „Großeinsatz" in seiner Richtung weiterforschen, zu dieser Vermutung berechtigen seine Erkenntnisse, müßten sich neue Wege zu einer umweltneutralen Energiegewinnung zeigen. Denkt man an die Umgebungsluft, ließe sich sogar eine unbegrenzte Energiequelle anzapfen. Etwas sophistisch meint Schaeffer: Da nach dem 1. Hauptsatz Energie niemals „verbraucht" werden könne, dürfte man sie nicht ständig neu gewinnen müssen. Man brauchte sie eigentlich nur immer zurückzugewinnen. Das aber verbiete der 2. Hauptsatz.

Lehren aus dem Energieprogramm der Natur

Bernhard Schaeffer gehört zu den Tausenden, die durch das Ideengut des Österreichers Walter Schauberger beeinflußt wurden. Dieser Außenseiter, der als Ingenieur und Naturwissenschaftler Hervorragendes geleistet hat, könnte die Grundlagen für eine ganz neue technische Entwicklung bieten. Er lehrt sie an seiner Pythagoras-Kepler-Schule in Bad Ischl. Wer ihn dort erlebt hat, geht mit der Überzeugung weg, daß in der Tat eine völlig andere Technik denkbar ist als diejenige, die uns heute in die bekannten Krisensituationen bringt. Schauberger unterstreicht die Ansicht des Physikers Walter Heitler, der einmal sagte: Der Glaube an ein mechanistisches Universum sei wahrscheinlich der gefährlichste Aberglaube der gegenwärtigen Zeit.
Walter Schauberger hat, wie er gern erklärt, den Rucksack seines Vaters Viktor Schauberger aufgenommen. Dieser, ein Forstmann, der die Verwandlung eines großen Revieres vom Urwald zum Nutzwald studierte, schrieb 1933:

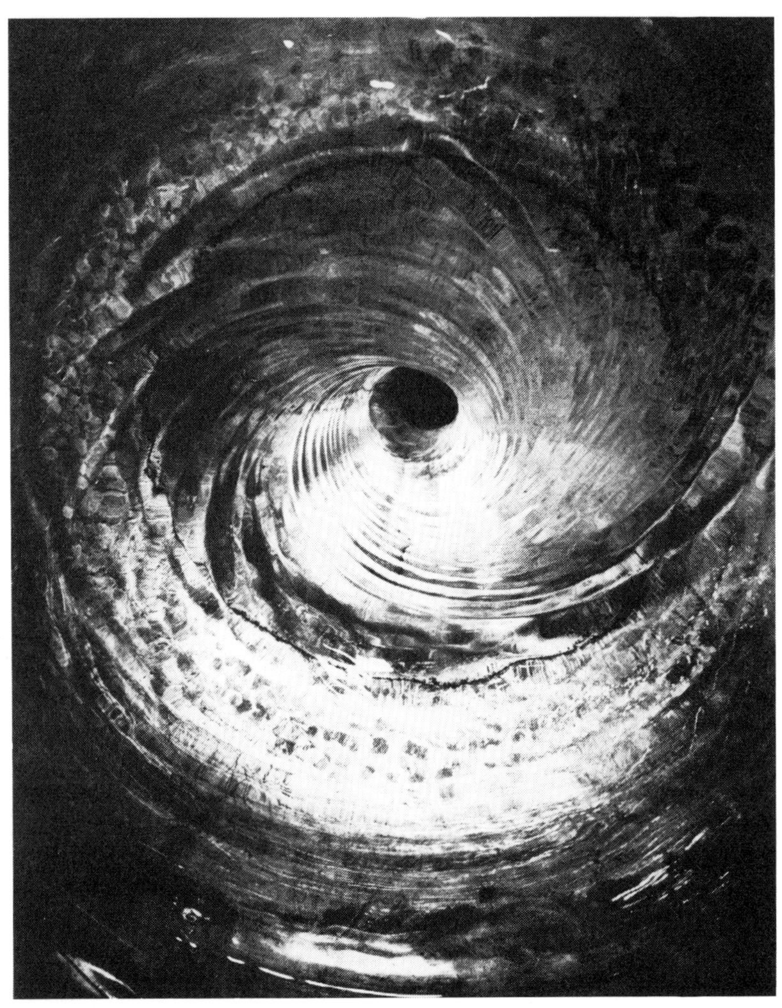

Ein Wasserwirbel offenbart strukturbildende Fähigkeiten des nassen Elementes. Für Walter Schauberger und seine Schule ist so ein Wirbel eines von unzähligen Abbildern des kosmischen Evolutionsgesetzes, das sich als hyperbolische Spirale überall in der Natur zeigt: in fernen Galaxien, in der Doppelhelix der DNS, und natürlich in den Schnecken. Will man diese natürlichen Spiralen geometrisch beschreiben, so erweist sich die euklidische Geometrie als unbrauchbar. Die Natur ist offenbar nichteuklidisch „konstruiert". Walter Schauberger folgt Pythagoras, der das Universum als harmonikales Ereignis verstand, das ihn „Sphärenklänge" vernehmen ließ. Das Naturtongesetz, am augenfälligsten und hörbarsten in dem alten Saiteninstrument „Monocord" nachempfunden, gibt Schauberger die Grundlage für eine nichteuklidische Technik in die Hand, die statt zentrifugal wirkender Bewegungen nur zentripetale Bewegungen kennt, wie sie Wasser- und Luftwirbeln eigen sind.

„Diese Zivilisation ist ein Werk des Menschen, der selbstherrlich, ohne Rücksichtnahme auf das wirkliche Geschehen in der Natur, eine sinn- und fundamentlose Welt aufgebaut hat, die ihn, der doch ihr Herr sein sollte, nun zu vernichten droht, weil er durch seine Handlungen und seine Arbeit den in der Natur waltenden Sinn der Einheit gestört hat.
Der Mensch ist ein von der Natur nach ihren Gesetzen geschaffenes und daher von ihr abhängiges Wesen. Sein Werk, die von ihm geschaffene Pseudo-Kultur, wurde im Laufe der Zeit ein sinn- und zusammenhangloses Unding, das durch die ungeheure Kraft der technischen Hilfsmittel ein so gigantisches Monstrum geworden ist, daß es nahezu schon an unsere Naturgewalten heranreicht, zumindest aber schon störend in das große Lebensgetriebe der Natur einzugreifen vermag.
Unentwegt arbeitet der Mensch aber weiter, und immer größer wird sein Elend. Den Reigen in diesem Treiben schließt aber der Energietechniker. Unsere Gelehrten mögen es ruhig aufgeben, Atome durch Gewaltmittel zu zertrümmern, um aus der materiellen Energie freie Energieformen zu erhalten. Diese Versuche sind zwecklos und sinnwidrig. Die Natur zeigt uns bei jedem Grashalm, wie man es einfacher und klüger macht. Der Wille der Natur ist der dem Ganzen dienende, im Wege der Atomverwandlung vor sich gehende Aufbau.“
Viktor Schauberger behauptete lapidar und brutal zugleich: Die Techniker bewegen falsch! Sein Sohn blieb bei dieser Behauptung und hielt sich an die väterliche Empfehlung, erst die Natur zu kapieren, um sie dann zu kopieren; k. und k. Er verweist auf die Gestirne, wo die Planeten den natürlichen Bewegungsgesetzen folgen. Das 2. Keplersche Gesetz der Planetenbewegung besagt bekanntlich, daß sich die Planeten um so langsamer auf ihrer Bahn bewegen, je weiter sie von der Sonne entfernt sind. Bei unseren Rädern ist das genau umgekehrt: die Umfangsgeschwindigkeit nimmt mit dem Abstand von der Drehachse zu.
Daß die Schaubergersche Schule den Namen Keplers trägt, ist eine Ehrerbietung an den Entdecker der kosmischen Bewegungsgesetze. Zwar ist Schauberger der Meinung, daß sich die Planeten nicht auf Ellipsenbahnen bewegen, sondern auf zum Zentrum hin laufenden Spiralbahnen ihre Sonnen umrunden. Aber über die elliptischen Bahnen scheint sich ja Kepler selbst nicht ganz klar gewesen zu sein. Wozu wäre auch der zweite Brennpunkt einer Ellipse gut?
Den zweiten Namen für Schaubergers Schule gibt Pythagoras ab, der das Universum als harmonikales Ereignis (Sphärenharmonie, Sphärenklänge) begriff. Das Naturtongesetz, wie es sich in dem Saiteninstrument „Monocord“ am augenfälligsten und hörbarsten dokumentiert, gibt Schauberger

PKS, diese drei Buchstaben am Haus von Walter Schauberger, stehen für „Pythagoras-Kepler-Schule" – Akademie für Biotechnik. Pythagoras, der von der Harmonie der Sphären wußte, und Johannes Kepler, der die kosmischen Bewegungsgesetze studierte, sind Schaubergers große geistige Vorfahren, denen er schon im Namen seiner Schule Reverenz erweist.

den Schlüssel für seine Naturerkenntnis und die Grundlage für eine neue Technik in die Hand. Das Gesetz besagt nicht mehr und nicht weniger, als daß sich bei halber Saitenlänge die Tonhöhe verdoppelt, bei einem Drittel Saitenlänge verdreifacht usw. Geometrisch dargestellt, ergibt dieses Tongesetz eine Hyperbel, die aus dem Unendlichen kommt und ins Unendliche geht.
Nach der Mathematik der Hyperbel läßt sich beispielsweise die Kontur des Naturproduktes „Hühnerei" konstruieren. Ihr folgen die ungezählten Spiralen in der Natur, die offensichtlich eine ihrer Grundformen zeigen. Erinnert sei an die „exakt konstruierte" und größte Harmonie verkörpernde Muschel „Nautilus", an die Schnecken aller Art, an die Verteilung der Samen auf Tannenzapfen und der Ananas, an die Doppelhelix, nach der die Moleküle der DNS (Desoxyribonukleinsäure), des Trägers der genetischen Information, angeordnet sind, und schließlich an die Galaxien im fernen Weltenraum. Nicht zuletzt folgen auch natürliche Wirbel häufig dem Hyperbelgesetz; Wasserwirbel und Windhosen zeigen höchst eindrucksvoll hyperbolische Begrenzungslinien.
In der Natur wimmelt es von Spiralen, deren Konturen dem Naturtongesetz folgen. Für Walter Schauberger sind sie Abbild des kosmischen Evolutions-

Im Pythagorassaal der PKS findet sich ein Bild des dritten großen Naturforschers, dessen Spuren Walter Schauberger folgt, das seines Vaters Viktor Schauberger. Im Vordergrund der „Tönende Turm", dessen Kontur das Naturtongesetz widerspiegelt. Daß die natürliche Eiform exakt dem nichteuklidischen Naturtongesetz entspricht, veranschaulicht die schräge Schnittfläche, die in der unteren Hälfte des Turms zu erkennen ist.

gesetzes schlechthin. So eine „hyperbolische Spirale“ kenne keine Wiederkehr des Gleichen. Die euklidische Geometrie mit Punkt, Kreis und Gerader, die unseren technischen Produkten weithin Form und Funktion verleiht, gelte hier nicht. Die Natur sei offensichtlich nicht euklidisch „konstruiert“. Natürliche Bewegungen liefen nicht zentrifugal (Explosionsprinzip), sondern von außen nach innen, also zentripetal (Implosionsprinzip) ab. Und weil die Techniker dieses bei ihren Konstruktionen außer acht ließen, bewegten sie eben falsch. Der Diplomingenieur Walter Schauberger setzte sich nach dem Tode seines Vaters das Ziel, das Implosionsprinzip in mathematischer, physikalischer und energetischer Hinsicht umfassender auszuleuchten und zu erhärten.
Neben der euklidischen Geometrie, das wird häufig übersehen, gibt es auch eine nicht-euklidische Geometrie. Dieser Begriff geht auf den großen Mathematiker Karl Friedrich Gauß (1777–1855) zurück, der wußte, daß damit die Natur und ihre Erscheinungsformen erfaßt werden können. Aus Scheu vor seinen Fachkollegen trat er damit aber nicht an die Öffentlichkeit. Aus diesem Grunde blieb auch Janos Bolyai (1802–1860) die öffentliche Anerkennung durch Gauß versagt, der diesen eigentlichen Begründer der nichteuklidischen Geometrie sehr schätzte und von dessen Arbeit behauptete, daß sie „fast durchgehendst“ mit den eigenen „Meditationen“ übereinstimme. Erst nach Bolyais Tod wurde der nicht-euklidischen Geometrie in der Person von Bernhard Riemann (1826–1866) die verdiente Anerkennung zuteil, der sich um die „Struktur des wirklichen Raumes“ bemühte. Als der russische Mathematiker Nikolai Iwanowitsch Lobatschewski (1793–1856) unabhängig von Bolyai und Gauß u.a. durch Veröffentlichungen versuchte, die nicht-euklidische Geometrie gleichberechtigt neben der euklidischen zu etablieren, jubelte Gauß. Lobatschewski holte Kastanien aus einem von Wissenschaftlern bereiteten Feuer und bezahlte das mit dem Verlust seiner Professur.
Albert Einstein (1879–1955) fand in der Riemannschen Geometrie das voll ausgebildete Werkzeug zur Formulierung und Durchrechnung seiner Relativitätstheorie vor, deren Massenformel $e = m c^2$ bekanntlich auch in dem französischen Mathematiker Jules Henri Poincaré (1854–1912), in Hendrik Antoon Lorentz (1853–1929) und vor allem in Fritz Hasenöhrl (1874–1915) geistige Vorfahren hat. Für Einstein war es schlichtweg ein Faktum, daß die energetischen Prozesse in der Natur von nicht-euklidischer Beschaffenheit sind.
Schaubergers These, wonach die Techniker „falsch bewegten“, klingt sehr nach Weltanschauung, nach Philosophie, deren verschiedene Schulen ja immer glaubten, den Schlüssel zum Verständnis der ganzen Welt gefunden zu

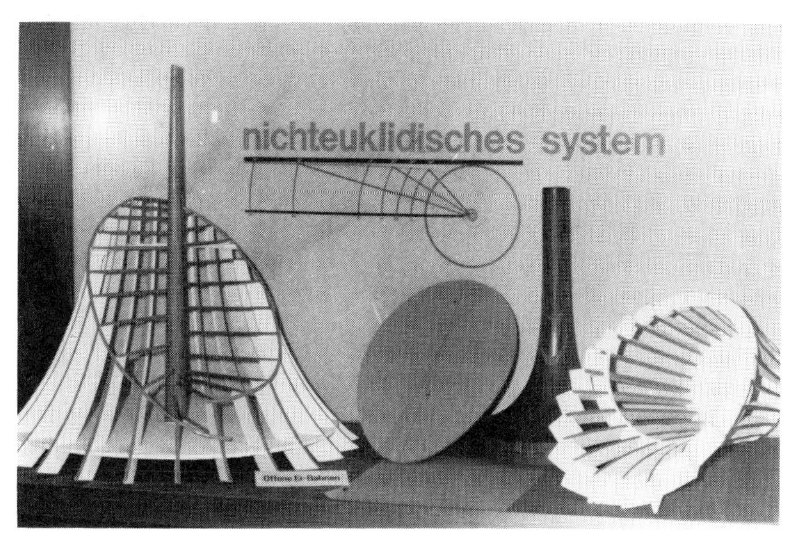

Anschauungsmaterial in den Lehrsälen der PKS. Die beiden Bilder verdeutlichen den Unterschied zwischen euklidischen und nichteuklidischen Formen am Beispiel schräg geschnittener Hohlformen. Schneidet man kreisrunde Zylinder, ergeben sich die bekannten Ellipsen. Schrägschnitte durch den „Tönenden Turm", der nach dem Naturtongesetz aufgebaut ist, ergeben die natürliche Eiform. Ihr entsprechen, wie links unten angedeutet, hyperbolisch gekrümmte Bahnen, auf denen eine „einrollende", zentripetale Bewegung möglich ist, wie sie etwa der Wasserwirbel zeigt.

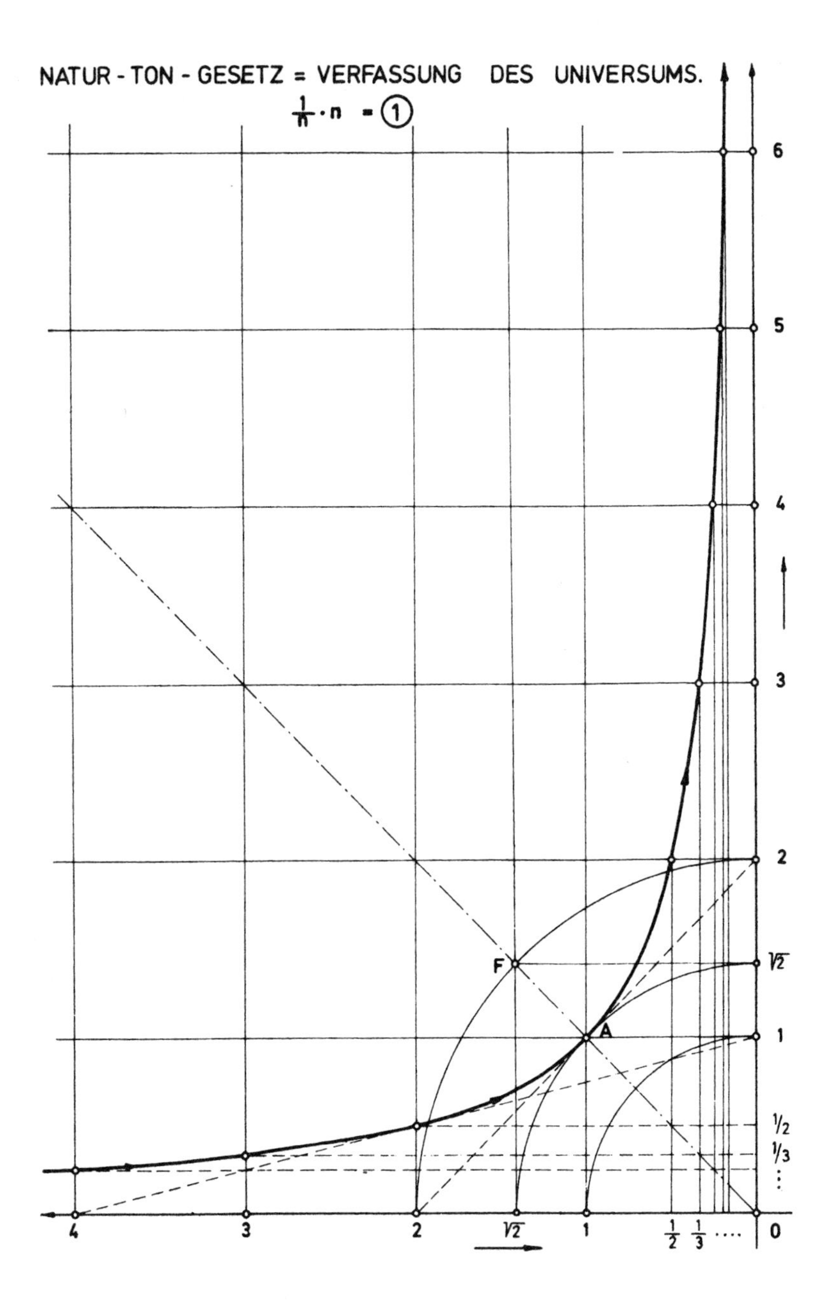
NATUR - TON - GESETZ = VERFASSUNG DES UNIVERSUMS.
$\frac{1}{n} \cdot n = ①$
6
5
4
3
2
$\sqrt{2}$
1
1/2
1/3
F
A
4
3
2
$\sqrt{2}$
1
$\frac{1}{2}$ $\frac{1}{3}$ ....
0

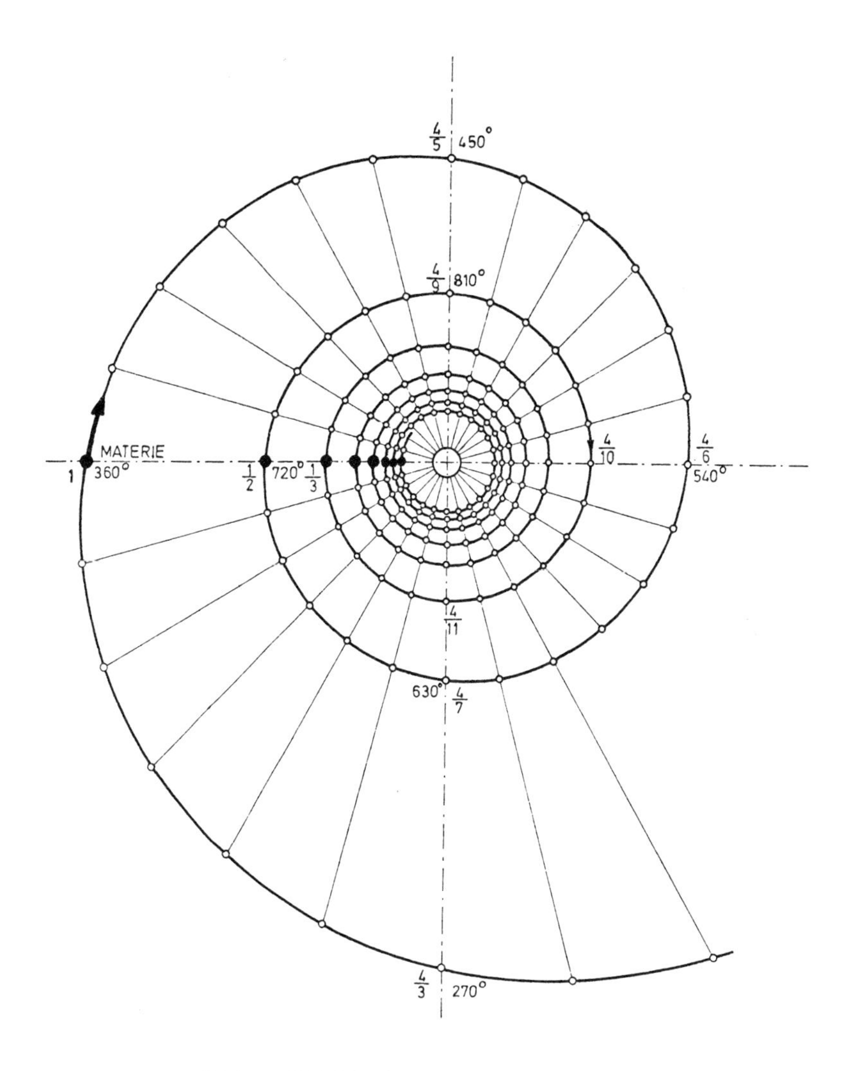

DAS HYPERBOLISCHE OFFENE SYSTEM.

$n = 0$	$\frac{1}{n} \cdot n = 1$	$n = \infty$

Schaubilder zur Geometrie des Naturtongesetzes, das der Formel $\frac{1}{n} \cdot n = 1$ folgt. Schauberger spricht von der „Verfassung der Natur". Die Spirale oben bezeichnet er als „Strukturbild der Materie". In der Natur treffe man stets auf offene Systeme, es gebe keine Wiederkehr des Gleichen, wie die Spirale deutlich zeigt. Die Pfeile sollen andeuten, daß die natürliche Bewegung eine zentripetale, „einrollende" ist, bei der auch Energie in ein System eingespeichert wird.

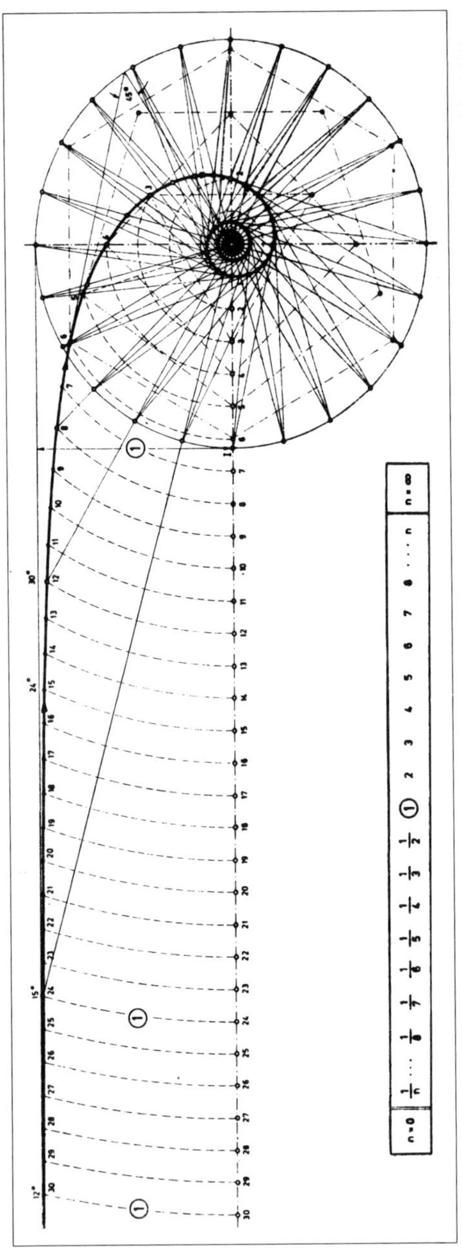

Links eine weitere Darstellung zum Naturtongesetz, dem nach Schaubergers Erkenntnis viele natürliche Strukturen und Bewegungsabläufe folgen.

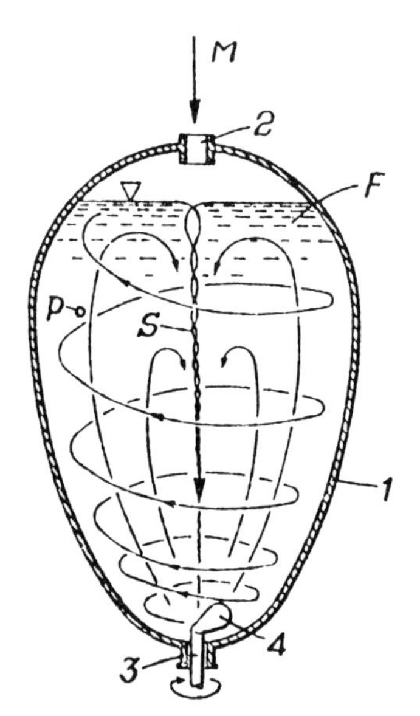

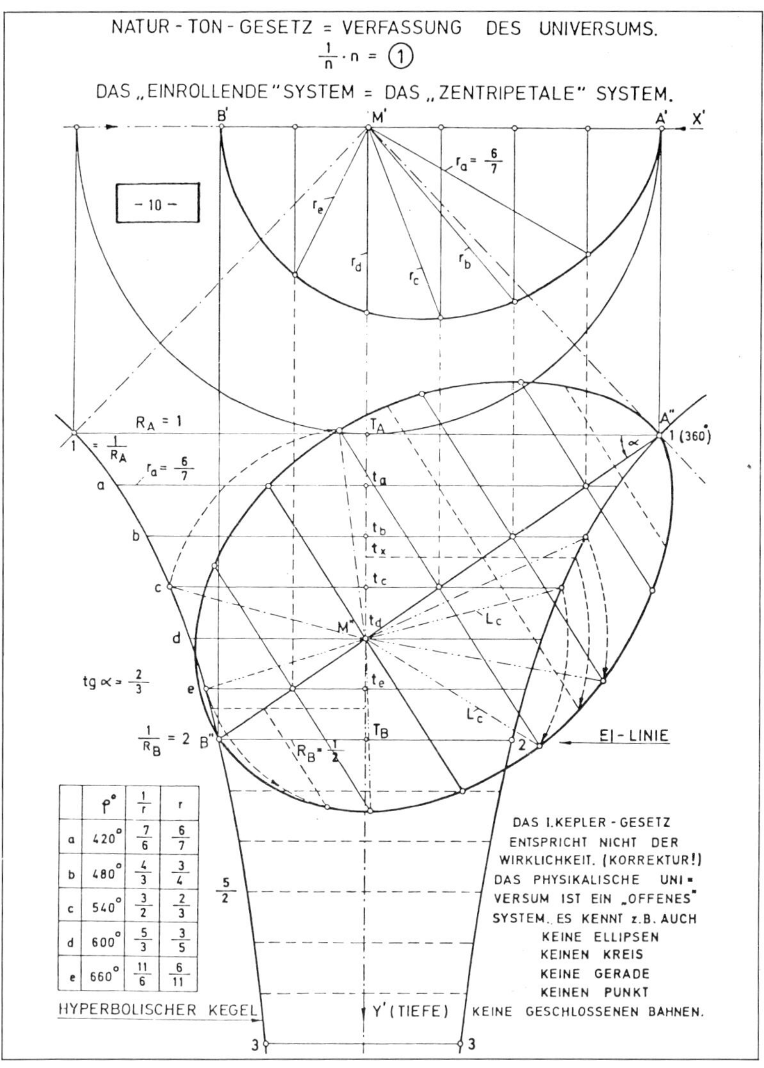

	ρ°	$\frac{1}{r}$	r
a	420°	$\frac{7}{6}$	$\frac{6}{7}$
b	480°	$\frac{4}{3}$	$\frac{3}{4}$
c	540°	$\frac{3}{2}$	$\frac{2}{3}$
d	600°	$\frac{5}{3}$	$\frac{3}{5}$
e	660°	$\frac{11}{6}$	$\frac{6}{11}$

Die natürliche Eiform, geometrisch exakt konstruiert nach dem nichteuklidischen Naturtongesetz. Die Bemerkungen unten rechts im Bild beziehen sich auf Schaubergers Überzeugung, daß sich die Planeten nicht auf elliptischen, sondern auf „offenen Eibahnen" bewegen. Entsprechende Hinweise finden sich auch in Keplers Schriften, die Schauberger sehr genau studiert hat. – Das kleine Bild auf der linken Seite deutet an, daß die Eiform, übertragen auf technische Apparaturen, etwa zur Herstellung von Gemischen, Lösungen, Emulsionen, Suspensionen oder zur biologischen Reinigung von freien Gewässern, effektiv genutzt werden könnte. Ein entsprechendes österreichisches Patent ist unter der Nummer 265 991 im Oktober 1968 Walter Schauberger erteilt worden.

Das Ei als Grundform technischer Apparate. Die vor Jahren begonnenen Labor- und Großversuche sollen jetzt verstärkt weitergeführt werden mit dem Ziel, auf zahlreichen Gebieten eine nichteuklidische Technik einzuführen. Neben Abgasreinigung, Flüssigdüngerherstellung, einer neuen Vergaserform für Verbrennungsmotoren und anderem will man vor allem neuartige Energiewandler studieren. Der Entwicklung einer „Implosionstechnik", der sich eine Vielzahl von Anwendungsmöglichkeiten eröffnen dürfte, stehen nach Auskunft Schaubergers derzeit noch zu wenig Geldmittel zur Verfügung.

haben. Inwieweit Viktor und Walter Schauberger der Menschheit einen Generalschlüssel in die Hand gegeben haben, mag die Zukunft zeigen. Niemand sollte indes etwas gegen diese Art der Naturbetrachtung haben, und niemand darf Fakten leugnen oder herunterspielen, solange nicht ihre Bedeutung klar verstanden wird. Schauberger gibt sich hoffnungsvoll abwartend, denn die globale Energiekrise sei perfekt und zeige, daß die intellektuelle Behaglichkeit von einer intellektuellen Ratlosigkeit abgelöst worden sei. Geblieben sei freilich die intellektuelle Überheblichkeit und Eitelkeit, die nach einem Wort von Max Thürkauf der schlimmste Feind der Wahrheit ist.
Schlimm, daß man solche Selbstverständlichkeiten selbst in einer Zeit betonen muß, in der aus vielen Krisen Katastrophen zu werden drohen, deren Ursachen in unseren technisch-wissenschaftlichen Erkenntnissen begründet liegen. Oder sollte eher von Nicht-Erkenntnis die Rede sein? Was uns heute an technischer Lebensraumausstattung umgibt, ist nicht das einzig Mögliche. Es ist auch nicht der einzig mögliche Weg, der der Kernspaltung, der die Energieversorgung sicherstellt. Wohl aber der gefährlichste.
Die Einsteinsche Energieformel $E = m c^2$ stimme doch wohl, fragt Schauberger etwas süffisant, und da reden wir von Energieknappheit? In einem Gramm Substanz seien danach 25 Millionen Kilowattstunden oder 21,5 Mil-

liarden Kilokalorien eingespeichert. Nein, wir verstünden die natürliche Energiegewinnung noch nicht, geschweige denn können wir sie nachvollziehen. Während in der Natur, so Schauberger, immer dann Energie frei werde, wenn sich zwei Systeme niederer Ordnung zu einem höherer Ordnung vereinigten, laufe der Energiegewinnungsprozeß in der Technik genau umgekehrt ab. Und dieses, das Widernatürliche, das beschwöre die entropiebesessene Wissenschaftler- und Ingenieurgemeinde täglich aufs neue – wie das auch in diesem Buch immer wieder anklagend festgestellt wird.
Dabei ist es keineswegs so, wie viele studierte Wissenschaftler und Ingenieure meist meinen, daß ihnen in den Außenseitern nur blasse, in eine fixe Idee verrannte Theoretiker gegenüberstünden. Vater Schauberger, Sohn Schauberger und seine Schüler haben vielfach bewiesen, daß ihre Experimente vielversprechend und ihre Konstruktionen praktikabel sind. Wasserbauwerke nach Viktor Schauberger, zur Bewässerung arider Landstriche etwa, leisten im Nahen Osten wertvolle Dienste. Andere Erkenntnisse gingen in die Konstruktion von Wasserturbinen ein. Walter Schauberger selbst hat zahlreiche Großversuche unternommen, die neue Wege zur Elektrizitätserzeugung weisen könnten. Er baute riesige Trichter, deren Form dem Naturtongesetz folgt. In sie hineinströmendes Wasser zeigt unerwartete und „energische" Reaktionen. Während einer Fall-, Dreh- und Sogbewegung des Wassers wird, so könnte man die beobachtbaren Vorgänge zusammenfassend deuten, Gravitationsenergie in das Wirbelsystem eingespeichert.
Im Jahre 1952 kam es zu einer wissenschaftlichen Untersuchung der Phänomene, die auftreten, wenn Wasser durch gewendelte Drallrohre strömt. Viktor Schauberger und sein Sohn Walter hatten gerade und gewendelte Drallrohre angefertigt und sie dem Institut für Gesundheitstechnik an der Technischen Hochschule Stuttgart zu Meßzwecken zur Verfügung gestellt. Viktor Schauberger berichtete aus diesem Anlaß über seine Forschungsergebnisse, Entwicklungen und Projekte, Walter Schauberger erläuterte in einem Kurzreferat seine Erkenntnisse zu den Energieprozessen in der Natur, die seiner Meinung nach allesamt auf eine zentripetal gerichtete Dynamik und auf energetische Resonanzvorgänge mit einem universellen Wirkungsraum hinwiesen.
Prof. Dr.-Ing. habil. Franz Pöpel, damaliger Leiter des Stuttgarter Instituts, war verständlicherweise ganz anderer Meinung. Er brachte zum Ausdruck, daß die entscheidenden Bereiche der Technik auf den Gesetzmäßigkeiten der klassischen Mechanik beruhten, daß demzufolge auch strömende Flüssigkeiten und Gase entsprechend zu behandeln seien. So sei vor allem auch im Wasserbau längst entschieden, daß die euklidischen Elemente optimale Ergebnisse erbrächten. Pöpel plädierte dafür, die von den Schaubergers ge-

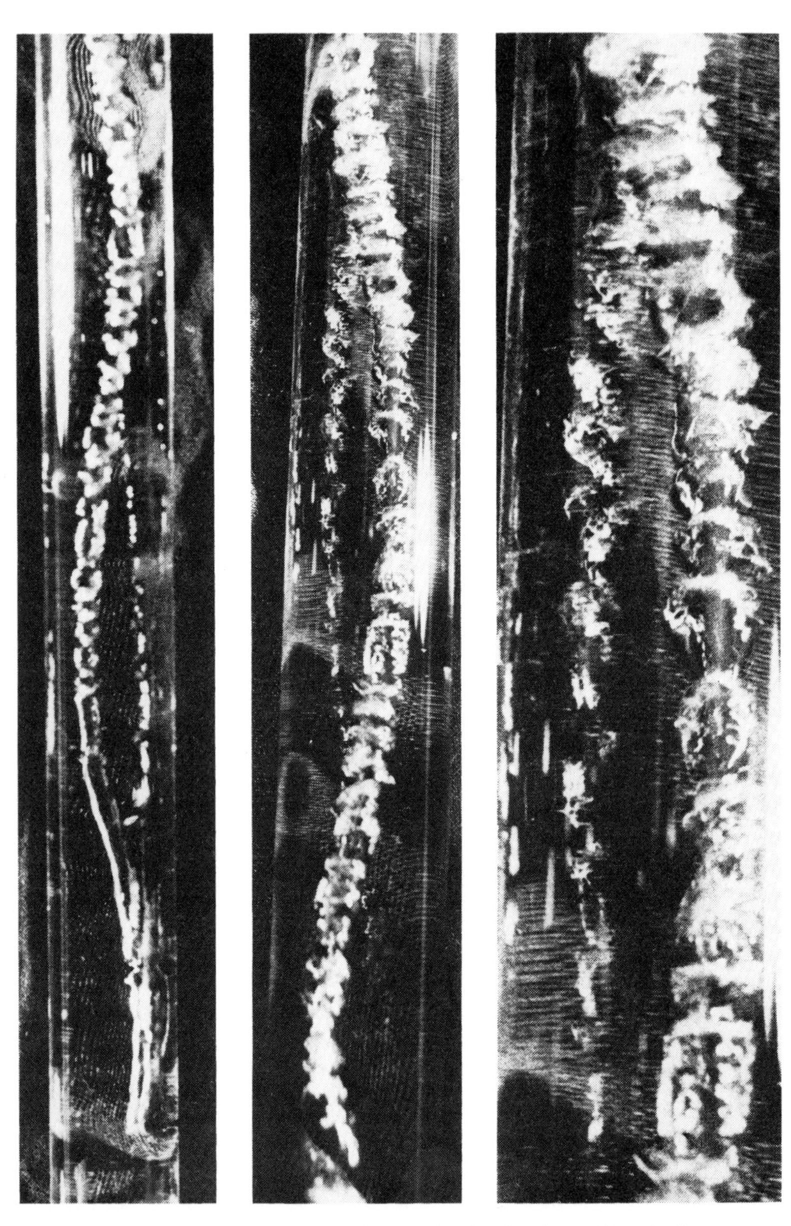

Strukturbilder, die strömendes Wasser zu erkennen gibt, das über einen Trichter in Rotation versetzt wird, dessen Form dem Naturtongesetz folgt.

wünschten Versuche gar nicht erst zu beginnen. Sie seien kostspielig und würden doch keine für die Technik brauchbaren Ergebnisse zeitigen. Der Bonner Ministerialrat Kumpf aus Balkes Atomministerium, der an diesem Gespräch teilnahm, stimmte Pöpel zwar uneingeschränkt zu, befürwortete aber dennoch die Versuche. Seine Begründung: Damit könne endlich den unqualifizierten Angriffen Schaubergers, die vor allem gegen die Wasserwirtschaft gerichtet seien, ein Riegel vorgeschoben werden.
Sie irrten, der Professor und der Ministerialrat. Die Versuche wurden durchgeführt und bestätigten auf eine überwältigende Weise die Aussagen und Vermutungen der Außenseiter Schauberger. Im Protokoll heißt es, daß man einen ersten Überblick über die Größe der Kräfte erhalten habe, die das Phänomen der einspulenden Fließbewegung hervorzurufen vermag. Späteren Versuchen müsse es vorbehalten bleiben, ihre Größe, Art und Wirkung genauer zu erfassen. Und dann gesteht Pöpel wörtlich ein: „Nachdem ihre Existenz (dieser Kräfte) erkannt wurde und die bewußte technische Anwendung im Bereich der Möglichkeiten liegt, wird sie eine revolutionierende Bedeutung auf den Gebieten der Behandlung und Förderung flüssiger und gasförmiger Medien erhalten."
Die Versuche sollten zunächst einmal klären, ob Wasser beim Durchfließen von Rohren in eine mehrfach einspulende Bewegung gebracht wird. Der Beweis, daß es so ist, war schnell erbracht. In ein senkrecht von oben nach unten durchströmtes Glasrohr hing man einen etwas beschwerten Seidenfaden. Besonders dann, wenn man das einströmemde Wasser durch eine trichterförmige Gestaltung des Einlaufes von vornherein zur Drallbildung veranlaßte, zeigte sich dieses Grundphänomen sehr deutlich. Es sei damit bewiesen, heißt es in dem Protokoll, daß sich im Rohr eine Fließbewegung ausbildet, die entlang einer Raumspirale verläuft und die gleichzeitig um die Achse dieser Raumspirale rotiert. Dieser mehrfach einspulende Fließvorgang, so das Protokoll weiter, wird von einer zweiten, ebenfalls raumspiralig gekrümmten Randbewegung überlagert. Alle diese Erscheinungen könnten nur durch zentripetal wirkende Kräfte hervorgerufen werden, die größer sind als die Zentrifugalkraft.
Soweit die Verhältnisse im einfachen geraden Rohr. Das Schaubergersche gewendelte Drallrohr unterstützt durch seine Formgebung diese zentripetal wirkenden Einspulkräfte auf eine harmonische Weise derart, daß sich das Wasser frei schwingend fortbewegt, wenn es gelingt, die kinetische Energie des fließenden Wassers mit der Raumspirale der Wendel zu „synchronisieren". Das gelang mit dem Ergebnis, daß keine Rohrreibung (Reibungshöhe) mehr gemessen werden konnte. Einen außerordentlich großen Einfluß auf die Entstehung der einspulenden Fließbewegung, auch das wurde festge-

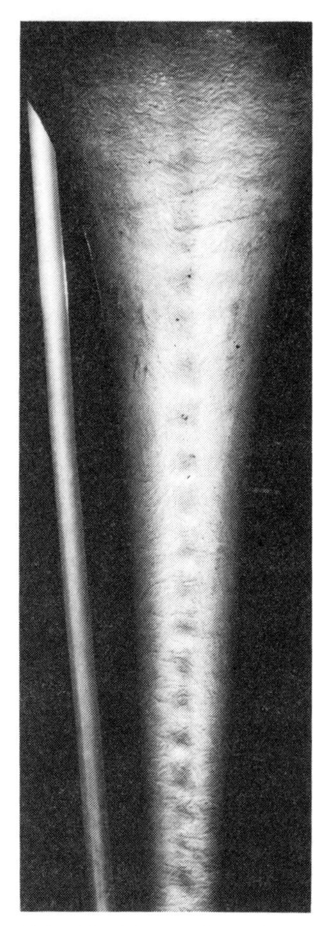

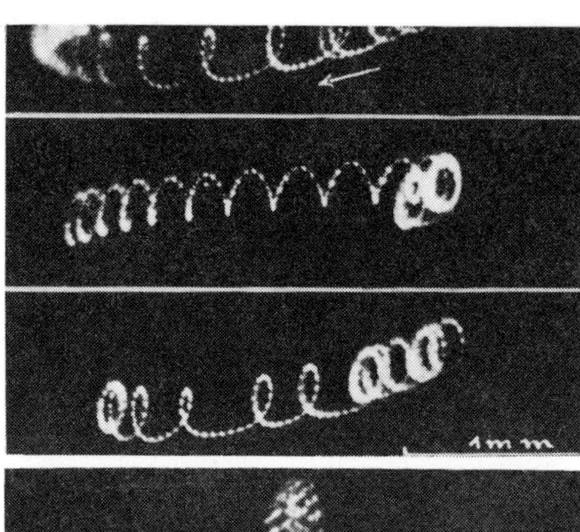

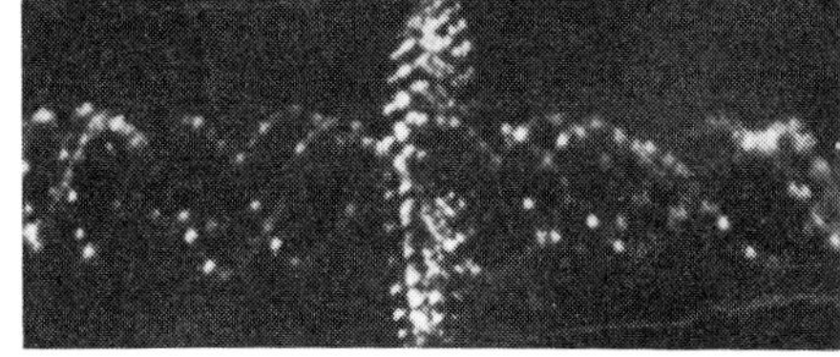

Oben: Bei Photophorese-Experimenten an der Universität Wien entstanden diese photographischen Aufnahmen. Mit „Photophorese" bezeichnet man das Phänomen, daß sich ultramikroskopische Teilchen unter der Einwirkung einer intensiven Bestrahlung entweder in oder entgegen der Strahlungsrichtung bewegen. Eine befriedigende Erklärung für diese Erscheinung ist noch nicht bekannt. Daß sich die Teilchen offenbar auch auf definierten spiraligen Bahnen bewegen, zeigen diese Bilder. Sie sollten ein weiterer Anlaß sein, Schaubergers Vorstellungen von der Struktur der Materie intensiv zu studieren.

Linkes Bild: Was aussieht wie eine Wirbelsäule, ist eine weitere Aufnahme, die bei den Schaubergerschen Experimenten mit sich „einspulenden" Wasserwirbeln entstand. Hier werden Struktur und Harmonie sichtbar.

stellt, hat das Rohrleitungsmaterial. Kupfer zeigte im Zusammenwirken mit dem Wasser die größte Reaktionsfähigkeit. Hier könne es sich nicht nur um rein hydrodynamische Wirkungen handeln, mutmaßte Professor Pöpel, vermutlich seien vor allem elektrophysikalische Effekte mit im Spiel.
Viel hätte es seit diesem erregenden Bericht aus dem Jahre 1952 zu forschen gegeben. Die Zentrifugiertechnik hat hier und da ihre Schlüsse aus den Schaubergerschen Hinweisen gezogen, ohne freilich ihrer Urheber zu gedenken. Viktor Schauberger starb einige Jahre nach den Stuttgarter Versuchen,

Sohn Walter wartet noch immer vergeblich darauf, daß irgendwo ausreichend Geld mobilisiert wird, um sowohl die Grundlagen als auch die Nutzanwendung dieser laut Pöpel revolutionierenden Erkenntnisse weiter erforschen zu können. An Energiegewinnung scheint Pöpel damals noch gar nicht gedacht zu haben, aber gerade auf diesem Gebiet haben das Wendelrohr und davon abgeleitete Konstruktionen ihre revolutionierende Kraft besonders eindrucksvoll unter Beweis stellen können.
Viktor Schauberger, der 1958 in den USA unter Zwang sein Wissen preisgeben mußte, sagte einmal: „Die Kunst besteht darin, aus einem Mailüfterl einen Tornado zu machen.“ Haben die Amerikaner damals gut aufgepaßt, haben sie Schauberger beim Wort genommen? 1977 drang die Kunde über den Ozean, daß man bei der Luft- und Raumfahrtfirma Grumman an den Bau einer Tornadomaschine denke. Ihr Erfinder James Yen schätzte, daß sich Wirbelsturmgeneratoren bauen lassen, die bis zu 1000 Megawatt leisten. Für 1 Million Watt, so hat er errechnet, könnte ein Turm von 60 m Höhe und 20 m Durchmesser in Verbindung mit einer 2 m durchmessenden Turbine ausreichen.
Daß die Schaubergerschen Erkenntnisse ein technisch-wissenschaftliches Revolutionspotential bergen, ist ziemlich sicher. Die Erzeugung elektrischen Stromes unmittelbar aus strömendem Wasser scheint neben der Tornadomaschine eine weitere Methode zur Energiegewinnung darzustellen. Daß fallende Wassertropfen beim Auftreffen auf eine Platte Elektrizität entwickeln, wußte der Physiker und Nobelpreisträger Philipp von Lenard (1862–1947) bereits um die Jahrhundertwende. Nachdem er die in der Umgebung von Wasserfällen auftretenden elektrischen Felder untersucht hatte, forschte er im Labor weiter. Eine Erkenntnis war, daß beim Auftreffen eines Wassertropfens oder eines Wasserstrahls Luft in den Auftreffbereich getrieben wird, die sich elektrisch negativ auflädt, während das Wasser positiv wird.
Viktor und Walter Schauberger führten in den 30er Jahren, teilweise zusammen mit Dr.-Ing. Anton Winter, Wasserstrahlversuche durch, die der Gewinnung elektrischen Stroms auf diesem direkten Wege dienten. Es wurden Spannungen bis zu 20 000 Volt erzielt, die ausreichten, mehrere Entladungslampen gleichzeitig zu zünden. Kurz nach dem Kriege sind die Versuche mit einer raffinierten Geräteanordnung zwar wiederaufgenommen, dann aber doch nicht weitergeführt worden. Einer schwedischen „Forschungsgruppe für Biotechnik“ unter Leitung von Olof Alexandersson kommt das Verdienst zu, auf Anregung von Walter Schauberger dort weitergemacht zu haben, wo er und sein Vater 1947 aufgehört hatten. Die Versuchsergebnisse müßten erneut aufhorchen lassen in einer Zeit, in der die Notwendigkeit zu einem wirklichen Umdenken in Sachen Energie immer deutlicher wird.

Sieht man die Photophorese als „Bewegung ohne eigenes Dazutun" an, so kann man sie bei entsprechender Versuchsanordnung auch mit Wassertropfen demonstrieren. Der Schwede Olof Alexandersson, ein Schüler Schaubergers, baute ein Experiment auf, mit dem er sog. Wasserfadenversuche durchführte. Sie gingen zurück auf ähnliche Versuche, die Viktor Schauberger bereits in den 30er Jahren unternahm und die bewiesen, daß ein Wasserstrahl in seiner Umgebung elektrischen Strom hoher Spannungen erzeugen kann. Die Photos oben zeigen Lichtphänomene, die bei den mit den nächsten Bildern näher beschriebenen Versuchen zu beobachten waren und die Bewegungsbahnen der Wassertröpfchen aus dem sich auflösenden Wasserfaden markieren.

Schauberger hatte Wasser aus Düsen mit 0,3 bis 1 mm Durchmesser in paraffinummantelte Bleibecher ausströmen lassen, an die Elektroskope angeschlossen waren. Diese Meßinstrumente zeigten immer dann eine elektrische Spannung an, wenn eine Paraffinplatte in die Nähe eines „Wasserfadens", wie er die dünnen Wasserstrahlen nannte, gehalten wurde. Das funktionierte auch noch, wenn der Abstand Wasserfaden – Platte auf über 10 m vergrößert wurde. Die Schweden experimentierten weiter und entdeckten, daß in einem gewissen Abstand unterhalb der Düse eine Art „Reizzone" entsteht, die auf die elektrischen Eigenschaften des Wassers in besonderer Weise einwirkt.

Die Versuchsanordnung: Aus zwei Düsen floß Wasser in Behälter, auf deren Böden je eine Kupferplatte lag; die Fallhöhe des Wassers betrug rund 1 m. Im Bereich der „Reizzonen" wurde um die Wasserstrahlen herum je eine Spirale als Ring aus Kupferdraht aufgehängt, die über Kreuz durch Kupferdrähte mit den Kupferplatten verbunden waren, auf die die Wasserfäden auftrafen; der linke „Reizzonenring" war also mit der rechten Prallplatte verbunden, der rechte mit der linken.
Nur wenige Sekunden, nachdem das Wasser zu fließen begann, konnte man die merkwürdigsten Dinge beobachten: Gleich unterhalb der spiraligen Ringe, durch die die Wasserstrahlen hindurchfielen und die auch durch Lochscheiben ersetzt werden konnten, lösten sich die Wasserstrahlen auf. Die Wassertropfen bewegten sich in geordneten Bahnen meist am Auffangbehälter vorbei, zum Teil auf Spiralbahnen wieder nach oben, um sich erneut mit dem ausströmenden Wasser zu vereinigen. Andere umkreisten auf spiraligen Bahnen mit zunehmend enger werdenden Windungen und einer deutlich wahrnehmbaren Eigenrotation die sich kreuzenden Kupferdrähte. Zwischen der Ringspirale unter der Düse und dem Auffangbehälter für das Wasser konnten Spannungen bis 60000 Volt gemessen werden. Ringförmige Leuchtstoffröhren, um die als Kollektoren bezeichneten Ringspiralen herum aufgehängt, leuchteten, ohne eine mechanische Verbindung mit diesen zu haben. Das Faszinierendste aber war ein blauer Lichtschein, der von perlenschnurartigen Lichtspuren ausging, die über die gesamte Länge der Reizzone hinweg ständig pulsierten.
Über die Vorgänge, die sich bei derartigen Versuchen abspielen, gibt es bisher nur Spekulationen. Hier harren Aufgaben u. a. für die Molekular- und Hochenergiephysik, die aber nicht aufgegriffen werden, weil sie nicht von Wissenschaftlern aus den großen Forschungsanstalten formuliert werden. Für sie reicht die Einheit der Natur soweit, wie ihre Meßinstrumente anzeigen. Und wer Maschinen baut, in denen Gase oder Flüssigkeiten strömen, der weiß sich von den Gesetzen der klassischen Mechanik sicher geleitet.

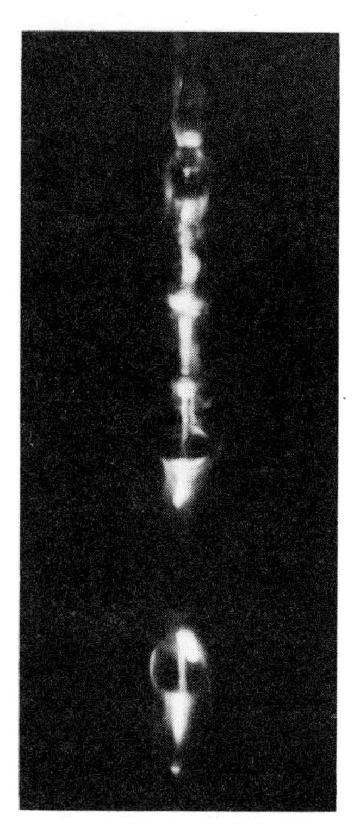

Oben: Der Schwede Olof Alexandersson vor seiner Versuchsapparatur. Links: Wasserfaden unmittelbar nach der Düse. – Eine zeichnerische Darstellung der Bahnen, auf denen sich die späteren Wassertröpfchen bewegten, findet sich auf Seite 192.

Aber wie sagte noch Justus von Liebig in seinem 23. chemischen Brief aus dem Jahre 1865? „Alle Gestalten der Träger organischer Tätigkeit sind durch krumme Flächen und krumme Linien begrenzt; in den organischen Körpern muß eine Ursache wirken, welche die gerade Linie krumm biegt." Haben wir schon unser Lebenselixier Wasser vergewaltigt, indem wir ihm jeden Kieselstein aus dem Weg räumten und Flußläufe betonierten? Vieles spricht dafür. Eine Tornadomaschine, um noch einmal daran zu erinnern, müßte jedenfalls anders aussehen als alle bekannten Strömungsmaschinen. Der geschilderte Wasserfadenversuch der Schweden hat dazu vielleicht auch noch einen bemerkenswerten Effekt aufgedeckt: Die abgelenkten Wassertropfen, die sich auf den Kupferleitungen und Kollektoren abgesetzt hatten, wiesen eine erheblich niedrigere Temperatur auf als das Wasser am Düsenaustritt.
Nicola Tesla (1856–1943), der uns gleichzeitig mit Guglielmo Marchese Marconi (1874–1937) die drahtlose Übertragung elektrischer Energie beschert hat, ist im tiefsten unverstanden geblieben. Er hat Erkenntnisse über

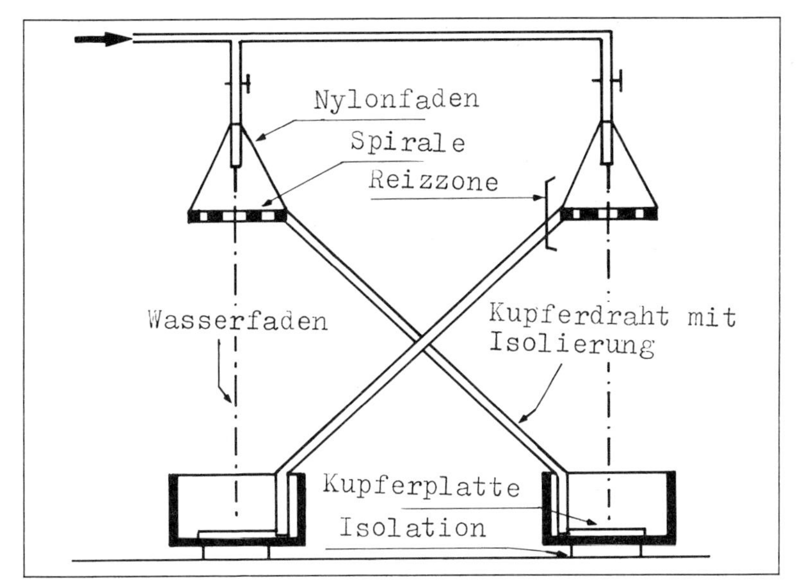

Aufbau des Wasserfaden-Experiments. Zwei „Wasserfäden" strömen aus Düsen in isolierte Kunststoffbehälter aus. In jedem Behälter liegt eine Kupferplatte, von der jeweils ein Kupferdraht, den anderen kreuzend, nach oben zu einer Spirale aus dem gleichen Draht führt. Die Spiralen umfassen den Wasserfaden in einem gewissen Abstand unterhalb der Düsen. Zwischen den Spiralen und den Auffangbehältern wurden Spannungen bis rund 60 000 Volt gemessen.

die Physik des Kosmos mit ins Grab genommen, die uns wohl manche umweltbelastende technische Entwicklung erspart hätten. Tesla einerseits und Viktor und Walter Schauberger andererseits haben sich nicht gekannt. Was Tesla zu Anfang unseres Jahrhunderts verkündete, ist unbedacht verhallt. Was Walter Schauberger heute fordert, eine der Natur entsprechende Technik zu entwickeln, hätte wahrscheinlich auch eine Forderung Teslas sein können. Hören wir den Deutsch-Amerikaner Walter P. Baumgartner, der Teslas Arbeiten eingehend studiert hat. In der von ihm herausgegebenen Zeitschrift „Energy Unlimited" schreibt er:
„Ohne Zweifel, unsere Welt ist nach dem Implosionsprinzip entstanden. Was ist Implosion? Das Gegenteil von Explosion. Bei der Implosion verläuft die Bewegung von außen nach innen. Es ist ein zentripetaler, zusammendrükkender, aufbauender, formschaffender und ein qualitativer Bewegungsprozeß. Explosion ist die zentrifugale, radiale, zerstörende und zerlegende Kraft. Beide Kräfte widerstehen einander und hängen von derjenigen ab, die überwiegt; eine physikalische Ordnung befindet sich entweder im Prozeß der Integration oder des Zerfalls. Beide Kräfte korrespondieren mit der Zeit, die

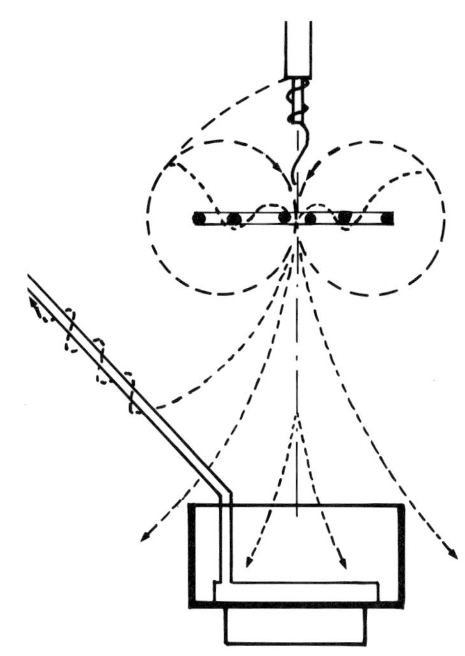

Bewegungsbahnen der Wassertröpfchen, in die sich der Wasserfaden nach Passieren der Reizzone im Bereich einer Spirale aus Kupferdraht auflöste. Dabei zeigten sich im Dunkeln zu beobachtende Lichterscheinungen, die Alexandersson als einen blauen, oszillierenden Lichtschein beschreibt, der unmittelbar an der Düsenöffnung begann und weiter perlenschnurartig über die ganze Länge der Reizzone hinweg pulsierte.

man als die vierte Dimension betrachtet. Bezogen auf die Elektrizität kann man sagen:
Die Elektrizität ist die implodierende konzentrierende Kraft, der Magnetismus die radiative explodierende Kraft. Die Implosion ist das Geheimnis der Kraftvervielfachung; das gilt für alle Energieformen. Der elektrische Fluß in einem Draht verläuft gleichzeitig sowohl spiralförmig als auch konisch; eine andere Fortpflanzungsmöglichkeit gibt es nicht. Licht, Wärme, Elektrizität, Magnetismus und jede andere Energieform bewegen sich auf die gleiche Weise, und zwar in Wirbelform."
„Der Wirbel", sagt Walter Schauberger, „ist das Energieprogramm der Natur." Außer ihm und seinen Schülern kümmern sich darum nur wenige. Für seine funktechnischen Apparate baute Tesla spiralförmig gewickelte Spulen. Selbst mit dieser außergewöhnlichen „Hardware" hat sich nach seinem Tode kaum noch jemand beschäftigt. Vergessen, der Weg führte in eine andere Richtung. Tesla sollte den Nobelpreis bekommen, er war berühmt und ist es geblieben. Sein Vermächtnis verkam unbesehen. Viktor Schaubergers Naturerkenntnisse werden in vielen Köpfen weitergedacht, sein Sohn Walter blieb bis heute weithin ein einsamer Rufer in einer technisierten Welt, die ihn anschweigt.

Natürlichem genügt das Weltall kaum,
was künstlich ist, verlangt geschlossnen Raum. *Goethe, Faust II*

Die Solarzelle der Natur als Lehrmeister

Der moderne Naturwissenschaftler erkennt Goethe ganz gewiß nicht als Kollegen an. Die Brücken zu diesem Universalgelehrten wurden spätestens mit dem Übergang von der kontemplativen Naturbetrachtung auf das reproduzierbare Experiment und die mathematische Erfassung physikalischer Vorgänge abgebrochen, den fast alle naturwissenschaftlichen Disziplinen vollzogen haben. Die Einheit unseres kosmischen Weltbildes ging dabei zwar gänzlich verloren, aber wir konnten immer bessere und spezialisiertere Maschinen bauen. Alle Versuche, mit den neuen wissenschaftlichen Methoden ein kohärentes Weltbild zurückzugewinnen, schlugen fehl. Stichwort „Weltformel“. An Verlautbarungen, die den Anschein erwecken, als näherten wir uns immer mehr dem Punkt, von dem aus alles Natürliche faßbar wäre, mangelt es dennoch nicht. Gegenwärtig sind es neben den Hochenergiephysikern vor allem die Biochemiker, die Biophysiker und die Molekularbiologen, die sich in dieser Beziehung am hoffnungsvollsten vernehmen lassen. Sie äußern sich geradezu euphorisch, denn endlich scheint sich auch das Leben selbst, das sich bisher dem physikalisch-technischen Zugriff entzog, mit dem Wissen der Neuzeit begreifen zu lassen. „Leben ist ein chemisch-physikalischer Prozeß“ lautete beispielsweise eine Überschrift in den „VDI-Nachrichten“ vom 13. Juni 1980. Sie bezog sich auf einen Vortrag, den der Konstanzer Biologe Prof. Dr. Hubert Markl vor der Jahresversammlung des Deutschen Verbandes technisch-wissenschaftlicher Vereine gehalten hatte.
Wer geglaubt hatte, Darwin und der Neo-Darwinismus hätten sich im Lichte alter und neuer Naturerkenntnis endgültig erledigt, den belehrte Markl eines Besseren. Er bestätigt Arthur Koestler, der den Neo-Darwinismus einmal als grimmig entschlossen bezeichnete, ethische Werte und psychische Phänomene auf die elementaren Gesetze der Physik zu reduzieren und alle jene Aspekte der Biologie, die sich nicht auf diese Weise reduzieren ließen, als der wissenschaftlichen Aufmerksamkeit unwürdig zu brandmarken.
Folgt man dem erwähnten Zeitungsbericht, so ist Markl der Meinung, „daß die überwältigende Überzeugungskraft, die die modernen biologischen Forschungsergebnisse dem Darwinschen Erklärungsprinzip der lebenden Natur verliehen – ungeachtet der Tatsache, daß dadurch nur im Detail expliziert

wurde, was Darwin in einem großen Wurf einsichtig machte – profunde und ständig zunehmende Auswirkungen auf unser Denken und Handeln habe." Leider, kann ich dazu nur sagen, denn damit erwächst die Gefahr, daß das Leben selbst endgültig unter den Materialismus des 19. Jahrhunderts gebeugt wird. Daß dieses unter dem Signum der Wissenschaftlichkeit, und nicht etwa dem eines Philosophems geschieht, ist um so bedenklicher und bedrohlicher. Darwin habe deutlich gemacht, so fährt Markl fort, daß alle Lebewesen – Mikroben, Pflanzen, Tiere und Menschen – nichts anderes als komplexe physikalisch-chemische Systeme seien, deren Funktionsweise daher zumindest partiell auf der Grundlage physikalischer und chemischer Gesetzmäßigkeiten erklärbar sein mußte. Insofern sei seine Theorie ein wesentlicher Beitrag zu unserem naturwissenschaftlichen Weltbild: der Theorie von der Einheit der Natur.

Markls Resümee: Es gibt keinen wesentlichen Aspekt des Lebens auf dem Niveau der Zelle – von Stoffaufnahme und -abgabe, Energieerzeugung und -nutzung, Wachstum, Differenzierung und Gestaltung, Erregbarkeit, Beweglichkeit bis hin zu Vermehrung und Vererbung –, der nicht im Grundsatz, und oft genug bis in molekulare Einzelheiten, auf chemische und physikalische Prozesse zurückgeführt werden könnte. „Leben" erweise sich damit zwingend und restlos als Folge der komplexen Organisation, der strukturellen und funktionellen Verkopplung für sich abiotischer chemisch-physikalischer Prozesse.

Wie aus „abiotischen" Prozessen Leben erwächst, muß nicht Forschungsgegenstand dieses Wissenschaftlers sein. Leben aber aus den Gesetzen der leblosen Materie erklären zu wollen, dazu gehört doch wohl eine Portion Vermessenheit. Linus Pauling, der 1954 für sein Modell von der Struktur der Proteine den Nobelpreis erhielt, äußerte dazu eine völlig konträre Meinung. Das Leben, so sagte er, sei dasjenige, das im Reagenzglas verschwindet. Der gesunde Menschenverstand genügt, um Max Thürkauf recht zu geben, wenn er feststellt, daß die Gesetze des Lebens die der Chemie und Physik einschließen, und nicht umgekehrt.

Lebende Systeme scheinen grundlegend verschieden zu sein von nichtlebenden Systemen, die den Gesetzen der Mechanik folgten, betonte Sir George Porter, der 1967 für seine Arbeiten auf dem Gebiet ultraschneller chemischer Reaktionen den Nobelpreis erhielt. Porter hielt 1976 den Eröffnungsvortrag zu einem vom Europarat veranstalteten Symposium über „Lebende Systeme als Energiewandler". Die Wissenschaft der Mechanik habe so gut wie nichts zum Verständnis des Lebens beigetragen, und das Energiekonzept, wie wir es heute verstünden, käme in dem seit Galilei entwickelten mechanischen System nicht vor. Porter weiter: Die Beziehungen zwischen den

Begriffen Kraft, Energie, Arbeit und Wärme seien bis heute hoffnungslos verworren. Er stimmte demjenigen zu, der sagte, die Wissenschaft verdanke der Dampfmaschine mehr als die Dampfmaschine der Wissenschaft.
In seinem Vortrag setzte sich Porter auch mit der Frage auseinander, inwieweit der 2. Hauptsatz der Wärmelehre auf die belebte Natur angewendet werden könne. Selbstverständlich überhaupt nicht, lautete seine Antwort. Die Natur biete die großartigsten Beispiele von zunehmender Ordnung, im gesamten Entwicklungsprozeß ebenso wie bei Wachstum und Entwicklung im Detail. Die Erklärung, warum sich die Natur nicht mit den Gesetzen der Thermodynamik fassen lasse, sei einfach: diese gelten eben nur für abgeschlossene Systeme. In der Natur habe man es dagegen mit offenen Systemen zu tun. Hier bereite es keine Schwierigkeiten, die Ordnung zu erhöhen und die Entropie zu senken, solange man von außen freie Energie in diese Systeme hineinpumpen könne. Und die Quelle dieser freien Energie, von negativer Entropie, ist die Sonne.
„Die Natur hat sich die Aufgabe gestellt", schrieb Robert Mayer 1845, „das der Erde zuströmende Licht im Fluge zu erhaschen und die beweglichste aller Kräfte, in starre Form umgewandelt, aufzuspeichern. Zur Erreichung dieses Zweckes hat sie die Erdkruste mit Organismen überzogen, welche lebend das Sonnenlicht in sich aufnehmen und unter Verwendung dieser Kraft eine fortlaufende Summe chemischer Differenz erzeugen. Diese Organismen sind die Pflanzen; die Pflanzenwelt bildet ein Reservoir, in welchem die flüchtigen Sonnenstrahlen fixiert und zur Nutznießung geschickt niedergelegt werden; eine ökonomische Fürsorge, an welche die physische Existenz des Menschengeschlechtes unzertrennlich geknüpft ist."
Die Sonnenenergie „im Fluge zu erhaschen" gelingt der grünen Pflanze. Im Verlaufe des Prozesses der Photosynthese, der nach Feststellungen von Wissenschaftlern vor mehr als 2 Milliarden Jahren im Meer begann, wandelt die Zelle die Strahlungsenergie der Sonne in chemische Energie um. Im Licht baut die grüne Pflanze aus Wasser und Kohlendioxid, die sie aus ihrer Umgebung aufnimmt, Kohlenhydrate auf, vor allem Zucker und Stärke. Als eine Art Nebenprodukt fällt bei dieser Photosynthese Sauerstoff an. Die Bilanz der Photosynthese läßt sich mit der folgenden Gleichung erfassen:

$$6\ CO_2 + 6\ H_2O + n \cdot h \cdot \nu \rightarrow C_6\ H_{12}\ O_2 + 6\ O_2$$

$n \cdot h \cdot \nu$ bezeichnet die Sonnenenergie, von der mindestens 686 kcal je erzeugtem Mol Glucose benötigt werden, wenn der Prozeß ablaufen soll. Dutzende aufeinanderfolgender Einzelschritte sind nötig, um in der Pflanzenzelle Glucose aus Kohlendioxid und Wasser zu synthetisieren.
Die mit dem grünen Farbstoff Chlorophyll pigmentierte Pflanzenzelle ist sozusagen die Solarzelle der Natur. Ihr energetischer Wirkungsgrad liegt, so-

weit man das bis jetzt im Laboratorium untersuchen konnte, bei über 30 Prozent. In die Wirkungsgradberechnung gehen einerseits die Photonenenergie und andererseits die in den Kohlenhydraten und im Sauerstoff enthaltene Energie sowie die freiwerdende Fluoreszenzstrahlung und Wärme ein. Vollständig ist die Rechnung wahrscheinlich nicht, denn Energie ist auch an die elektrischen Felder gekoppelt, die bei der ablaufenden Ladungstrennung eine Rolle spielen. Aber immerhin, soviel ist sicher: Die natürliche Solarzelle setzt das Sonnenlicht weit effektiver um als die technische Solarzelle, deren Wirkungsgrad heute bei rund 15 Prozent liegt und sich noch um einige Punkte steigern lassen dürfte.
Die natürliche Photosynthese im tiefsten zu verstehen und technisch nachzuvollziehen, würde einen großen Fortschritt für die künftige Energiesicherung bedeuten. Überall in der Welt bemühen sich darum meist interdisziplinär zusammengesetzte Forscherteams. Die jüngste Erfolgsmeldung übermittelte die Deutsche Presse-Agentur am 14. Juni 1980 aus Ottawa. Danach ist es einer Gruppe unter Leitung von Prof. James Bolton an der Universität von Western Ontario gelungen, ein künstliches Molekül herzustellen, das „fast exakt den ersten Schritt der Photosynthese in Pflanzen kopiert". Die Elektrizität, die bei der Reaktion entsteht, könnte nach Ansicht von Bolton als bedeutende Energiequelle weiterentwickelt werden. Wahrscheinlich ist dieser „elektrische" Weg erfolgversprechender als der „chemische", der zu nutzbarem Wasserstoff führen soll.
Noch besitzen wir keine Theorie der Photosynthese, sagt Prof. Dr. Dr. Helmut Metzner, Direktor des Instituts für Chemische Pflanzenphysiologie der Universität Tübingen, die diesen Namen wirklich verdienen würde. Daß ausgerechnet die technische Thermodynamik, die aus dem Zeitalter der Dampfmaschine hervorging, den Schlüssel zum Verständnis der energetischen Vorgänge in der lebenden Zelle bieten soll, ist mehr als verwunderlich. Dennoch gehen nicht wenige Biologen gerade davon aus. Einen Beleg dafür liefert das anerkannte Lehrbuch „Bioenergetik" des Amerikaners Albert L. Lehninger, dessen zweite deutsche Auflage 1974 erschienen ist. Es zeigt, wie mächtig der Einfluß der Thermodynamik selbst auf Biologen ist und welche Klimmzüge sie machen, um deren Lehrsätze auch angesichts des Lebendigen zu retten. Statt bei der Natur in die Schule zu gehen, dieser Eindruck drängt sich auf, wird diese den Regeln der technischen Physik unterworfen.
Im Vorwort seines Buches schreibt Lehninger: „Alle Naturwissenschaftler sind sich heute darin einig, daß die Gesetze der Physik und Chemie einschließlich der Prinzipien der Thermodynamik auch im Bereich der Biologie gelten." Die Thermodynamik umfasse das vielleicht grundlegendste und exakteste Gebiet der Physik. Da sich diese Wissenschaft auf alle Energieum-

wandlungen anwenden lasse, bezeichne man sie statt Thermodynamik zutreffender als „Energetik".
Die größten Hindernisse, die sich der Übertragung des 2. Hauptsatzes auf die lebende Zelle in den Weg stellen, sind: 1. die Zelle ist ein offenes System, 2. die Entropie kann auch gleichbleiben oder abnehmen, 3. bei der Energieumwandlung sind praktisch keine Temperaturänderungen festzustellen. Folgt man dem Lehrbuch von Lehninger, so sind diese Hürden offenbar überwunden. Weil der 2. Hauptsatz lediglich besage, daß die Entropie des „Universums" zunehmen müsse, brauche man nur dessen Grenzen zu nehmen, um wieder ein geschlossenes System zu erhalten. Das liest sich dann so:
„Wenn lebende Organismen wachsen, verringern sie wegen der hoch differenzierten Struktur biologischer Materie ganz offensichtlich ihre Entropie. Diese Entropieabnahme ist jedoch nur auf Kosten einer Entropiezunahme in der Umgebung möglich. Anders ausgedrückt, lebende Organismen schaffen sich ihre eigene interne Ordnung auf Kosten der Ordnung in ihrer Umgebung."
Damit die thermodynamische Rechnung aufgeht, wird der Begriff der „Freien Energie" eingeführt. Als grundlegend wichtig in der biochemischen Energetik ist für Lehninger die Gleichung

$$\triangle E = \triangle G + T \triangle S$$

anzusehen. Sie besagt, „daß die Änderung der gesamten Energie ($\triangle E$) in einem System der algebraischen Summe von $T\triangle S$, die in jedem realen Prozeß positiv ist, und der Freien Energie ($\triangle G$), die in jedem realen Prozeß negativ ist, entspricht." Gerade die Photosynthese bietet nun aber ein Gegenbeispiel zu dieser Lehningerschen Kardinalbehauptung. Bei ihr entstehen aus Gasen Kohlenhydrate, also Verbindungen mit niedriger Entropie. In diesem Falle ist das Produkt $T \cdot S$ nicht positiv und folglich auch die Freie Energie größer als die sog. Gesamtenergie.
Die Änderung der Freien Energie ($\triangle G$) wird als der Teil der Gesamtenergie eines Systems definiert, der Arbeit leisten kann, wenn das System bei konstanter Temperatur und konstantem Druck und Volumen in einen Gleichgewichtszustand übergeht. Weiterhin könne man nach Lehninger sagen, wenn die Entropie im System und seiner Umgebung bei der Gleichgewichtseinstellung des Prozesses ihren höchstmöglichen Wert erreicht habe, habe die Freie Energie im System ihren niedrigsten Wert erreicht.
Die Beziehung zwischen dem 1. und 2. Hauptsatz, angewandt auf ein System, in dem Druck und Temperatur konstant bleiben, faßt Lehninger wie folgt zusammen:
„Erstens erkennen wir, daß die Gesamtenergie im System und seiner Umgebung zu jeder Zeit konstant bleibt. Dabei ist jedoch zu beachten, daß die Ge-

samtenergie im System allein zunehmen, abnehmen oder konstant bleiben kann. Zweitens: Die Entropie im System und seiner Umgebung strebt während eines Prozesses ihrem Maximalwert zu. Drittens: Die Freie Energie im System allein strebt ihrem Minimalwert zu."

Soweit so gut. Die Zelle für sich genommen bleibt ein offenes System, auch wenn man die Grenzen des Universums um sie herumzieht, wie das bereits Schrödinger versucht hat. Sie funktioniert auch nur dann, wenn sie „offen" bleibt. Die chemischen Komponenten in ihr befinden sich zumeist nicht in einem „echten thermodynamischen Gleichgewicht", muß denn auch zugegeben werden. Ludwig von Bertalanffy führte deshalb schon vor Jahrzehnten den Begriff „Fließgleichgewicht" ein. Die lebende Zelle wird jetzt als „offenes, irreversibles System" bezeichnet, das in einem „dynamischen Fließgleichgewicht existiert". Eine neue Fachrichtung, die „Thermodynamik irreversibler Prozesse", nimmt sich der damit verbundenen Vorgänge an. Nach Lehninger bedeutet sie eine große Erweiterung der thermodynamischen Grundidee.

Wer die lebende Zelle als eine Art gekapselter Wärmekraftmaschine im Universum betrachtet, übersieht zahlreiche Tatsachen, die diese modellhafte Vorstellung als unzulässig ausweisen. Metzner hat sich damit in einem Buch auseinandergesetzt, das demnächst im Verlag Academic Press, London, unter dem Titel „Physical Chemistry of Living Systems" erscheinen soll. Wer behaupte, daß die Entropieabnahme in der Zelle durch eine Entropiezunahme in ihrer Umgebung mehr als kompensiert werde, der liefere die Zelle dem „Maxwellschen Dämon" aus:

Entsprechend dem Sinne des 2. Hauptsatzes ist es unmöglich, in einem geschlossenen System, dessen Hülle weder Volumenänderungen noch Wärmeaustausch gestattet, und in dem Temperatur und Druck überall gleich sind, irgendeine Ungleichheit von Temperatur und Druck herbeizuführen, ohne Arbeit zu verbrauchen. Richtig ist das aber nur, wenn wir von einer Betrachtung der einzelnen Moleküle, etwa denen eingeschlossener Luft, absehen. Diese bewegen sich bekanntlich mit unterschiedlichen Geschwindigkeiten. Teilt man den Raum in zwei Teile, A und B, und denkt man sich in der Trennwand ein kleines Loch, an dem ein Pförtner nur schnelle Teilchen von A nach B, und nur die langsamen von B nach A durchläßt, so erhöht sich die Temperatur im Teil B, in A sinkt sie. Arbeit wird dabei nicht verbraucht, und das steht im Widerspruch zum 2. Hauptsatz. Dämonisch.

Metzner betont mit diesem Hinweis die Kleinheit der Zelle, die nicht a priori zu entscheiden gestatte, ob auf sie die Gesetze der großen Zahl, die Basis der klassischen Physik, anwendbar seien. Diese gar auf die einzelnen Zellkammern zu beziehen, in denen sich die Stoffwechselprozesse abspielen, sei noch

fragwürdiger. Alles, was wir von der Zelle wissen, spricht gegen die primitive Vorstellung von einem gleichförmigen Raum, den eine Zellmembran umgibt. Die Bestandteile einer Zelle sind nicht gleichmäßig verteilt und die entscheidenden Stoffumsetzungen laufen in den sog. Organellen ab, deren Volumen sehr viel kleiner ist als das der Zelle.
An der lebenden Zelle könnte man, bildlich gesprochen, alle drei großen physikalischen Theorien kollidieren lassen, die Thermodynamik, die Relativitätstheorie und die Quantenmechanik. Letztere müßte schon deshalb große Beachtung finden, weil die grüne Pflanzenzelle mit den Photonen Energiequanten aus dem elektromagnetischen kosmischen Feld aufnimmt. Unberücksichtigt darf aber auch die damit konkurrierende Relativitätstheorie nicht bleiben, denn in und in Verbindung mit der Zelle werden sowohl Energie als auch Materie ausgetauscht. Die physikalische Chemie behandelt jedoch beide immer noch als zwei klar voneinander zu trennende Erscheinungen, so, als gebe es Einsteins Gleichung $E = m c^2$ nicht. Mit großem mathematischen Aufwand sei es aber mittlerweile gelungen, offene Systeme, die sowohl Energie als auch Materie austauschen, zu beschreiben.
Über die Unzulässigkeit, die Hauptsätze der Thermodynamik unbesehen auf die Zelle anzuwenden, hat Metzner neben den hier bereits angesprochenen einen ganzen Katalog von Argumenten parat: Die physikalische Chemie kenne keine Beschränkungen in bezug auf die Festlegung von Systemgrenzen. Völlig irreal sei die Vorstellung, daß die Entropieänderung in der Sonne die Ursache für die Zunahme der Ordnung in der Zelle sei. Die Umwandlung von Protonen in Helium, wie sie auf der Sonne geschieht, entspreche gerade einer Entropieabnahme. Wenn behauptet werde, daß sich das „Fließgleichgewicht", in dem sich die lebende Zelle angeblich befinde, nur bei ständiger Energieaufnahme von außen aufrechterhalten läßt, so sprächen dagegen wenigstens zwei Tatsachen: die spontane Selbstorganisation, zu der biologische Strukturen fähig sind, und das Phänomen des Scheintodes.
Friert man eine wäßrige Lösung ein, in der beispielsweise Farbe ungleich verteilt ist, so kommt es sehr schnell zu einer gleichmäßigen Farbverteilung. Selbst in Festkörpern verschwinden über Strecken von einigen Mikrometern Konzentrationsunterschiede innerhalb von spätestens einigen Monaten, wenn man sie einfriert. Friere man dagegen lebende Zellen ein, so Metzner, passiere nichts dergleichen. Taue man sie selbst nach über einem Jahr erst wieder auf, so zeigt ihre Struktur noch nicht die geringsten Verfallserscheinungen. Die Zelle nimmt ihre frühere Tätigkeit wieder auf. Selbst höher organisierte Wirbeltiere können lange im gefrorenen Zustand überleben.
Wenn kein Stoffwechsel vonnöten ist, so argumentiert Metzner, um die Zellstruktur zu erhalten, dann dürfen wir die Zelle auch nicht als ein extrem labi-

les Gebilde ansehen, sondern im Gegenteil als sehr stabil. Will man unter diesem Aspekt an der Entropievorstellung festhalten, so muß man postulieren, daß die Zelle über die höchste Entropie verfügt. Es bedarf aber einer Energiezufuhr, um die Ordnung, die ja angeblich einem Zustand sehr niedriger Entropie entspricht, zu stören. Will man etwa die Stabilität von Bakteriensporen zerstören, so ist das nur bei extrem hohen Temperaturen von rund 100°C möglich.

Warum sterben dann aber die Zellen? Die mit gut ausgebildetem Zellkern, muß man hinzufügen, denn Bakterien und viele Algen und Pilze sind potentiell unsterblich. Wie sich die lebenserhaltenden Bedingungen verändern müssen, damit eine Zelle abstirbt, ist noch weithin unbekannt. Aus der Tatsache der normalerweise begrenzten Lebenszeit einer Zelle könne man jedenfalls nicht auf eine hohe, ihr innewohnende Entropie schließen, sagt Metzner. Er verweist auf das Verhalten von einfachen kolloidalen Systemen. In einer reinen Lösung sind alle denkbaren Veränderungen umkehrbar, Emulsionen und Suspensionen dagegen „altern". Will man ihren Alterungsprozeß aufhalten, so muß man einen gewissen metastabilen Zustand aufrechterhalten, der durch die Mischbarkeit der Stoffe in einem bestimmten Bereich gekennzeichnet ist. In der Zelle könnte es auf vergleichbare Verhältnisse ankommen.

Die Thermodynamik, ob sie nun für geschlossene oder offene Systeme gelten soll, ist noch aus anderen Gründen kaum auf die lebende Zelle anzuwenden: ihre Gesetze gelten nur in kräftefreien Räumen, und mit rückgekoppelten Systemen kann die Thermodynamik auch nichts anfangen. Man brauche nicht einmal an feste Kristallformationen zu denken, um die begrenzte Gültigkeit der Entropievorstellung zu erkennen, sagt Metzner. Schon die Abnahme des Luftdruckes mit zunehmender Entfernung von der Erde demonstriere, daß die statistische Partikelverteilung nur in eng begrenzten Räumen gültig sei. Und was im Schwerefeld der Erde gelte, treffe auch auf elektrische Felder zu. Innerhalb der kleinen Räume von wenigen Nanometern (millionstel Millimeter) Abstand zwischen den Begrenzungen der biologischen Membranen seien zwar die Ladungsunterschiede sehr gering, die Feldstärken dagegen ganz beträchtlich. Besonders in makromolekularen Strukturen erreichen darüber hinaus auch die quantenmechanischen Kräfte, die aus den statistischen Fluktuationen der Ladungsverschiebungen resultieren, eine nicht zu vernachlässigende Größenordnung. Weitere Kräftefelder rufen nach Metzner auch die starken Wasserstoffbindungen hervor.

Als Biologe ist Metzner sehr an einer Erweiterung der Thermodynamik durch eine adäquate Feldtheorie interessiert. Eine zentrale Rolle müsse dabei die Energiedichte spielen, die bei Gasen durch deren Druck repräsentiert

werde. Kräfte seien dann als Folge von Dichtegradienten anzusehen. Die stabilste Form eines Systems sei dann erreicht, wenn jede Änderung innerhalb des Feldes einen Aufwand an Energie erfordere. In diesem Zusammenhang sei auf die Anmerkung auf Seite 23 verwiesen, daß in der Clausiusschen Ableitung des 2. Hauptsatzes der Innendruck eines eingeschlossenen Gases gar nicht vorkomme. Bei Gasen sei das nicht weiter schlimm, sagten wir, weil mit dem Druck das Volumen und die Temperatur korrespondierten. Bei Flüssigkeiten und Festkörpern aber darf der Druck nicht vernachlässigt werden. Hier fordert das ein Biologe, der eine wirklich moderne Bioenergetik noch immer vermißt. Wenn diese auf ein technisches Modell, zum Verständnis der Photosynthese etwa, zurückgreifen wolle, so eigne sich dazu die Brennstoffzelle weit besser als Wärmekraftmaschinen.
Nach diesem Exkurs in die belebte Natur sind zahlreiche in diesem Buch gestellten Fragen noch klarer beantwortet worden. Wenn der Philosoph Erhard Scheibe davon sprach, daß die Wissenschaft einen Schatten geworfen habe, den sie nicht mehr zu überspringen vermag, so liefert die bedenkenlose Anwendung der Thermodynamik auf die energetischen Vorgänge in der lebenden Zelle eine weitere deutliche Bestätigung dafür. Obwohl wir anerkennen müssen, daß die Natur gerade bei der Energiewandlung wesentlich effektiver und „sauberer" arbeitet als der homo sapiens, beherzigen wir kaum die Forderung Viktor Schaubergers: Die Natur kapieren und kopieren, k und k! Selbst die Naturbeobachtung hält uns nicht davon ab, Lehrbuchwissen, das längst mit anderen wissenschaftlichen Erkenntnissen kollidiert, die in wieder anderen Lehrbüchern stehen, wie geheiligte Dogmen zu übernehmen.
An der Desintegration unseres Wissenschaftsbetriebs als Folge einer immer weitergehenden Spezialisierung allein liegt das bestimmt nicht. Ein Mann wie Abraham H. Maslow, der über die „Psychologie der Wissenschaft" nachgedacht hat, liefert zumindest auch gültige Erklärungen für diesen beklagenswerten Zustand. Wir müssen einfach anerkennen, daß Wissen auch Wege blockieren kann, die geeignet wären, in eine freundlichere Zukunft zu führen. Jeder nachdenkliche Bürger kann sich das klarmachen. In unserer Demokratie hat er das Recht und die Pflicht, forsch formulierende Gutachter nicht entkommen zu lassen, ohne sie peinlich genau befragt zu haben.

Nachwort

Die Energiediskussion aus dem Gefängnis des Gewohnten herauszuführen, dazu will dieses Buch anregen. Es sollte jedem Leser zumindest eine Ahnung davon vermitteln, daß wir nur dann sorgenvoll in die Energiezukunft blicken müssen, wenn wir an dem festhalten, was bisher offiziell an Möglichkeiten zur Überwindung einer drohenden Energiekrise ins Gespräch gebracht wurde. Stoßen wir dagegen die Fenster unserer Denk- und Entscheidungskabinette auf, um in frischer Luft Bekanntes neu und Neues unbefangen zu überdenken, so wird es an realistischen Alternativen zu Öl und Kernkraft nicht mangeln. Es ist wie beim Sport: man muß ein paar Schritte zurücktreten, um den Schwung zur Überwindung der Hürde zu gewinnen. Ich hoffe, genügend Anstöße gegeben zu haben, um neue Anläufe aussichtsreich erscheinen zu lassen.

Meine Hoffnung setze ich zunächst ganz allgemein auf den denkwilligen Bürger an der Basis unserer Demokratie. Er hat allen Grund zur Skepsis in die lautstark verkündeten Ansichten von echten und vermeintlichen Experten, die diese zur Energieversorgung und Energieforschung verbreiten und die uns als Wahrheiten serviert werden, die vernünftigerweise niemand anzweifeln darf. Wir müssen die Scheu überwinden, immer wieder Gretchenfragen zu stellen an diejenigen, die zu wissen vorgeben, wie es weitergehen muß. In jahrelanger Arbeit habe ich Gedanken, Forschungs- und Entwicklungsergebnisse zusammengetragen, die bisher zu Unrecht übergangen wurden. Ich verstehe mich lediglich als Berichterstatter, mache mich damit allerdings zum Anwalt genialer Menschen, denen sich die Spalten sog. seriöser Publikationen kaum öffnen. Ich folge der Verpflichtung des Publizisten, dem Stimmbürger Informationen und Entscheidungshilfen zu übermitteln, die mir bedenkenswert scheinen. Daß der kleine Sponholtz Verlag dieses Buch möglich gemacht hat, verdient Dank und Anerkennung. Seine Entscheidung war mutig, obwohl dazu in einer freien Gesellschaft kein Mut gehören sollte. Mein Dank gilt aber vor allem denjenigen, die mir ihre Erkenntnisse erläutert haben, die hier zum größten Teil erstmals formuliert wurden. Unter ihnen fühle ich mich besonders den Herren Joachim Kirchhoff und Erich Vogel verpflichtet, die neugierig die Quellen aufgesucht und erneut studiert haben, aus

denen unser modernes physikalisch-technisches Weltbild entscheidend gespeist wurde.
Mit vielen der hier zitierten Persönlichkeiten mußte ich nicht nur um Formulierungen, sondern auch darum hart ringen, was und wieviel man sagen sollte, um einerseits Verständnis zu wecken, andererseits geistiges Eigentum zu schützen. Denn über eines waren wir uns alle im klaren: Wie in der Vergangenheit, so wird auch dieses Mal der neue Gedanke zunächst verspottet, dann totgeschwiegen, um zum Schluß als naheliegend und längst gewußt ausgegeben zu werden. Geistiger Diebstahl bleibt die Regel. Anerkennung wird dem Urheber kaum zuteil werden, die Früchte seiner Anstrengungen ernten andere. Möge das wenigstens zum Nutzen Vieler sein.

Murnau, Dezember 1980 Gottfried Hilscher

Kleine Bibliographie

Ardenne, Manfred von: Memoiren, Kindler Verlag, München/Zürich, 1972

Bertalanffy, Ludwig von: ... aber vom Menschen wissen wir nichts, Econ Verlag, Düsseldorf/Wien, 1970

Bertalanffy, Ludwig von, The Theory of Open Systems in Physics and Biology, „Science", Vol. 111, 1950

Becker/Sauter, Theorie der Elektrizität, Band 3, G. B. Teubner, Stuttgart, 1969

Born, Hedwig und Max, Der Luxus des Gewissens, Nymphenburger Verlagshandlung, München, 1969

Carnot, Sadi, Betrachtungen über die bewegende Kraft des Feuers, Wilhelm Engelmann in Leipzig, 1924

Drucker, Peter F., Die Zukunft bewältigen, Econ Verlag, Düsseldorf/Wien, 1969

European Conference on Living Systems as Energy Converters, Pont-a-Mousson, Oktober 1976; Vorträge, besonders von Melvin Calvin und Sir George Porter

Fast, J. D., Entropie, Philips Technische Bibliothek, 1960

Feynman/Leighton/Sands, Elektromagnetismus und Materie, Band 3, Teil 2, R. Oldenbourg Verlag, München-Wien, 1974

Feynman/Leighton/Sands, Quantenmechanik, Band III, R. Oldenbourg Verlag, München-Wien, 1971

Fromm, Erich, Haben oder Sein, Deutsche Verlags-Anstalt, Stuttgart, 1976

Galbraith, John Kenneth, Die moderne Industriegesellschaft, Droemer-Knaur, München/Zürich, 1967

Haase, Rolf, Der Zweite Hauptsatz der Thermodynamik und die Strukturbildung in der Natur, Die Naturwissenschaften, Heft 15, 1957

Heisenberg, Werner, Wandlungen in den Grundlagen der Naturwissenschaft, S. Hirzel Verlag, Stuttgart, 1973

Heisenberg, Werner, Physik und Philosophie, S. Hirzel Verlag, Stuttgart, 1978

Heitler, Walter, Die Natur und das Göttliche, Verlag Klett und Balmer, Zug, 1976

Helmholtz, Hermann, Über die Erhaltung der Kraft, Verlag von Wilhelm Engelmann, Leipzig, 1889

Hilscher, Gottfried, Geniale Außenseiter, Econ Verlag, Düsseldorf/Wien, 1975

Illich, Ivan, Entmündigung durch Experten, rororo aktuell Bd. 4425, Rowohlt Taschenbuchverlag, Reinbek, 1979

Josephson, Matthew, Thomas Alva Edison, Kreißelmeier Verlag, Icking und München, 1959

Justi, E., Leitungsmechanismus und Energieumwandlung in Festkörpern, Vandenhoeck und Ruprecht, Göttingen-Zürich, 1965

Kittel, Charles, Introduction to Solid State Physics, John Wiley & Sons Inc., New York, 1971

Kittel Charles, Physik der Wärme, R. Oldenbourg Verlag, München-Wien, 1973

Koestler, Arthur, Der Mensch, Irrläufer der Evolution, Scherz Verlag, Bern und München, 1978

Krupička, S., Physik der Ferrite und der verwandten magnetischen Oxyde, Friedr. Vieweg & Sohn Verlagsgesellschaft, Braunschweig-Wiesbaden

Küpfmüller, K., Einführung in die theoretische Elektrotechnik, Springer-Verlag, Berlin-Heidelberg-New York, 1973

Lehninger, Albert L., Bioenergetik, Georg Thieme Verlag, Stuttgart, 1974

Maslow, Abraham H., Die Psychologie der Wissenschaft, Goldmann Sachbuch, 1977

Mayer, Robert, Die Mechanik der Wärme, Verlag der J. G. Cotta'schen Buchhandlung, Stuttgart, 1893

Mayer, Robert, Magazin und Katalog zur Ausstellung des 100. Todestages von Robert Mayer, Kleine Schriftenreihe des Archivs der Stadt Heilbronn, Nr. 11, 1978

Metzner, Helmut, Photosynthese – in vivo und in vitro, Fortschritte der Medizin, 6/1970

Michal, Stanislav, Das Perpetuum mobile gestern und heute, VDI-Verlag, Düsseldorf, 1971

Müller, Klaus, Die präparierte Zeit, Radius Verlag, Stuttgart, 1972

Planck, Max, Physikalische Abhandlungen und Vorträge, Friedr. Vieweg Sohn Verlagsgesellschaft, Braunschweig-Wiesbaden, 1958

Sambursky, Shmuel, Der Weg der Physik, Artemis Verlag, Zürich/München, 1975

Schreber, Karl, Die Grundlagen und Grundbegriffe der Physik der Vorgänge, Universitätsverlag von Robert Noske in Leipzig, 1933

Selye, Hans, Vom Traum zur Entdeckung, Econ Verlag, Düsseldorf/Wien, 1965

Steimle / von Cube, Wärmepumpen, VDI-Verlag, Düsseldorf, 1978

Thürkauf, Max, Wissenschaft und moralische Verantwortung, Novalis Verlag, Schaffhausen, 1977

Zabusky, N., Topics in Nonlinear Physics, Springer-Verlag, Berlin-Heidelberg-New York, 1968

Der Autor

Gottfried Hilscher, geb. 1938, hat Kraftfahrzeughandwerker und Maschinenschlosser gelernt und Kraftfahrzeug- und Flugzeugbau studiert. Während seiner Tätigkeit als Betriebsingenieur besuchte er die Münchner Hochschule für politische Wissenschaften. Seine journalistische Laufbahn begann er als Redakteur bei den „VDI-Nachrichten". Sodann betreute er in der Pressestelle der Deutschen Lufthansa das Ressort „Technik". Gleichzeitig sammelte er als Stadtverordneter im rheinischen Monheim kommunalpolitische Erfahrungen. Seit 1971 arbeitet er als freier Journalist. Er ist Chefredakteur der internationalen Fachzeitschrift „airport forum" und Verfasser von drei populären Sachbüchern zur Fliegerei. 1975 erschien das von ihm herausgegebene Buch „Geniale Außenseiter", in dem Erfinder selbst über ihre Arbeiten berichten. Gottfried Hilscher lebt heute in Murnau/Oberbayern.